KARL JAKOB HIRSCH

DER ALTE DOKTOR

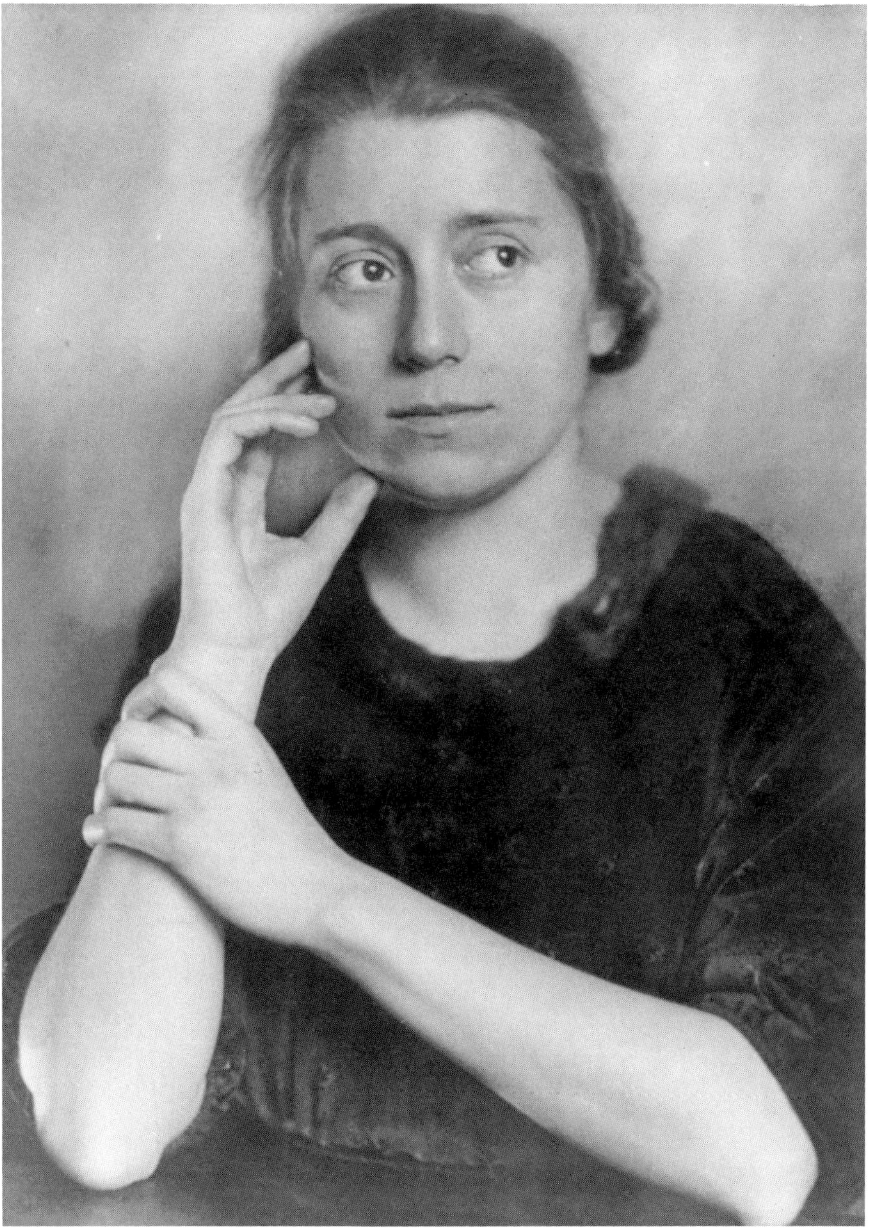

Karl Jakob Hirsch

Der alte Doktor

Roman

Eine Worpsweder Ärztin und ihre Zeit

Herausgegeben von
Helmut Stelljes

Verlag H. M. Hauschild GmbH · Bremen

Abb. auf dem Schutzumschlag:
Karl Jakob Hirsch, Madonna, handkolorierter Holzschnitt,
aus: Die schöne Rarität, Kiel 1918
(Karl Jakob Hirsch-Archiv, Universitätsbibliothek München)

Abb. auf dem Frontispiz:
Dr. Auguste Hirsch-Lotz, Berlin, ca. 1919
(Karl Jakob Hirsch-Archiv, Universitätsbibliothek München)

Verlag H. M. Hauschild GmbH, Bremen
Buchgestaltung: Gernot Braatz, Bremen
Gesamtherstellung: H. M. Hauschild GmbH, Bremen

ISBN 3-929902-18-4

Dr. Auguste Hirsch-Lotz (1889–1947)
genannt „Gulo“
Ärztin im Künstlerdorf Worpswede von 1919 bis 1947

„Der alte Doktor“
Von Karl Jakob Hirsch (1892–1952)

Eine Einführung

Mit einer Ankündigung vom 18. September 1919 informierte die „Worpsweder Zeitung“ ihre Leser, daß Frau Dr. med. Auguste Hirsch-Lotz eine Arzt-Praxis eröffne. In der Anzeige heißt es: „Ich lasse mich am 1. Oktober als praktische Ärztin, Wund- und Frauenärztin nieder. Sprechstunde: bei Frau San.-Rat Wulff.“

Auguste C. L. Lotz, Tochter des Kaufmannes Karl Lotz, wurde am 25. März 1889 in Stuttgart geboren. Ein Lebenslauf aus dem Jahre 1914 berichtet folgende Einzelheiten über die Zeit bis zu ihrem Abitur:

„Im Alter von 7 Jahren trat ich in die Elementarschule in Bonn-Kessenich ein, 2 Jahre später in die Fröhlichsche Töchterschule, ein Jahr später in die kathol. Bürgerschule in Dresden-A. 1900–1903 besuchte ich die Klosterschule der Ursulinen in Köln, trat dann Ostern 1903 in das 6-klassige Kölner Mädchengymnasium ein und erhielt Ostern 1909 das Reifezeugnis als Externe am Kölner Kaiser-Wilhelm-Gymnasium.“

Ab Sommersemester 1909 studierte Auguste Lotz an der Bonner Universität Naturwissenschaften. Sie ließ sich im anschließenden Wintersemester bei der medizinischen Fakultät einschreiben und bestand 1911, am Ende des 5. Semesters, die ärztliche Vorprüfung. Auguste Lotz verließ nun ihren Studienort Bonn und absolvierte das 1. klinische Semester in München. Dort lernte sie den Kunststudenten Karl Jakob Hirsch kennen, der, wie er später schreibt, „einer Frau begegnete, einer jungen Medizinerin, die zwar keinen besonderen Eindruck auf mich machte, aber deren Wesen und Wissen mich in seltsamer Weise anzogen. Sie hieß Gustl Lotz, man nannte sie Gulo, sie lebte als Studentin in München ... Gulo war sehr schlank, größer als ich, ihr Gesicht hatte etwas Starres, und wenn sie lachte, erschien es wie ein schnell vorübergehender Blitz. Ihre großen Augen waren grau, die Haare blond, ihre Kleidung war mehr als schlicht. Betont einfach. Sie demonstrierte die emanzipierte Frau von damals, was aber nicht ausschloß, daß sie auf den Faschingsbällen mit fraulicher Grazie und Hingebung tanzte. Ich

war eigentlich das, was man einen ‚stillen Anbeter' nennt" (Quintessenz meines Lebens. 1990, S. 64 f.).*
Auguste Lotz wechselte nochmals den Studienort von München nach Berlin, wo sie am Ende des 10. Semesters 1914 ihr medizinisches Staatsexamen bestand. Im gleichen Jahr promovierte sie an der Friedrich-Wilhelms-Universität zu Berlin mit dem Thema „Der partielle Riesenwuchs ... eine pathologisch-anatomische Untersuchung". Karl Jakob Hirsch, der zunächst in München blieb und deshalb „Gulo" für längere Zeit nicht mehr sah, schrieb an die Freundin „einige übersteigerte Briefe, auf die sie kühl und freundlich antwortete" (Heimkehr zu Gott. 1946, S. 37).**
Im Jahre 1911 erlebte Hirsch eine folgenreiche Begegnung mit dem Künstlerdorf Worpswede, „um dort bei dem Maler Weidemeyer (die) Studien fortzusetzen" (Qu., S. 70). Der junge Student berichtet rückblickend über das Künstlerdorf: „In diesem Worpswede, wo ich vom Mai bis September blieb, eröffnete sich mir eine Art von Künstlerwelt, wie ich sie in den großen Städten nie gesehen hatte" (Heimk., S. 38).
Hinsichtlich des bisher unveröffentlichten Romans „Der alte Doktor" ist es zweifelsohne von besonderer Bedeutung, daß der kluge, scharfsinnige Beobachter Karl Jakob Hirsch in den nachfolgenden Jahren wiederholt Begegnungen mit Worpsweder Künstlern hatte. Aus der Vielzahl der Kunstschaffenden sollen hier einige Namen hervorgehoben werden: Otto Tetjus Tügel, Carl Weidemeyer und dessen Frau, die Ausdruckstänzerin Wera Carus-Frischen, Heinrich und Martha Vogeler, Ludwig Bäumer, Fritz Mackensen, Georg Tappert, Carl Emil Uphoff, Walter Müller u. v. m.
Als Karl Jakob Hirsch im Herbst 1912 sein Kunststudium in Paris zwischenzeitlich fortsetzte, kam es unter anderem zu einem Zusammentreffen mit Rainer Maria Rilke, dessen Gedichtband „Marienleben" von Hirsch illustriert wurde. Zu dem Aufenthalt in Paris erklärte Hirsch: „Ich verfertigte in dieser Pariser Zeit einige lithographische Zeichnungen und Radierungen, die merkwürdigerweise alle die Züge der Worpsweder Landschaft trugen. Worpswede war für mich zwar unbewußt aber nachhaltig das große Erlebnis gewesen" (Qu., S. 81).
Im Juni 1914 kehrte Karl Jakob Hirsch nach Worpswede zurück. Die junge Medizinerin Dr. Auguste Lotz besuchte den Freund 1915 im Künstlerdorf und blieb zwei Wochen lang. „Dieses Menschenwesen, genannt Gulo, war ein Kamerad und Begleiter ohne jede Koketterie oder Damenhaftigkeit ... Natürlich spielte die Musik bei unserem Zusammensein eine große Rolle ...

* Karl Jakob Hirsch: Quintessenz meines Lebens (Hrsg. Helmut F. Pfanner). v. Hase & Koehler Verlag, Mainz 1990 [Qu.].

** Karl Jakob Hirsch: Heimkehr zu Gott – Briefe an meinen Sohn. Verlag Kurt Desch, München 1946 [Heimk.].

Karl Jakob Hirsch,
Hannover 1911

Das verstimmte Klavier im Gasthof ‚Zum Hemberg' erdröhnte unter unserem vierhändigen Spiel ... Gulo verstand meine Art des andeutenden Spiels ... Ihre schlanken Klavierhände bewältigten das technische Spiel, das mir infolge meiner verletzten Hand Schwierigkeiten bereitete" (Heimk., S. 53).

Als Dr. Auguste Lotz aus dem Künstlerdorf wieder abgereist war, spürte Hirsch, daß sich für ihn etwas verändert hatte. Er entschloß sich nach einigen Wochen des „Alleinseins", von Worpswede nach Berlin zu gehen, wo Gulo als Ärztin tätig war. Für Hirsch wurde die damalige Hauptstadt zu einem Schicksalsort mit einflußreichen künstlerischen Begegnungen. Neben den Kontakten zu zahlreichen Malern und Schriftstellern entwickelte sich

Hochzeitsbild von Karl Jakob Hirsch und Auguste Lotz, Berlin 1916

eine enge Freundschaft zu Franz Pfemfert, dem Herausgeber der Zeitschrift „Die Aktion", in der Hirsch einzelne Gedichte, zahlreiche Zeichnungen, Holz- und Linolschnitte veröffentlichte. Als Hirsch und Dr. Auguste Lotz am 6. Juni 1916 in Berlin-Charlottenburg heirateten, erschien diese expressionistische Zeitschrift anläßlich ihrer Hochzeit als Sonderheft „Karl Jakob Hirsch".

Noch im gleichen Jahr wird Hirsch 1916 zum Militär einberufen. Nachträglich kommentiert er seine Soldatenzeit: „Es erscheint mir sinnvoll und bezeichnend, daß mein ‚Ich' damals völlig verschwand. Die Nummer 37666 drückte vollständig das aus, was von mir übrig geblieben war. Nämlich nichts" (Qu., S. 109).

Als für Hirsch im Oktober 1918 der Krieg beendet war, versuchte er sich mit gutem Erfolg als Bühnenbildner an der Berliner „Volksbühne".

Dr. Auguste Hirsch-Lotz arbeitete zu dieser Zeit als Assistenzärztin am Berliner Krankenhaus Westend. Ihr Mann kommentiert: „Zwischen mir und Gulo gab es kein Mißverständnis, wir brauchten nicht darüber zu sprechen, um zu wissen, daß der eine ebenso dachte wie der andere. Sie war in jeder Hinsicht klarsichtiger als ich, sie war nicht nur an Jahren die ältere, sondern auch an Erfahrung" (Qu., S. 134).

Nach der November-Revolution wurde Hirsch Gründungsmitglied des „Rates geistiger Arbeiter" und Mitbegründer der „November-Gruppe", „in der alle Maler sich vereinigten, die den Ausdruck der damaligen Zeit gestal-

Karl Jakob Hirsch, Die Gabe, Kaltnadelradierung, 1915, 20 × 14,6 cm

Karl Jakob Hirsch und Auguste Hirsch-Lotz mit Scotchterrier Oslik, Worpswede 1923

ten konnten. George Grosz gehörte zu ihnen ... Auch der russische Maler Wassily Kandinsky ..." (Qu., S. 140).
„Eine große, eine fruchtbare Zeit war das", bemerkt Hirsch, „Gulo und ich erlebten die wundervollste Zeit, die wohl zwischen zwei Menschen möglich ist. Wir hatten beide unseren Beruf, sie den im Krankenhaus Westend als Ärztin, ich den des Bühnenmalers, oder, wie man sagt, Ausstattungschefs an der Volksbühne am Bülowplatz ... Die Malerei für die Bühne, das Entwerfen von Dekorationen und Kostümen, war von jeher meine Leidenschaft gewesen. Ohne es zu wissen, bedeutete dies für mich den Weg von der reinen Malerei zur Literatur, der ich mein späteres Leben widmete" (Heimk., S. 69f.).
Für Hirsch war es dann eine schmerzliche, doch unabänderliche Tatsache, daß er sich im Frühjahr 1919 von Gulo trennen mußte, „denn die Aussichten für eine Ärztin als Angestellte eines Krankenhauses wurden immer

Karl Jakob Hirsch, Ludwig Bäumer, Lithographie, 1913, Blattgröße 48,5 × 31 cm

geringer. Sie beschloß daher, nach Worpswede zu gehen, um dort als Landärztin ihr Glück zu versuchen“ (Qu., S. 141).
Hirsch blieb in Berlin, wo die Tätigkeit an der „Volksbühne“ ihn voll in Anspruch nahm. Doch das Leben ohne Gulo blieb für den Künstler schwer erträglich. Und so kam es, daß er zwischen 1920 und 1923 im Winter und Frühling in Berlin lebte und während der Sommer- und Herbstzeit in Worpswede. Aus dieser Zeit finden die wiederholten Begegnungen mit Ludwig Bäumer in Hirschs Aufzeichnungen ihren Niederschlag, zumal die Beziehungen zu diesem Mann zwiespältig waren. „Man könnte ein ganzes Buch über diesen ‚Typ‘ schreiben ... Sein Auftreten war das eines Mannes, der vor allem ‚gute Geschäfte‘ machen wollte ... Er war der Typ des wirklich intelligenten Menschen, der aus kleinsten Verhältnissen stammte und den Ehrgeiz hatte, in irgendeiner Weise wichtig genommen zu werden ... (Er) versuchte damals, meine Ehe mit Gulo zu trüben oder zu sprengen“ (Qu., S. 144f.). In dem Roman „Der alte Doktor“ wird dieser „Typ“ zu einer wichtigen Figur.
Als Hirsch sich 1923 wiederum in Worpswede aufhielt, war er Zeuge, als der „Brunnenhof“ abbrannte, das ehemalige Wohnhaus von Bernhard Hoetger. „Es gab dort ein Hotel, ein großes Haus, der ‚Brunnenhof‘, der von den Künstlern und den Bewohnern der benachbarten Städte dazu benützt wurde, Feste ausgelassenster Art zu geben. Dieser Brunnenhof brannte eines Nachts völlig ab. Es war kurz vor dem Ende der Inflation. Wie ein Symbol sehe ich heute die Flamme des brennenden Hauses vor mir; es wurde wirklich nach diesem Brande stiller in Worpswede, und die Menschen besannen sich auf den eigentlichen Zweck ihres Daseins“ (Heimk., S. 71f.). In dem Schlüsselroman „Der alte Doktor“ schildert Hirsch ausführlich die Situation von der Zerstörung des „Arkaden-Hofes“.
Während das Leben Gulos sich durch ihre Arztpraxis im Künstlerdorf verankerte, entdeckte der Maler und Graphiker an sich „eine vorher nicht gekannte Lust zum Arbeiten. (Er) malte Selbstporträts, dann illustrierte (er) Bücher, und es entstanden Radierungen zu den Liedern Gustav Mahlers“ (Qu., S. 162). In diesem Zusammenhang muß erwähnt werden, daß graphische Arbeiten Hirschs in der „Künstlerpresse Worpswede“ gedruckt wurden. Gulo wohnte zusammen mit ihrem Mann in dem Haus, das sie sich 1922 in Worpswede bauen ließen. Da in diesen Jahren die Künstlerschaft in Worpswede „noch ziemlich solidarisch“ war, lernte Hirsch die Malerkollegen gut kennen. In den Szenen des Romans spielen entsprechend bestimmte Künstlergestalten besondere, für das Künstlerdorf aufschlußreiche und unverkennbare Rollen.
Aus den biographischen Aufzeichnungen von Karl Jakob Hirsch erfahren wir im folgenden, daß die einst so enge Beziehung zu Gulo in der zweiten

Karl Jakob Hirsch, Zu einem Gedicht von Franz Werfel, Kaltnadelradierung, 1922, 17,5 × 12,5 cm

Dr. Auguste Lotz auf Visite bei einem Moorbauern

Hälfte der 20er Jahre nach und nach zerbrach. Trotz des Zusammenseins von Gulo und Hirsch entwickelte sich eine große Verschiedenheit ihrer Lebenswege, „so daß die Harmonie nur im geistigen Sinne bestand" (Heimk., S. 74). Diese Tatsache hatte für Hirsch, den gleichsam das ungebundene Leben des freien Künstlers lockte, zur Folge, daß er viel reiste und sich an verschiedenen Orten aufhielt: München, Paris, Florenz, Siena, Berlin, Hamburg, Worpswede u. a. So war er überall „zu Besuch" und auch in Worpswede nicht zu Hause. Ungeachtet der Freundschaft und Liebe verlor die Ehe mit Gulo mehr und mehr an Bindung; die Ärztin hatte ohnehin für Hirsch kaum Zeit, der in gleichem Maße mit sich selbst beschäftigt und, wie er betont, der dörflichen Einsamkeit Worpswedes überdrüssig war. Gulo hingegen war „so geartet, daß sie ihre ganze Kraft dazu benutzen mußte, um ihre ärztliche Tätigkeit und ihre landwirtschaftlichen Interessen durchzuführen" (Qu., S. 166). Der Prozeß der wachsenden Entfremdung führte zur „äußeren Trennung von Gulo", und im Jahre 1929 war die „Scheidung rechtskräftig". Hirsch betont, wie seltsam diese Nachricht ihn berührte, „trotzdem ich ja mein eigenes Leben ohne Rücksicht auf meine Ehe geführt hatte, so war doch dieser Augenblick der legalen Trennung von Gulo in irgendeiner Weise erregend für mich" (Qu., S. 167).
Noch im gleichen Jahr ging Karl Jakob Hirsch den Schritt in die zweite Ehe mit Wera Carus-Frischen, der ehemaligen Frau des Malers Carl Weidemeyer. Zwei Jahre danach, 1931, erscheint im S. Fischer-Verlag, Berlin, der Roman „Kaiserwetter", der den literarischen Ruf von Karl Jakob Hirsch begründet, ja dessen Name mit diesem Werk innerhalb der deutschen Literatur unauslöschlich bleibt. Der autobiographische Roman „Kaiserwetter",

Karl Jakob Hirsch, Der Gefangene im Turm (zu einem Lied von Gustav Mahler), Kaltnadelradierung, 1923, 16 × 12 cm

ein „Kabinettstück eines souveränen Erzählers und eleganten Stilisten" (Hans J. Schütz, 1986), beschreibt die Kulisse Hannovers, der Geburtsstadt von Karl Jakob Hirsch, vor dem Ersten Weltkrieg. In dem Roman werden in Form einer expressionistischen Montage zahlreiche Ereignisse als facettenreiches und verstricktes Leben verknüpft. Stephan Lohr (Hrsg. von „Kaiserwetter", Postskriptum Verlag, 1992) kommentiert den Roman als das Werk, mit dem Hirsch „den größten Erfolg hatte und das der Start einer bemerkenswerten Schriftstellerlaufbahn hätte werden können". Durch die Nationalsozialisten wurden der literarische Durchbruch und die beachtliche Wirkung des Erstlingsromans alsbald abgeschnitten, denn das sozialkritische Werk des Juden Karl Jakob Hirsch ist am 10. Mai 1933 mit vielen anderen Büchern der deutschen Literatur verbrannt worden.

Als Hirsch 1949 seine biographischen Aufzeichnungen „Quintessenz meines Lebens" niederschrieb, äußerte er die Lust, seine Selbstbiographie mit dem Untertitel zu versehen „... beinahe wäre etwas aus mir geworden". Diese Anmerkung müssen wir im Zusammenhang mit den Lebensstationen des Malers, Graphikers, Bühnenbildners und Schriftstellers verstehen.

Die Jahre von 1933 bis 1945, Zeit der Emigration, charakterisiert Hirsch später mit bitteren Worten: „Wenn ich heute an diese Zeit zurückdenke, so sehe ich mein Leben in der damaligen Zeit als das eines sehr tätigen Gespenstes an, dem das wirkliche Leben abhanden gekommen war ... Ich war mir selbst etwas abhanden gekommen und hatte nicht die Kraft, aus meinem Leben die Wirklichkeit zu machen, wie es mir früher möglich gewesen war" (Heimk., S. 149).

Im Rahmen der Einführung zum Roman „Der alte Doktor" kann nur schwerpunktmäßig auf die Zeit der Emigration hingewiesen werden: Exil über Dänemark nach Luzern/Schweiz und 1935 Auswanderung in die USA, wo Hirsch unter anderem an den deutschsprachigen Zeitschriften „Neue Volkszeitung" und „Aufbau" mitarbeitete. Hirsch wurde 1942 amerikanischer Staatsbürger. Nach der Trennung von seiner zweiten Frau Wera Carus-Frischen und dem Sohn Ralph 1943 sowie nach der schrecklichen Nachricht vom Tod seines Zwillingsbruders 1944 führten zusätzliche umwälzende Erlebnisse Hirsch in eine lebensbedrohende Krankheit, die letztlich eine intensive Auseinandersetzung mit dem Christentum auslöste: „Am Karfreitig 1945 trat ich offiziell zum Christentum über, Pastor Forell vollzog die Taufe. Ich nahm diesen Schritt sehr ernst, denn es bedeutete für mich sehr viel, vom Judentum zum Christentum zu gelangen ... (Es entstand dann der Entwurf) einer Arbeit, die eine Art Biographie sein sollte, mit der Betonung meines Weges zu Gott" (Qu., S. 239f.).

Der amerikanische Staatsbürger Karl Jakob Hirsch, der inzwischen seinen neuen Namen Joe Gassner legalisiert hatte, erreichte als Mitarbeiter der

Karl Jakob Hirsch, Die Verfolgten (zu „Der große Maggid“ von Martin Buber, Kaltnadelradierung), 1922, 19,7 × 17,5 cm

US-Militärregierung am 1. September 1945 wiederum München: „Ich war zuerst ein Deutscher, dann wurde ich zum verachteten Juden, jetzt bin ich als ‚Ami' zurückgekehrt, zu dem man höflich sein muß. Die Zeit in (den) USA erscheint mir so unwirklich gewesen zu sein" (Qu., S. 275).
Mit seiner ersten Frau Gulo war Hirsch – alias Joe Gassner – in Briefkontakt geblieben. Am 5. Januar 1939 schreibt Dr. Auguste Lotz dem „Joe" folgende Zeilen: „... Du siehst, ich sitze noch immer hier im Moor in Einsamkeit und Abgeschlossenheit, obwohl ich so gern an den Bodensee übersiedeln würde, wenn es nicht so schwer wäre, dort ein Grundstück zu finden. Einmal war ich schon fest entschlossen hier aufzugeben, allein wegen der Wegeschwierigkeiten, der weichen Wege, da kam ein großzügiges Wegeprogramm heraus, das ich nun doch erst abwarten will."
Joe Gassner, der Mann mit der amerikanischen Uniform, äußert dann in einer Tagebucheintragung vom 26. Februar 1946 den Wunsch, wieder einmal nach dem Norden gehen zu können, „nach Worpswede. Erfahre andeutungsweise, daß Gulo hoffnungslos krank ist. Aber sie gibt es nicht zu. Ich möchte so gern mit ihr über vieles sprechen, denn es ist so schwer, Briefe zu schreiben, wenn man sich fünfzehn Jahre lang nicht gesehen hat" (Qu., S. 285).
Am 10. Dezember 1945 schreibt Gulo: „Lieber KIH (Karl Jakob Hirsch ist gemeint, d. Hrsg.) – Joe Gassner! Jetzt sind schon 3 Briefe von Pullach hier, die sich z. T. überschneiden! Ich fühlte immer, daß es Dir gut ginge, ahnte aber nicht, daß Du schon so nahe bist! Da öfters Kuriere nach Bayern im Auto fahren, hätte ich Dir schon eher Nachricht geben, Dich sogar holen und bringen lassen können, wenn Du freie Zeit hättest! Aus meinem ersten Brief ersiehst Du, daß wir viel durchgemacht haben – in diesem Dorf voller Nazis. Daß die Gestapo uns ständig auf den Fersen saß, was sich noch heute unheilvoll auswirkt, da diese Gesellschaft noch heute im Untergehen Drachenzähne sät, die Vorzeichen umzukehren versucht und mit letzter Kraft sich zu entlasten, Unschuldige zu belasten sucht. Ich saß deshalb schon wieder in Untersuchungshaft, wurde aber in fairer Weise wieder freigelassen und im Jeep nach Worpswede gebracht, während mein Arbeitskamerad Ina noch nicht wieder hier ist."
Im Juli 1946 kommt es in Worpswede schließlich zum erwarteten Wiedersehen von Auguste Lotz und Karl Jakob Hirsch. Er telefoniert aus der britischen Kommandantur im Hauptbahnhof Hannover nach Worpswede:
„Nach einigen undeutlichen Geräuschen, Summen und ähnlichen Dingen ertönt aus weiter Ferne die Stimme Gulos. Sie sagt: ‚Ja bitte.' Ich nenne meinen Namen, es klingt sicher sehr fremd, denn sie fragt mich zum zweiten Mal: ‚Wer ist dort?' Dann spreche ich wie gewohnt und bitte sie, um 9.15 Uhr in Bremen abgeholt zu werden. Es wird mir versprochen. Ich lege

den Hörer hin. Es sind sicher nur Kleinigkeiten, aber ich kann kaum mit ihnen fertig werden, es ist verwirrend. Ich fühle mich wie ein Gestorbener, der als Geist zurückkehrt. Vielleicht bin ich das ... Es ist immer wieder das eine, das einzige sichere Gefühl in einem, nämlich das eines Gespenstes, das auf die Erde zurückkehrt" (Qu., S. 294ff.).

Auf dem Bremer Hauptbahnhof wird Hirsch am 16. Juli 1946 von einem Fahrer, der sich mit dem Namen Karl vorstellt, abgeholt. In dem Auto sitzt Till Hienz, an die sich Hirsch gar nicht recht entsinnen kann. Der Maler, Graphiker, Bühnenbildner und Schriftsteller weiß bei seiner Fahrt nach Worpswede eigentlich erst jetzt, wie sehr er an all den Dingen hängt, „jeder Baum, jedes Haus und jede Wegbiegung ist voll von Erinnerungen ... Und plötzlich fahren wir durch Ostendorf und sind bald an meinem früheren Hause ... Dann stehe ich im sehr groß gewordenen Wohnzimmer, es ist jetzt wie eine Diele, und da liegt auf der Chaiselongue ... Gulo. Sie lächelt mich an. Ich weiß nicht, wie lange Stunden ich in der Nacht dagesessen bin, ich bin jenseits der Müdigkeit, jenseits aller Anstrengungen. Daß ich eigentlich seit vierundzwanzig Stunden nichts gegessen habe, merke ich erst nach einiger Zeit" (Qu., S. 297).

Das Gespräch mit Gulo dauert lange, und es ist so, als ob beide ihre Gespräche aus früheren Jahren fortsetzen würden. – Hirsch bewohnt im Haus das ehemalige Atelier. Bei den Wegen durch das Dorf trifft er die Weggefährten aus der Zeit der 20er Jahre, die ihn freudig begrüßen: Martin Goldyga, Hans Saebens, Martha Vogeler u. a.

Ebenso eindrucksvoll ist sein Wiedersehen mit der Worpsweder Landschaft. Auf dem Friedhof besucht er das Grabmal der großen Paula Modersohn-Becker.

Zehn Tage bleibt Karl Jakob Hirsch in Worpswede. Er unterhält sich Tage und Nächte mit Gulo. Dabei werden auch die vergangene Zeit der Nationalsozialisten und das Geschehen im Künstlerdorf nicht ausgeklammert. Von seinem Zimmer aus blickt Hirsch in die Landschaft, „... diese ganze Worpsweder Landschaft, in der ich einst lebte und niemals daran dachte, daß ich von ihr getrennt werden könnte ... Ich blieb doch hier in Worpswede, in dem flachen Moorland, in dem ich jung gewesen war, Mann geworden bin, manchmal leichtsinnig und nachlässig, aber kam doch zu mir selbst. Es wird mir so klar, schreckhaft klar, daß ein großer Abschnitt, ja, ein Abgrund zwischen dem Gestern und Heute liegt" (Qu., S. 301).

In diesen Tagen der Begegnung spricht Gulo mit großer Befriedigung über das Buch „Heimkehr zu Gott", denn Hirsch habe, so meint sie, „sehr schön" über seine erste Frau geschrieben. Für den Autor ist es allerdings nicht leicht, mit Gulo über all die inneren Wege zu sprechen, die er gehen mußte, um „zu Gott zu gelangen".

Als die Tage in Worpswede zu Ende sind, fürchtet sich Hirsch vor dem Abschied von Gulo, weil er erkennt, daß er sie nicht wiedersehen wird, „... daß es mit dieser einzigartigen Frau zu Ende gehen muß“ (Qu., S. 302).
Unter dem Eindruck des Besuches von Karl Jakob Hirsch in Worpswede schreibt Gulo am 8. September 1946 einen Brief: „Lieber K.J. Kaum zu glauben, daß schon 14 Tage vorbeigegangen sind, seit Du abreistest. Aber die Zeit vergeht mit ihren Aufregungen immer rascher und rascher, und der Sommer ist sichtlich vorbei. Es war schön, sich wiederzusehen und festzustellen, daß all die Jahre und wechselnden Ereignisse am Kern nichts verändert haben – und daß man sich sofort wieder so gut verstand, als sei nie ein Tag der Trennung dazwischen gewesen, dabei waren es viele Jahre, und sogar ohne Korrespondenz. Wir haben inzwischen beide Vieles gesehen, noch mehr erlebt, die Ereignisse haben uns gerüttelt, der Sturm uns geschüttelt, und wir sind doch die Alten geblieben. Der Mensch ist gar nicht so wandelbar, wie er glaubt, wenn er auch noch so viel an sich arbeitet, und andere an ihm. Von mir muß ich sagen, daß meine wesentlichen Charaktereigenschaften zwischen 3 und 6 Jahre schon deutlich hervortraten und sich höchstens weiter gefestigt haben. Gewiß, der Verstand wird geübt, geschärft und ausgeweitet.“
Im Februar 1947 erreichen Hirsch aus Worpswede beunruhigende Nachrichten. Er empfindet Angst, Gulo in ihren letzten Tagen zu sehen, zumal das vergangene Leben für ihn wieder lebendig wird: „Mein Leben, das ich damals als junger Mann mit Gulo führte, wird mir klarer denn je. Es war ein Anfang, ein beglückender und schöner, gewiß, aber wohin führte mich dieser Beginn?“ (Qu., S. 319).
Hirsch ist entschlossen, nicht nach Worpswede zu fahren. Er weiß, daß Gulo kaum mehr die Frau sein wird, die er in dem Jahr zuvor zum letzten Mal gesprochen hatte. Der 25. März 1947 bedeutet für Hirsch „ein trauriges Fest“, denn an diesem Tag wird Gulo achtundfünfzig Jahre alt. Schon einen Tag danach, am 26. März, findet Hirsch an seiner Tür ein Telegramm: „Gulo heute morgen neun Uhr gestorben“ (Qu., S. 321).
Als amerikanischer Staatsbürger muß Hirsch für ein Jahr noch einmal in die USA reisen. Er kehrt jedoch 1948 endgültig nach Deutschland zurück, und Joe Gassner heißt jetzt wieder Karl Jakob Hirsch. Zwei Jahre zuvor hatte er am 25. Juli 1946 in sein Tagebuch geschrieben: „Welch eine Fülle von Erlebnissen und Aufregungen aller Art war mir zuteil geworden. Ich hatte Kunst daraus gemacht, Bilder und Romane, ich war berühmt gewesen, bis zu jenem 30. Januar 1933. Es traf mich mit vielen, mit vielen Guten, vielleicht mit den Besten. Ich irrte über das Wasser, dieses Stück Ozean, das zwischen Europa und Amerika liegt. Drüben zerbrachen mit jedem Jahr mehr Hoffnungen“ (Qu., S. 304).

Karl Jakob Hirsch heiratete 1948 Ruth Niemann, die für den „Skeptiker", für den „Linksemigranten" „in den letzten Jahren der wirkliche Sinn und der Inhalt (seines) Aufenthalts in Deutschland gewesen ist".
Der endgültig Zurückgekehrte äußerte 1949 seiner Frau Ruth Gassner-Hirsch gegenüber, daß er eine Art Gedächtnisbuch für Gulo schreiben wolle. Und so wurde „Der alte Doktor" in der Zeit 1949/50 Frau Gassner-Hirsch in Stenogramm diktiert und anschließend in ein Maschinen-Manuskript übertragen.
Der hier erstmalig veröffentlichte Roman „Der alte Doktor" umfaßt mit der Hauptfigur Angela die Jahre zwischen 1890 und 1945. Es sind die Zeitabschnitte von Kaiserreich, von Erstem Weltkrieg, Weimarer Republik, Nationalsozialismus und von Zweitem Weltkrieg. Wichtige Orte der Handlungen sind München, Berlin und Worpswede. Zahlreiche Roman-Figuren spiegeln das Geschehen der verschiedenen Zeitläufte und Erscheinungen wider. Nachdem die Ärztin Angela (Frau Dr. Auguste Hirsch-Lotz) ihre Praxis in Worpswede eröffnete, wird gleichsam das Künstlerdorf mit der Teufelsmoorlandschaft zu einem Ort der Handlungen. Das bedeutet zugleich, daß sowohl die 20er Jahre als auch die Zeit des Nationalsozialismus im Künstlerdorf sich vielschichtig und spannungsreich darstellen. In das Leben der Ärztin rückt eines Tages die Abenteurerin Malvine, die sich zu einer bestimmenden Person im Umfeld Angelas entwickelt. Ebenso verkörpern Hermann Halm und Daniel Erdmann einerseits wichtige Personen, andererseits gegensätzliche Figuren des Romanes. Mit den politischen Bedingungen und Maßgaben in der Zeit des Nationalsozialismus verändert sich gleichsam auch das Verhalten der Menschen im Künstlerdorf.
Aufgrund der sich im Roman „Der alte Doktor" entwickelnden Ereignisse gestaltet Hirsch bestimmte Abschnitte so, daß einzelne Zeitabläufe montageartig eine Verschiebung erfahren. Wenngleich „Gulo" zwei Jahre nach Kriegsende stirbt, so endet der Schlüsselroman mit dem Jahre 1945, und der Tod Angelas fällt mit dem Ende des „Dritten Reiches" zusammen.
Im Januar 1952 schrieb Karl Jakob Hirsch in einem Brief: „Ich hatte eigentlich die Absicht, selbst nach Worpswede zu kommen, um alles genau ... zu besprechen, aber meine Krankheit ... Sie hindert mich am Reisen. So bin ich hier in München gelandet, würde aus beruflichen Gründen aber sehr gern wieder in den Besitz meiner Sachen kommen ... Besonders wichtig wäre für mich der Wiederbesitz meiner graphischen Arbeiten, Gemälde, meiner Bücher und Zeitschriften."

Verlag und Herausgeber danken Frau Ruth Gassner-Hirsch für die Erlaubnis zum Abdruck des Romanes „Der alte Doktor“ und für die Abdruckgenehmigung graphischer Arbeiten von Karl Jakob Hirsch. Frau Hirsch hat durch ihre wertvollen Hinweise und Anregungen die Herausgabe des Buches stets hilfreich unterstützt.
Verlag und Herausgeber danken der Volksbank Osterholz-Scharmbeck, die im Rahmen ihrer Kulturförderung die Herausgabe des Romanes „Der alte Doktor“ ermöglicht hat. Außerdem danken wir der Münchener Galerie Joseph Hierling, daß sie graphische Arbeiten von Karl Jakob Hirsch zum Abdruck zur Verfügung stellte.
Die Zusammenarbeit mit dem Verlag H. M. Hauschild GmbH war ausgesprochen konstruktiv. Der Herausgeber möchte namentlich einen besonderen Dank an den Verlagslektor Herrn Hüsener richten.
Die Universitätsbibliothek der Ludwig Maximilians Universität in München hat Einblick in zahlreiche Unterlagen aus dem „Archiv Karl Jakob Hirsch“ hilfreich gewährt. Für die freundliche und korrekte Unterstützung dankt der Herausgeber.

Worpswede, im September 1994 Helmut Stelljes

Inhaltsverzeichnis

Karl Jakob Hirsch, Frühling (Gulo und Karl Jakob Hirsch), Kaltnadelradierung, 1916, 16 x 13,8 cm

1. Kapitel

Ende und Anfang

Als der Sarg in die Erde gesenkt wurde, fielen die ersten Tropfen; es war der 30. Märztag, an den Bäumen waren nur spärliche Blätter zu sehen, man hörte vom höchsten Wipfel einer Birke den Glockenton einer frühen Amsel.
Der Pfarrer sprach:
„Ist Gott für uns, wer mag wider uns sein ... welcher auch seines eignen Sohnes nicht hat verschonet, sondern hat ihn für uns alle dahin gegeben; wie sollte er uns mit ihm nicht alles schenken ... denn ich bin gewiß, daß weder Tod noch Leben, weder Engel noch Fürstentümer noch Gewalten, weder Gegenwärtiges noch Zukünftiges, weder Hohes noch Tiefes noch keine andere Kreatur mag uns scheiden von der Liebe Gottes, die in Christo Jesu ist, unserem Herrn."
Es waren die Worte aus dem 8. Kapitel der Römerbriefe des Apostel Paulus, jenes Gewaltigen, der den Herrn, den er solange verfolgt hatte, begriff und zutiefst erkannte.
Der Pfarrer war der junge Oldesloe, der die Tote kaum gekannt hatte. Er war erst kürzlich in das Dorf gekommen, er war taub gegen den Klatsch des Ortes, er hörte nicht das Geraune um das Wesen, das hier tot und stumm in der Erde lag; er wußte nichts von ihr, die ihr Leben beschlossen hatte, ein herrliches und mühsames Leben, das Gott mit Leid und Freud gleichmäßig gesegnet hatte. Er wußte nichts vom Leben dieser Frau, die „der alte Doktor" genannt wurde, er hatte sie einmal flüchtig gesehen, wie verklärt, mit glänzenden Augen; er hatte ihre Stimme gehört, die etwas heiser war, deren Worte irdisch und klar waren. Aber er hatte das Antlitz gesehen, auf dem das Leuchten des Jenseits hing, das unheimliche Gesicht der Kreatur, die schon von der Ewigkeit umstrahlt ist, deren Gesicht den Glanz des Überirdischen trug und deren Augen in Weiten blickten, die so unendlich waren wie die Schöpfung Gottes.
Neben Elisabeth, die ihren Kopf gesenkt hatte, die Augen geschlossen, aus denen die Tränen unaufhörlich strömten, stand Henry Hatje. Sein clownhaftes Gesicht war verbissen und wie verkrampft, er hatte seinen Hut, den völlig durchgeregneten, in der Hand, hatte seinen Arm um Elisabeth gelegt und fühlte das Zittern der Frau neben sich.

Dann waren noch unbekannte Menschen dort, Patienten, Nachbarn und Neugierige, denn der plötzliche Tod des „alten Doktors“ hatte sie gepackt und gezwungen, dem Begräbnis beizuwohnen. Ihre Gesichter waren von den Stürmen des Lebens und des Wetters zernarbt, es waren ausdruckslose, harte Gesichter der Menschen aus dem Lande, das die Tote so geliebt hatte.
Während der Geistliche sprach, kamen immer mehr Leute auf den Friedhof, unbekannte; es waren die, denen Angela einmal etwas gegeben hatte, sie hatten Respekt vor dem „alten Doktor“, und trotz der Zeitläufte, deren Sinn sie nicht begriffen, hatten sie doch das Bedürfnis gefühlt, die letzte Ehre zu erweisen.
Benno Ladenburg stand ganz abseits, ihm schien das Ganze unbegreiflich zu sein, er starrte in den Himmel, dann auf den Sarg, der sich langsam senkte, ihm war alles unverständlich geworden.
Die Beerdigung war nun zu Ende, der Pastor Oldesloe sah, wie die Menschen langsam, sehr langsam fortgingen. Er blieb stehen, als ob ihn irgend etwas bestimmte dazubleiben.
Nur Elisabeth stand unbeweglich da, der Regen rauschte stärker, man hörte das Rieseln des Wassers in der Stille des Friedhofs.
Dann ging der Pfarrer langsam fort, er blickte sich noch ein paarmal um, als ob er irgend etwas vergessen hätte …
Der Regen rauschte eine Stunde lang, während Elisabeth unbeweglich dort stand und die Amsel immer inbrünstiger und wehmütiger ihren Gesang ertönen ließ; es war die Grabmusik für die Tote. Das Rauschen der Wassertropfen und der Amselgesang verdichteten sich zu einem leisen Orchesterklang. Es war, als ob Violinen und Harfen ein zum Himmel steigendes Lied anstimmten, leise Hörner wurden hörbar, eine Flötenstimme umrankte das Spiel.
Dann trat die Sonne aus den Wolken.

2. Kapitel

Spiel am Morgen

Die Sonne strahlte mit ganzer Kraft in das Fenster des niedrigen Hauses und weckte Angela an ihrem siebenten Geburtstag. An diesem 25. Märztage stand das ganze Haus unter dem Zeichen dieses wichtigsten Ereignisses: Geburtstag.

Und die Hauptperson fieberte vor Ungeduld; es war morgens sieben Uhr, und das Haus war noch ziemlich ruhig. Doch Angela kletterte aus dem Bett, zog sich Schuhe und Strümpfe und die Unterwäsche an, warf sich dann ein dunkelblaues Wollkleid über, stellte sich vor dem schiefen und fast blinden Spiegel auf die Zehenspitzen, kämmte sich das dünne, seidige Haar und flocht die zwei kurzen Zöpfe. Nun war sie fertig, bis auf das Waschen, aber das überschlug sie, denn es war ja schließlich ihr Geburtstag.

Angela lief über die Wiese vorm Haus, öffnete die Klappe beim Hühnerstall, das Geflügel kam schreiend und gackernd ans Tageslicht. Dann lief sie vorbei an dem summenden Bienenstand und setzte mit einem großen Sprung über den Wassergraben, der die Wiese vom Wald trennte.

Am Waldesrande setzte sich Angela auf die trockenen Tannennadeln, blinzelte in die Sonne und schob die Unterlippe vor. So hockte sie da, nicht besonders hübsch anzusehen, etwa wie ein kleiner Waldschrat mit kurzer Nase und kurzer Oberlippe; aber die Augen waren groß, etwas vorgewölbt und leicht verwundert in die Welt blickend. Die Stirn war rund und ein wenig zu hoch; ihre Hände waren schmal, die Finger lang, aber die Nägel ungepflegt. In den Taschen ihres Wollkleides steckten Gras und Blätter, auch etwas Erde quoll aus ihnen, und vielleicht hatte gestern in einer von ihnen eine kleine Eidechse gesessen.

Unten im Haus wird es allmählich lebendig, man hört das Gequietsche der Pumpe und auch ganz fern den Eimer vollaufen. Ein Kuhgebrüll zeigt an, daß die Tiere auf die Weide hinter dem Haus gelassen werden, ein Hahn verkündet mit sehr verspäteter Pünktlichkeit stolz das Erwachen eines Tages, der nur einen Sinn heute hat: Angela.

Die Heldin des Tages aber hatte Bucheckern gefunden und genoß ein Geburtstags-Frühstück, das weniger für kleine Mädchen als für Eichhörnchen bestimmt war. In der Küche aber wurde gerade der lockere Napf-

kuchen auf den Teller gelegt, und die Köchin Berta war dabei, vier rote und drei gelbe Kerzen in ihn zu versenken. Die gute Köchin ahnte freilich nicht, daß das Geburtstagskind sich schon an Bucheckern gelabt hatte; sie wäre nur böse geworden, die gute Berta, das Faktotum des Hauses, das seit über fünfzehn Jahren der Familie mit hingebender Gewissenhaftigkeit diente.
Nun kam die Mutter Lina in ihrem hellen, etwas zu sehr gestärkten Kleide in die Küche und sagte:
„Hast du eigentlich Angela gesehen?"
„Nein."
Berta sagte es mit sanfter Gereiztheit, denn sie fühlte schon die Verwicklungen des heutigen Tages. Dann polterte der kleine Heinz, Angelas Bruder, die Treppe hinunter, er zog einen wolligen und umfangreichen Teddybär hinter sich her. Der vierjährige Knirps schrie mit ausgeruhter Kraft:
„... Gela ... Gela ..."
Ein jeder verstand, daß er seine Schwester meinte, aber diese hatte sich allen familiären Forderungen entzogen, saß längst auf einem großen Baumast und blickte auf die Waldwiese, die unter den Hufen mutwilliger Pferde erdröhnte. Auch ein kleines Füllen war da, und Angelas Herz flatterte vergnügt, als das tolpatschig-hochbeinige Pferdchen unter ihrem Baum stehen blieb und sein klägliches Wiehern ertönen ließ.
Angela rutschte vom Baum herunter, trat mit süß verzücktem Lächeln dem kleinen Füllen näher, das genau Angelas Größe hatte. Gibt es etwas Weicheres als die Nase eines jungen Pferdes? Gibt es etwas Betörenderes als sein Auge, dies unschuldige, kindlich erstaunte Gebilde, das braun war und metallisch glänzte? Und dann streichelte Angela die zottige Mähne, strich über den geschwungenen, kurzen Hals, kraulte das störrische, dicke Haar des Füllen und war wunschlos. Sie dachte: ‚Gibt es etwas Schöneres an meinem Geburtstag als dieses?'
Da hörte sie die Glocke am Haus ertönen, aufgeregt und schrill, und wußte, daß ihre morgendliche Freiheit beendet war, gar nicht fröhlich hüpfte das Geburtstagskind dem Hause zu, sie wippte von einem Bein zum anderen und tat alles, um den Weg bis zum Haus noch länger zu machen.

Der Geburtstag verlief programmäßig; die Mutter mühte sich sehr, Angela den Tag unvergeßlich zu machen, der kleine Heinz versuchte zwar, den Geburtstagskuchen, der für Angela bestimmt war, an sich zu reißen, aber es gelang ihm nicht. Selbst der Vater, der ein verträumter, dunkelbärtiger Mann war, verteidigte Angelas Kuchen, als ob er ihm selbst gehörte.
Angela und der Vater! Das war eine Zusammengehörigkeit, die ohne Worte sich zueinander bekannte. Es war mehr als Kindes- oder Tochterliebe, es

war wirkliche menschliche Freundschaft zwischen der kleinen Angela und ihrem Vater. Die Liebe zu den Tieren war nur der Ausdruck der übergroßen Zärtlichkeit, die das Kind vom frühesten Alter an in sich fühlte.
In ihrer kindlichen Ausdrucksweise sagte sie manchmal:
„Alles was krabbeln kann, ist gut."
Und die Menschen waren es bestimmt nicht, sie gingen und schritten, sie stritten und waren hastig, sie nahmen sich sehr ernst und waren meist beleidigt, wenn andere es nicht taten. Anders waren Angela und der Vater. Sie waren beide lebensfroh und fanden in der unverfälschten Kreatur das wieder, was sie im Innersten erfüllte: die Wahrhaftigkeit, das Hingegebensein an ein Geschick, das körperliche Daseinsgefühl, das sich in jedem kleinen Käfer, ja, in der Schnecke sogar stärker verkörperte als in dem unzufriedenen und ehrgeizigen Zweibeiner, dem Menschen.
Der Vater hatte einen seltsamen Beruf, er kaufte alte Möbel und Gegenstände, und er verkaufte sie wieder, wenigstens versuchte er es. Es war oft schwer für ihn, sich von einer alten Truhe oder einem Teppich zu trennen, er war eigentlich ein schönheitsdurstiger Sammler, den die Not des Tages zum Händler gemacht hatte. Nicht viel Worte waren nötig, um der kleinen Angela zu erklären, daß der Vater ein gänzlich unpraktischer Mensch war. Aber deswegen liebte ihn ja das Kind. Der Vater war für sie das vollkommenste Wesen auf Erden; sein Ernst war nie ernsthaft; das, was die Menschen leichtsinnig nannten, war nur unbeschwerter Sinn. Die großen Augen Angelas leuchteten auf, wenn der Vater von seinen Fahrten über Land erzählte.
Anders war die Mutter. Sie war immer etwas ängstlich und besorgt, und sie war dazu berechtigt, denn ohne sie wäre nichts geblieben als die hauchdünnen Spinnenfäden der väterlichen Luftgespinste. So war die Mutter irdisch und besorgt, wachsam an das Heute denkend, da der Vater mit der Vergangenheit spielte und von der Zukunft träumte.
Daß Angela Tiere liebte, wurde von der Mutter mit Seufzen geduldet, ihr Widerstand war hilflos, da sie von keiner Seite darin Unterstützung hatte. So ließ sie alles geschehen, nur wenn die lebenden Frösche und Salamander auf dem Boden herumhüpften und -krochen, wenn die kleine Angela die Hauskatze mit ihren noch blinden Jungen durchaus unter ihrem Bett einnisten wollte, wenn ein herausgefallener Nestling zwischen den Doppelfenstern des Zimmers tagelang sein Leben fristete und Angela nicht zu bewegen war, etwas anderes zu tun als für den Vogel zu sorgen, dann versuchte die Mutter dies zu verhindern. Aber was sollte sie tun? Der Vater gab in allem der Kleinen recht und dachte nicht daran, der Mutter beizustehen. So begnügte sich die Mutter mit einigen Tränen und schwachem Protest.

Daß der Geburtstagstisch im eigentlichen Sinn nicht bestand, läßt sich denken, sollte etwa das große Aquarium mit den Fischen zusammen mit den Käfigen mit den exotischen Vögeln auf einem Tisch stehen? Das wäre schlecht gegangen. Spielzeug irgendwelcher Art war nicht zu sehen. Aber viele Bücher mit Tier-Abbildungen waren da. Doch Angela besichtigte sie mehr pflichtgemäß als begeistert. Denn was sollten ihr die leblosen Zeichnungen bedeuten? Das Atmend-Vibrierende des Tierkörpers war nicht in ihnen; darauf kam es an. Angela liebte den Atem, die Haut und das Fell, das herzklopfende Leben in allem Tierhaften. Was sollten da tote Abbildungen? Doch waren die Bücher mit Liebe von Mutter und Vater ausgesucht, aber als Angela, wie es ihre Art war, mit fast geschlossenem Mund ein höfliches „Dankeschön" sagte, da war wenig Begeisterung in ihrer Stimme.

Den ganzen Nachmittag fühlte sich Angela wie eingesperrt, denn sie hatte Sehnsucht, allein hinaus zu laufen, über den Waldesrand hinaus auf die Weide, auf der die Pferde schnupperten, stampften, wieherten und grasten. Aber wie sollte sie das anstellen?

Das Haus lag so abseits vom eigentlichen Orte, daß nachbarlicher Besuch kaum zu erwarten war, aber Angela wollte den Vater nicht kränken, der diesen Tag für seine kleine Tochter freigehalten hatte.

„Wir wollen spazieren gehen, das Wetter ist schon frühlingshaft", meinte der Vater, und Angela fühlte sich liebevollst eingekerkert.

„Ach nein, Vati, ich möchte hierbleiben, ‚Husch' hat heute den ganzen Tag noch nichts gefressen, vielleicht ist er krank."

‚Husch' war die kleine Waldeule, die meist auf dem hohen Kleiderschrank in Angelas Zimmer saß und zaghaft-drohende Töne ausstieß, wenn jemand das Zimmer betrat. Nur der Ton, mit dem sie Angela begrüßte, war verschieden, jedenfalls erschien es dem Kinde so.

An diesem Nachmittag nun ging Angela in ihr Zimmer, um, wie sie sagte, auf ‚Husch' aufzupassen. Es war eine kleine, spitzfindige Unwahrheit von ihr, denn in Wirklichkeit wollte Angela zu den Pferden laufen, aber sie wollte keine Gesellschaft dabei haben. Wie sollte man das anstellen? Angela saß auf ihrem Stuhl, blickte ‚Husch' an, die unbeweglich auf dem Schrank saß und sich nicht rührte. In ihrem Kinderherzen fragte sie abwechselnd den lieben Gott und ‚Husch', was sie tun solle. ‚Husch' gab keine Antwort, und die andere wissen wir nicht.

Nach einiger Zeit stand Angela auf, schlich an die Tür und lauschte ins Treppenhaus. Ihr Entschluß war gefaßt, sie ging auf Zehenspitzen ans Treppengeländer und rutschte lautlos wie ein Schatten das Geländer herab. Aus der Haustür zu laufen war leicht, nur der Kiesweg im Garten war eine neue Gefahr, aber Angela überwand auch diese, und das Loch im Gartenzaun war schnell erreicht.

Am Waldesrand zu hocken war für Angela die schönste Geburtstagsfreude. Sie sah die Pferde und hörte die Fohlen traben, und dazwischen war auch eine dunkle Gestalt, die sich irgendwie zu schaffen machte. Es war der Reitknecht, der da umherschlenderte, ein älterer, bärtiger Mann in Reitstiefeln und kurzer Lederjacke. In der Hand hatte er eine kleine Gerte, mit der er sich auf die Schenkel schlug und manchmal auch spielerisch auf einen Pferderücken. Angela kannte ihn, sie wußte, daß er Johann hieß und hatte ein wenig Angst vor ihm. Aber sie glaubte nicht, daß er böse sei. Die Tiere schienen ihn gern zu haben, die Pferde nickten und stampften zur Begrüßung, wenn er an ihnen vorbeiging, und wer ein Freund der Tiere war, mußte gut sein. Langsam stand Angela auf und ging über die Wiese zu den Pferden hin.

„Na, Kleine," sagte Johann, denn er kannte sie gut und auch ihre Liebe zu den Pferden. Atemlos sagte Angela:

„Ich werde heute sieben Jahre alt."

„Ach, da möchtest du wohl gern mal reiten?"

Angela nickte, sie wußte vor Glück nicht, was sie sagen sollte. Sie dachte: ‚Nun erfüllt der liebe Gott mir den schönsten Wunsch.'

Johann hob sie auf den Rücken eines Pferdes, das es sich ruhig und fromm gefallen ließ.

„Halt dich schön fest, Kleine", sagte Johann und war mit einem Satz hinter ihr. Nun ging der Ritt vonstatten; zuerst war es noch ein langsames Traben, dann aber wurde das Pferd schneller, bis ein Galopp entstand, bei dem Angela beinahe heruntergefallen wäre. Oh nein, sie war nicht ängstlich, im Gegenteil, sie faßte ganz lose die weiche Mähne des Pferdes, sie fühlte den Wind um ihre Stirn und durch ihre Haare streichen, ihr war, als flöge sie zu den Himmeln, nach denen sie sich immer gesehnt hatte. Sie fühlte sich in das Paradies gewiegt und vergaß ihre Kinder-Erde mit Vater und Mutter und der Eule ‚Husch'.

Sie hörte Johanns Stimme wie durch einen Nebel, sie fühlte nicht, daß Johanns Arm sich um sie preßte, sie wußte nichts davon, daß dieser alte, heruntergekommene Reiter hinter ihr eine seltsame Gier verspürte und eine Lust, den weichen, nachgiebigen Kinderkörper an sich zu pressen. Angela war der schwebende Engel, der ahnungslos durch die Sünden der Welt gleitet. Ihr kindliches Herz jubelte, ihre Lippen, die immer fest geschlossen waren, öffneten sich, sie hörte das Pferd stolz und feurig wiehern, sie hörte das Stampfen der Hufe auf dem rasigen Erdboden, ihre Nüstern füllten sich mit dem Wiesen- und Ozongeruch der frühlingshaften Erde.

Auf einmal blieb das Pferd stehen; Angela wollte etwas sagen, sie fühlte sich vom Pferd heruntergerissen, eine Faust hielt ihren Mund zu, sie hörte den keuchenden Atem Johanns, sie sah sein verzerrtes, gieriges Gesicht, sie

fühlte seine Hände über ihren Kinderkörper irren, wie seine Finger an ihrem Kleidchen nestelten.
Plötzlich stemmte sich ihr kleiner Körper gegen das riesengroße Gewicht des Mannes, sie biß und kratzte, ihre kleinen Fäuste hieben in die Luft und trafen manchmal etwas Fleischiges; sie befreite sich, sprang auf, lief über die Wiese wie gehetzt ... immer schneller, schneller, hinter sich hörte sie ein höhnisches Lachen.

3. Kapitel

Sonne hinter Wolken

Es war der 25. März des Jahres 1904; Angela verlebte ihren fünfzehnten Geburtstag nicht mehr im Elternhaus, in dem nur die Mutter noch wirkte und schaffte wie früher. Der Tod des Vaters hatte vor drei Jahren das Mädchen Angela so erschüttert, daß ihre Kindheit mit dem Vater gestorben war. Nun lebte sie im Internat des Klosters Neustift, das auf einem Berge lag, von dem aus man den breiten Fluß, den Rhein, unten leuchten und glitzern sah.

Angelas Gesicht war ernst geworden; das Leben hier ließ nur wenig natürliche Fröhlichkeit aufkommen. Die dem Himmel zugewandte Irdischkeit des klösterlichen Alltags, der Anblick der schwarz- und weißgekleideten Nonnen, ihr ausdrucksloses, gütiges und von keiner Leidenschaft entstelltes Gesicht wirkten auf Angela. Oft mehr beunruhigend als friedlich. Sie war in dieses Klosterleben gekommen und wußte nicht, was es bedeutete. Die Schule dort war bekannt, und sogar die Wohlhabenden der Umgebung pflegten ihre Töchter für einige Jahre dort unterzubringen. Angelas Familie gehörte zu den Ärmeren, aber ein Freund des Vaters hatte genug Beziehungen gehabt, um der Verwaisten eine Freistelle zu verschaffen.

Angela lag in ihrem Bett und hörte vor dem Fenster das Morgenkonzert der Amsel. Angela hörte auch die Atemzüge ihrer Mitschülerinnen, mit denen sie das geräumige Zimmer teilte.

Sie faltete ihre schlanken Hände, und als sie das hier übliche Gebet sprechen wollte, stockte sie. Es erschien ihr an dem heutigen Tage, als ob sie ein besonderes Gebet finden müßte, eines, das ihr Glück und ihre Not zugleich, ihre menschliche Gegenwart wie die sehnsüchtigen Hoffnungen auf eine reichere Zukunft umfassen müßte. Es würde kaum einen Geburtstagskuchen unten im Speisesaal geben, vielleicht wäre ein Paket von der Mutter dort mit „praktischen Sachen“ und etwas Schokolade. Angela schauderte etwas bei der Vorstellung, daß die Oberin mit ihrem freundlichen, aber völlig ausdruckslosen Gesicht ihr einiges wünschen würde, das die Jungfrau Maria oder der Herr Jesus ihr bescheren sollte.

Angelas Frömmigkeit, die natürliche und herzhafte Verbundenheit mit Gott und seiner Schöpfung, war in den Jahren hier langsam verblaßt. Man hatte

es nicht verstanden, die intensive und überströmende Lebenszärtlichkeit der jungen Angela in eine Form zu gießen, in der sie auch für die Kirche hätte nutzbar sein können. So war Angela das, was man einen Einzelgänger nennt, sie konnte sich nur schwer anpassen, an die Zucht der Klosters, dessen Formelhaftigkeit ihr fremd war, wie auch an die rein äußerliche Frömmigkeit ihrer Mitschülerinnen, die alles eben „mitmachten", was man von ihnen verlangte. Diese würden die Klosterschule mit Auszeichnung absolvieren und in ihr vorgeschriebenes Dasein zurückkehren, das behütete Dasein eines Bürgermädchens vom Jahre 1904 in einer rheinischen Stadt, die zwar in mancher Beziehung aufgelockerter war als die Städte im übrigen Deutschland, wo aber dennoch alles in vorgeschriebenen Formen verlief. Da war man fromm wie eh und je, da ging man Sonntags zur Messe wie seit Jahrhunderten, da heiratete man gemäß der Sitte und Tradition, da lebte man sein Leben ab, einer wie der andere, Mann oder Frau. Es gab wohl keine Überraschung, denn alles war vorausgeplant. Es gab auch keine Erschütterungen oder Kriege, denn im 20. Jahrhundert fiel man nicht mehr zurück in die Barbarei der früheren Zeiten.
Um sechs Uhr dreißig ertönte die Glocke erst bimmelnd, dann sanfter und volltönender; sie rief alle zur Kirche, um Gott und der Jungfrau in vorgeschriebenem Gebete dafür zu danken, daß man den tödlichen Gefahren der dunklen Nacht entronnen war. Die Sonne, die auf Kloster Neustift schien, strahlte von einem Himmel herab, in dem sich die Nonnen besser auskannten als auf Erden.
Anders Angela. Sie hatte zwar nicht mehr die Möglichkeit, mit ihren geliebten Tieren zu leben und zu tollen, sie konnte auch nicht mehr über die Gotteswunder der kleinsten Vögel jubeln, sie durfte nicht mehr die weichen Nüstern der Pferde streicheln, sie mußte den Blick senken und langsam die Füße vor sich setzten, wenn sie zur Kirche ging. Und es war eigentlich ein einziger Kirchgang, dieses Leben im Kloster wie in der Schule. Die Nonnen freilich wohnten in einem Bau für sich, man traf sie nur bei den Gottesdiensten, bei den Messen frühmorgens oder mitternachts; man kannte sie als Lehrerinnen auf dem Katheder sitzend, ihr Wissen und ihre Weisheit in vorgeschriebenen Dosierungen den Kindern vermittelnd.
Angela hatte sich zuerst recht unglücklich gefühlt; aber sie verriet es nicht, weder in ihrem Blick noch in ihren Briefen. Sie schrieb jede Woche einmal an ihre Mutter und berichtete in ihrem kühlen Stil über ihr Leben, ihre Fortschritte in der Schule und erkundigte sich auch höflich nach dem Befinden der Mutter und des Bruders. Es war in den ersten Tagen, daß die kleine Angela einfach hinunter in das Städtchen ging, um ihren Brief in den Kasten zu werfen. Niemand verstand, wie sie es geschafft hatte, so unbemerkt das Kloster zu verlassen. Aber die straffste Organisation hat oft eine Lücke, und

Angela, mit ihren wachen Augen, hatte sie entdeckt. Sie dachte sich gewiß nichts Schlimmes dabei, als sie durch das kleine Weinstädtchen bummelte, bis sie schließlich eine Konditorei fand, in der sie ihren Hunger nach Süßigkeiten stillen konnte. Sie war erschrocken, zu Tode entsetzt, als das „Jüngste Gericht“ sie bei ihrer Heimkehr erwartete.
Als sie an diesem, ihrem fünfzehnten Geburtstag nun in den Speisesaal kommt, hat sie, bis sie ihren Platz sieht, den kindlichen Gedanken, daß ihr Platz geschmückt worden sei. Aber nichts unterschied ihn von dem der anderen. Nur Dorchen, die seltsam üppige Vierzehnjährige, die ihr schräg gegenüber saß, rief ihr über den Tisch einen Glückwunsch zu. Die Schwester, die oben an der Tafel saß, dicht an Angelas Platz, sagte nur: „Lasset uns beten, Kinder.“ Und hinterher meinte sie, indem sie sich zu Angela wendete:
„Hoffentlich hast du, liebe Angela, an deinem Geburtstage besonders inbrünstig gebetet.“
Das war alles; Angela war weder enttäuscht noch überrascht, sie dachte: ‚Vielleicht gibt es um elf Uhr ein Paket für mich von Mutter.‘
Als die Kinder in gemessener Lebhaftigkeit sich zum Zuge ordneten, um in die Schule zu gehen, da überfiel Angela mit einem Mal der Gedanke, sich krank zu melden. Sie runzelte die Stirn, schob die Unterlippe etwas vor und dachte nach. Eine Strähne des Haares fiel ihr ins Gesicht, mechanisch strich sie sie zurück. Sie verwarf den Gedanken an Krankheit wieder, da sie die Zeremonie fürchtete, die bei solchen plötzlichen Krankheitsmeldungen üblich war. Dann wurde sie ernst und gewissenhaft, die scheinbar Kranke, von einer Diakonissin untersucht und wenn der Befund nicht allzu ungünstig war in die Schule geschickt. Bei Krankheitsfällen aber, die die Krankenschwester anerkannte, wurde der Patient auf die Station gebracht, und später kam dann ein Arzt dazu, der in solchen Fällen vom Städtchen geholt wurde. Angela war entschlossen, ihren Geburtstag anders zu feiern. Aber wie? Da heute Mittwoch war, würde es vielleicht möglich sein, den schulfreien Nachmittag irgendwie auszunutzen. Sie konnte Dorchen und vielleicht einige andere Mädchen einladen, mit ihr, natürlich unter Aufsicht einer Schwester, hinunter ins Städtchen zu gehen. Aber das war sicher zu spät; man mußte es 24 Stunden vorher bei der Oberschwester anmelden. Angela entschloß sich, den freien Nachmittag zu verträumen. Sie würde zu ihrem Lieblingsplatz gehen, am Rande des Klostergartens, und sich dort auf die Bank setzen und in die Rheinebene blicken. ‚Was für ein unzulänglicher Geburtstag‘, dachte Angela, aber sie fühlte sich viel zu hilflos, um es zu ändern. Daß sie wünschte, ihre Mutter und ihren Bruder zu sehen, war ein vermessener Gedanke, und wenn sie ehrlich wäre, würde sie es auch gar nicht wünschen. Die rechtschaffene, brave Mutter und der ewig störende

Heinz, der nun zwölf Jahre alt war, wären nicht die rechte Gesellschaft gewesen. Sie liebte ihre Mutter, gewiß, es war die achtungsvolle Liebe eines Kindes, nichts weiter. Es war aber nicht die lebendige Zuneigung, dies tiefe Einverständnis, das sie mit ihrem Vater gehabt hatte. Der Mutter mußte man immer alles erklären, der Vater verstand seine Tochter, ohne daß sie es nötig hatte, auch die eigenwilligste Äußerung zu begründen.

Angela ging nach dem Mittagessen auf das Zimmer und, siehe da, auf ihrem Bett lag das mütterliche Geburtstagspaket. Angela war erfreut, doch als sie das Paket öffnete und all die reizlosen, aber praktischen Dinge erblickte, da erstarb ihre Freude, da waren noch einige Tafeln Schokolade, ein Glas mit Zitronenbonbons, eine Schachtel mit kandierten Früchten und endlich das, was sie erstaunlicherweise so liebte: Lakritze.

Angela wußte nichts Besseres zu tun, als sich auf ihr Bett zu legen; der Schlafsaal war leer, und wenn man die Augen schloß, konnte man sich einbilden, allein zu sein. Angela zog ihre Schuhe aus und ihr Kleid, dann legte sie sich aufs Bett. Sie nahm eine schwarze Lakritzestange in den Mund und hatte eigentlich keinen Wunsch mehr.

... Das Segelschiff hatte drei Masten und zerrte ungeduldig an seinen Tauen ... die Strickleiter nach oben ist sehr lang, man hat das Gefühl, in den Himmel zu steigen, aber der Mann am Steuer hat einen abscheulichen Bart. Angela denkt: ‚Wie kann ich ihm bloß ausweichen‘ ... und dann sieht sie plötzlich, daß unten auf dem Deck ein kleines Pferd steht, das unaufhörlich mit dem Kopf nickt. Sie krabbelt also die Strickleiter aufwärts, an dem Kapitän vorbei, der hinter ihr herlacht, dann läßt sie sich plötzlich in die Tiefe fallen und landet auf dem Rücken des Pferdes ... ‚es muß Flügel haben‘, denkt Angela, als sie über dem Wasser schwebt und das Meer unter ihr wie im Fluge dahinschießt ... ‚welch schöne Zügel‘, denkt sie, sie sind aus schwerem, rotem Leder, das Zaumzeug ist silberbeschlagen, und auf dem Kopf trägt das Pferdchen drei lange Federn. Angela ist außer sich vor Freude, sie wendet das Pferdchen geschickt in der Luft umher, blickt herab und sieht das Haus, ihr Elternhaus, und dann sieht sie auch ihren Vater vor der Türe stehen ... er lacht und winkt ihr zu, und dann ist sie unten bei ihm ... sie sitzt auf einer großen Wiese auf dem Schoß des Vaters ... sie schließt die Augen und denkt: ‚welch ein schöner Geburtstag‘. Dann hört sie den Vater sprechen, es ist merkwürdig schwer zu verstehen, seine Stimme klingt wie von weit her, und dabei ist sein Gesicht so nah dem ihren. Der Vater nimmt sie sacht und setzt sie sich auf den Rücken ... Angela denkt: ‚ich wußte ja gar nicht, wie groß Vati ist ... ich glaube, er wächst ... jetzt bin ich schon so hoch, ich blicke wie von einem hohen Berge ... und da unten, das ist kein Käfer, das ist das kleine, schwarze Pferd ... wie merkwürdig ...‘, und dann singt der Vater; Angela ist etwas

erstaunt, denn sie wußte gar nicht, daß er singen konnte ... er singt eine schwermütige Melodie, ‚sie klingt beinahe russisch', denkt Angela, aber sie weiß es nicht genau. Aber als sie sich selbst singen hört, erschrickt sie. Sie singt und hört sich singen, und dann wird die Stimme des Vaters lauter und lauter; jetzt singen sie zweistimmig, Angela und ihr Vater, aber was für Worte sind das, sie kann es nicht sagen ... ‚wenn nur niemand aufwacht', denkt Angela, ‚die Häuser sind voll von Menschen ... und es ist schon spät'. Da sieht sie auf einmal, wie sich alle Fenster der Häuser öffnen, es sind merkwürdige Häuser, man kann durch sie hindurchsehen, und sie scheinen doch stabil zu sein. ‚Es ist schön, daß das Segelschiff dort ist', denkt Angela, und dann sieht sie plötzlich, wie der Vater eine unendlich lange Trompete nimmt und eine Art Posthornmelodie darauf spielt. Wie auf ein geheimes Zeichen belebt sich plötzlich die ganze Landschaft. Vertrocknete Wälder werden plötzlich wieder grün, verbogene Bäume werden jung und saftig, und selbst das schwarze Pferdchen, das ziemlich ungepflegt aussieht, steht plötzlich mit golddurchwirkter Schabracke da, auf dem Sattel ist eine Art Baldachin, so daß es aussieht wie ein Pavillon. Angela und ihr Vater setzen sich auf die bequemen Stühle ... das Pferd sagt plötzlich: ‚Wo soll ich hinfliegen?'
Der Vater sagt in barschem Ton:
‚Fliegende Pferde mag ich überhaupt nicht, lieber noch Seepferde.'
‚Bitte schön', sagt das Pferd und macht einen großen Satz durch die Luft, so daß Angela und ihr Vater richtig durchgeschüttelt werden ... dann aber schweben sie wie in einem Luftballon nach unten, sie hören das Meer rauschen, und bald sind sie mitten darauf.
‚Endlich', sagt der Vater und zieht seine gebogene Holzpfeife aus der Tasche und steckt sie in den Mund. Er sucht nach Streichhölzern, aber er findet keine. Angela streckt einen Fuß aus, bis sie einen Meteor, der gerade vom Himmel ins Wasser stürzt, mit dem ausgestreckten Fuß fangen kann ... sie reicht ihn ihrem Vater, der damit sofort seine Pfeife anzündet ... die Fahrt mit dem Pferd wird so schnell, daß Angela Mühe hat, sich festzuhalten. Doch der Vater scheint gelassen zu sein, die Rauchwolken seiner Pfeife hüllen sein Gesicht fast ganz ein ... wie von weit her hört Angela eine Stimme sagen:
„Am hellichten Tag auf dem Bett zu liegen, ist verboten ..."
Angela schlägt die Augen auf und sieht das ernste und vorwurfsvolle Gesicht der Oberin vor sich. Sie stammelt:
„Heute hab' ich doch Geburtstag."
Dann sind die anderen Mädchen im Zimmer und lachen Angela aus. Dies war ihr fünfzehnter Geburtstag.

4. Kapitel

Der Ernst des Lebens

Wenn nur nicht die ewige Fragerei wäre, die einem das tägliche Leben vergällen würde, wenn nicht die ängstlich fragenden Augen der Mutter da wären, die ratlos ihr Kind ansah, das nicht recht wußte, wie ihr zukünftiges Leben sich gestalten solle. In dieser Zeit, in der Ordnung und kindlicher Gehorsam selbstverständlich waren, fiel Angela unter ihren Altersgenossinnen sehr auf. Die meisten gingen in eine Haushaltungsschule oder in ein Pensionat, aber Angela war weit davon entfernt, sich dieser Tradition zu unterwerfen. Sie hatte das Mädchengymnasium mit Auszeichnung absolviert und war entschlossen, ihr Leben in einem selbständigen Berufe zu verbringen.

„Du mußt doch heiraten", sagte die Mutter, und auch die Verwandten waren derselben Meinung. Selbst der Freund des verstorbenen Vaters meinte, daß Angela sich diese „modernen Ideen" aus dem Kopf schlagen solle. So fand sie wenig Verständnis für ihre Pläne. Nur ihre Freundin Irene Sonnenthal verstand sie, zumal sie selbst den Plan hatte, Rechtsanwältin zu werden.

Angela war oft bei der Familie ihrer Freundin eingeladen, denn dort fand sie jene Freizügigkeit des Denkens, die bei ihr zu Hause abgelehnt wurde. Sonnenthals waren erst kürzlich in das Städtchen gekommen, der Vater hatte sich von seinen Geschäften zurückgezogen und lebte mit seiner Frau und seiner einzigen Tochter friedlich in dem stillen Weinstädtchen.

Angela und Irene verstanden sich, ohne viel Worte zu machen. Sie waren beide achtzehn Jahre alt, hatten ihre Kindheit hinter sich und sahen voll Spannung auf das zukünftige Leben, das sie meistern wollten.

In Angela entstand die erste warme Empfindung seit dem Tode ihres Vaters; sie fühlte sich im Hause Sonnenthal wohler als daheim, wo man zwar keineswegs begrenzt oder bigott war, aber doch nicht von jener Großzügigkeit und Menschlichkeit, wie sie für das Haus Sonnenthal charakteristisch waren.

„Du gehst eigentlich sehr viel zu dieser Familie", sagte die Mutter klagend, doch Angela zuckte bloß die Achseln und meinte: „Ich kann dort soviel lernen."

Dort lernte sie das kennen, was sie immer entbehrt hatte: die Musik. Wenn sie abends hinunter ins Städtchen kam, dann hörte sie schon von weitem das Klavierspiel aus den geöffneten Fenstern erklingen. Sie schlich sich leise in das große Musikzimmer, wo Emanuel Sonnenthal am Flügel saß und spielte. Angela setzte sich still in die Ecke und hörte zu. Dann kam meist Irene und setzte sich neben sie. Beide Mädchen lauchten dem Spiel, dem rauschenden und perlenden Klavierspiel Emanuels, der im Grunde seiner Seele ein Musikant war. Es wurde dunkel im Zimmer, aber niemand machte Licht; das Klavierspiel wurde fortgesetzt, manchmal bis in die Nacht hinein, so daß Angela erschrocken auf die Uhr sah und weggehen mußte. Sie war nach solchen Abenden beruhigt und aufgeregt zugleich. Eine nie gekannte Ruhe war in ihr, eine glänzende Stille, ein Schweigen herrschte, in dem sich viele Fragen in ihr aufrichteten.

Eine Unruhe überkam sie oft, die Angst, das Leben zu versäumen. Manchmal fragte sie Emanuel, in dem sie allmählich so etwas wie einen Vater sah: „Was soll man eigentlich tun, um das Richtige zu finden?"

„Da gibt es kein Rezept, mein Kind, man muß versuchen, natürlich und wahrhaftig zu sein, und dann wird es auch das Richtige."

„Aber den Mut zu haben, natürlich zu sein, das ist schwer. Die Menschen sind alle so verstrickt in Vorschriften und Gebräuche und verlangen, daß ein junges Mädchen keine eigenen Gedanken hat."

Emanuel nahm seine Brille ab und blickte Angela mit seinen kurzsichtigen Augen liebevoll an.

„Ja, ... die Welt wäre wohl erträglicher, wenn die Menschen selbst nicht so viele Hindernisse aufrichten würden, das wirst du noch alles lernen. Es ist nicht leicht für einen jungen Menschen, in dieser Zeit des Aberglaubens zu leben, er hat nur die Wahl, sich anzupassen oder seinen eigenen Weg zu gehen. Und das ist das Allerschwerste, Angela."

Oft mischte sich Irene mit ins Gespräch und meinte:

„Immer kämpft ein Teil der Menschheit um das Recht, um das Neue und um das Wahre, aber alle diese großen Rücksichtslosen werden gekreuzigt und gehaßt, ob sie Christus heißen oder Karl Marx."

Vater Emanuel rauchte wie immer seine Zigarre und war der stumme Beobachter. Nur hie und da warf er ein Wort ein, und wie Angela bemerkte, war es immer ein kluges und treffendes.

Musik und Gespräche, Menschlichkeit und Den-anderen-gelten-lassen, das war kennzeichnend für die Stunden, die Angela bei Sonnenthals verlebte.

Eines Tages wurde es Angela klar, es kam ihr zum Bewußtsein, daß der Beruf eines Arztes alles das in sich vereinigte, was sie sich unter einem tätigen Leben vorstellte. Irene war sehr begeistert von ihrer Idee, auch die Familie Sonnenthal nahm es ruhig auf, Emanuel meinte:

„Ein schweres und schönes Unternehmen, liebe Angela. Besonders da du, wie es mir erscheint, sicher nicht ein Wald- und Wiesen-Doktor werden willst, sondern ein wirklicher Helfer. Es gibt zu viele durchschnittliche Menschen in jedem Beruf, liebes Kind, gewiß, es können nicht alle Genies sein, und die Welt kann auch gar nicht so viele davon gebrauchen. Aber die Überheblichkeit des Durchschnitts ist das Unerträgliche in jedem Beruf."

Angela wußte, daß sie als Arzt nichts weiter wollte, als einer inneren Berufung zu folgen. Ihr war klar, daß die ganze Studiererei, diese Jahre der Examina und das „Ochsens" schwer sein würden, aber am Ende würde die Belohnung doch die sein, daß sie das tun könnte, was sie wollte: Und das war viel. Angelas Mutter hingegen war völlig verzweifelt; ihr besorgtes und enges Ich hatte nur recht schablonenhafte Vorstellungen von dem Leben ihrer Tochter. Sie sagte das Dümmste, das man sagen konnte, nämlich:

„Wer hat dir das schon wieder in den Kopf gesetzt?"

Angela schwieg, was die Mutter geradezu ärgerlich machte.

„Das hast du von dieser Irene und von den Sonnenthals, denen du ja näher steht als deiner eigenen Mutter."

Da Lina nichts mehr wußte, was sie sagen könnte, entschloß sie sich, ihr Taschentuch an die Augen zu drücken und ein wenig zu weinen. Aber das machte wenig Eindruck auf Angela; sie sah ihre Mutter an und sagte:

„Hast du dir denn gedacht, daß ich jetzt auf Männerjagd gehen werde?"

Lina riß das Taschentuch von den Augen:

„Das haben dir nur diese ..."

Angela sagte trocken und sich etwas räuspernd:

„Wie bitte?"

Angelas Stimmung war die eines Menschen, der sich entschlossen hat, ein großes Spiel zu wagen. Sie war so geartet, daß sie nicht betteln konnte. Auf das grobe Geschütz:

„Wir haben ja nicht das Geld zum Studium," antwortete sie:

„Ich werde genau soviel haben, wie ich brauche."

Selbst ihre Freundin Irene benutzte sie keineswegs als Vermittlerin, sie ging geradewegs zu Emanuel und fragte ihn:

„Können Sie mir das Geld zum Studium leihen? Ich zahle es Ihnen auch in Raten zurück."

Emanuel nahm seine Zigarre aus dem Mund und sagte:

„Selbstverständlich, aber von zurückzahlen kann keine Rede sein."

Angela argumentierte darüber noch sehr leidenschaftlich, sie wollte kein Almosen haben und sagte das auch in unzweideutigen Worten.

Emanuel Sonnenthal blieb ernst:
„Wer spricht von Almosen? Ich bezahle einfach meinen zukünftigen Hausarzt.“
Fast hätte ihm Angela einen Kuß gegeben, aber Emanuel wehrte ab, er fühlte sich sehr befriedigt, da er sein Geld nur als Mittel zum Helfen betrachtete. Er hatte genug gearbeitet um jetzt nicht genießen zu können. Und zum reinen Genuß brauchte er das Bewußtsein, doch zu etwas Nütze zu sein. Eine kleine Bitte hatte Frau Hermine noch, als Angela ihr von ihren Absichten erzählte:
„Geht doch beide zusammen auf die Universität, das wäre eine große Beruhigung für mich.“

5. Kapitel

Sprung in die Freiheit

Der erste Tag, ohne daß eine besorgte Stimme fragte wie man sich fühle, ohne daß irgend jemand einen zur Pflicht mahnte, wenn auch sanft, der erste Tag, an dem Angela sich selbst überlassen war. Sie lag mit offenen Augen in ihrem Bett, sah an die niedrige Decke und hörte von draußen die Münchner Trambahn klingeln, hörte ein Fuhrwerk knarren, Menschen sprachen laut, lachten und schimpften, und durch die geöffneten Fenster drang eine würzige Luft, etwas süßlich und herb zugleich, erregend und beruhigend. Die Luft kam vom Gebirge her, man konnte die Schneefirnen in ihr spüren und die Frische der stäubenden Wasserfälle. Ozon war in ihr von den Tannennadeln der Gebirgswälder, und der Hauptbestandteil war ein Geruch von Malz, der charakteristisch war. Eine Kirche bimmelte zur Morgenmesse, die Spatzen schirpten ihr rechthaberisches Gepiepse.
Und morgen würde der 25. März des Jahres 1908 sein. Das Programm des ersten Tages war dicht und umfangreich, man mußte sich immatrikulieren lassen, man mußte dies und das besorgen, und vor allem mußte man genießen. Irene würde bei allem dabei sein, sie war ein Stück der Heimat und nun ein Zeuge der Gegenwart. Wie schön!
Um acht Uhr morgens kam die Freundin ins Zimmer, frisch gewaschen und angezogen, und sagte in ihrer spöttischen Art:
„Steig aus dem Bett, junges Mädchen ... morgen bist du doch eine alte Schachtel."
Angela erwiderte hoheitsvoll:
„Ich bin schon heute eine alte Schachtel, wie du so freundlich sagst, vor allem sind wir beide heute nachmittag richtige Studentinnen."
Die Wirtin klopfte an die Tür, sagte in ihrem breiten Dialekt: „Guten Morgen", und äußerte noch etwas über das Wetter und daß die „Freilein" zur Ludwigstraße gehen müßten, denn es sei ein starker Andrang dort. Frau Selma Obergassner war eine erfahrene Studentenmutter, sie hatte in ihrem 47jährigen Leben einige Dutzend Studenten beherbergt und betreut. Sie wußte über alle Formalitäten in der Universität genau Bescheid, sie kannte die Professoren beim Namen, wußte auch manchen Klatsch über das Hochschulleben, aber sie mußte gestehen, daß weibliche Studenten noch nicht

viele bei ihr gewohnt hatten. Sie dachte sich sicherlich ihr Teil über diese „modische Einrichtung“, aber sie äußerte sich nicht. Das tat sie, wenn sie beim nachbarlichen Klatsch saß oder in der Kirche.
Arm in Arm zogen die beiden Freundinnen die Türkenstraße hinunter, bogen in die Theresienstraße und gelangten bald an die Ludwigstraße. Irene und Angela waren sehr begeistert und beglückt, als sie die sonnenglänzende, breite Straße sahen, von prachtvollen Gebäuden flankiert: die Hofkirche, die Staatsbibliothek und dahinten sah man die Bogen der Feldherrnhalle und den luftigen Barockbau der Theatinerkirche. Ein Heer von Tauben flatterte auf dem Odeonsplatz, es war ein Leuchten in der Luft, der Himmel war hoch und klar, und man fühlte sich unbeschwert. Aber es war keine Zeit zum Anschauen oder zum Stehenbleiben, denn man mußte zur Universität eilen, um die Formalitäten zu erledigen. Irene und Angela gingen die Straße hinunter, überquerten die Schellingstraße und waren bald an der Ludwig-Maximilian-Universität. Eine Menge Studenten stand in der Vorhalle herum und musterte jeden Neuankömmling mit spöttisch durchdringenden Blicken. Sie erledigten die Formalitäten der Aufnahme; Irene belegte die juristischen Vorlesungen, Angela die medizinischen. Es waren nicht viele Studentinnen in dem weitläufigen Bau der Universität zu sehen, die meisten Studenten taten sehr hochmütig und sehr beschäftigt, aber sie blickten verstohlen und neugierig die beiden jungen Mädchen an. Nach einer Stunde verließen sie das Gebäude der Universität, sie gingen bis zum Siegestor, sahen die Akademie der Künste und spazierten die Ludwigstraße zurück. Vor den Auslagen der verschiedenen Buchhandlungen blieben sie stehen und waren sehr entzückt über die reiche Auswahl an Büchern. Sie kamen sich sehr provinziell vor, sicherlich sah man es ihnen auch an, als sie gegen Mittag das vegetarische Restaurant „Freya“ betraten. Sie studierten eifrig die Speisekarte und waren erstaunt, Bezeichnungen wie „Beefsteak“ und „Schnitzel“ zu finden, aber sie bemerkten bald, daß diese nach Fleischspeisen benannten Gerichte aus Gemüsen bestanden. Sie tranken Milch zum Essen und schlemmten in Früchten mit Sahne. Dann gingen sie die Straße hinunter und setzten sich im Englischen Garten auf eine Bank. Sie sahen einander an, sie mußten beide lachen:
„Wir sind doch eigentlich recht verlorene Hühner“, meinten sie; aber Angela war es, die sich zusammennahm, den Kopf ein wenig in die Höhe reckte und sagte:
„Das ist nur am ersten Tage. In wenigen Wochen wird das anders sein.“
Sie saßen unterhalb des kleinen, runden Tempels, der Monopteros genannt ist und ein beliebtes Ziel für Liebespaare war.
Irene und Angela aber waren weit davon entfernt, an solche Dinge zu denken, sie waren beide zu sehr abgeschlossen gewesen, als daß sie in Wirklich-

keit irgendwelche Abenteuer gehabt hätten. Gewiß, das, was man „poussieren“ nannte, war ihnen bekannt, selbst in dem rheinischen Städtchen, das ihre Heimat war, waren die Konditorei und die Tanzstunde der Inbegriff der gesellschaftlichen Vergnügungen. Irene war nicht so zurückhaltend gewesen wie Angela, sie hatte manchem jungen Mann den Kopf verdreht, hatte auch sicherlich einige Liebesbriefe bekommen, im Grunde aber war sie unberührt, und ihr Spott genügte, um Zudringliche fernzuhalten. An Angela wagte sich niemand von den jungen Burschen heran, sie galt als zu intelligent, als daß sie sich mit jenen Kindervergnügungen, wie man das Poussieren nannte, je hätte abgeben können. Sie war von einer merkwürdigen Befangenheit, wenn sie in die Gesellschaft von jungen Männern geriet. Es war keine alberne, backfischhafte Ziererei, es war ein sehr bestimmter Ausdruck von noli me tangere oder, im übertragenen Sinne, jener Satz des Archimedes: „Zerstör' mir meine Kreise nicht“. Nun aber war der Ernst des Lebens da. Auch die Verpflichtung zu einer Freiheit, die man ersehnt hatte, aber die man im Grunde fürchtete. So war die Erziehung der damaligen Zeit gewesen: Die Eltern vergaßen nur zu leicht, daß ihre Kinder eines Tages allein dastehen würden; allein dem Glück gegenüber wie dem Unglück. Selbst Irenes aufgeklärter Vater hatte es versäumt, seiner Tochter eine Erziehung zu geben, die sie unabhängig machte. Und Angela war von einer zu besorgten Mutter behütet, die am liebsten einen Stacheldraht um ihr Kind gebaut hätte. So waren die Eltern damals kurzsichtig, ja geradezu fahrlässig. Man vertraute auf die gute Natur der Kinder, empfahl sie dem Schutze Gottes. Man gab ihnen je nach Vermögen ein Monatsgeld, das meist zu knapp war und keinerlei Möglichkeiten bot, zum Verschwender zu werden.

„Hast du schon nach Hause geschrieben?“ fragte Irene.

Angela runzelte die Stirn: „Was meinst du mit Schreiben, Irene? Denkst du an die Postkarte, deren Adresse Mutter selbst geschrieben hat, ja, ich habe sie als folgsames Mädchen ausgefüllt und abgeschickt.“

Irene sagte: „Na ja, ich meinte eigentlich einen ausführlichen Bericht.“

Angela wurde ernsthaft: „Wie kann ich über etwas berichten, das ich noch nicht kenne, ich hasse es, Phrasen zu machen, und einstweilen weiß ich von München und dem Studentenleben etwas weniger als von mir selbst.“

Das Konzert im Odeon begann um sieben Uhr dreißig. Angela und Irene hatten beschlossen, den ersten Abend ihres neuen Lebens feierlichst zu beginnen. Was konnte es Besseres geben als ein Konzert unter Felix Mottl im Kgl. Odeon, mit dem Münchner Opernorchester. Zwischen Odeonsplatz und Wittelsbacherplatz lag das Odeon, das zugleich Konservatorium für Musik und Münchens schönster Konzertsaal war. Es war ein Bau, den der kunstsinnige König Ludwig I., dem München seine Eigenart als Kunststadt verdankt, errichten ließ. Der Saal selbst war mit den Büsten aller großen Komponisten geschmückt; eine Galerie lief ringsherum, und unten war der Saal, in dem die Zuhörer saßen. Das Podium für das Orchester und den Dirigenten war nicht sehr hoch, aber geräumig. Als Angela und Irene den Saal betraten, waren schon viele Menschen anwesend; sie hatten ihre Plätze in der vorletzten Reihe, von der aus man ganz gut sehen konnte, wenn man nicht zu klein war; denn der Boden des Konzertsaales war nicht erhöht wie in einem Theater. Irene und Angela waren es nicht gewohnt, in einem so festlichen Saal zu sitzen; sie waren ein paarmal in Mainz gewesen, um Konzerte zu hören, aber das war nicht mehr als zweimal im Jahr. Aufgeregt wie Schulmädchen saßen die jungen Mädchen aus der Provinz da; einige Damen musterten sie, indem sie durch ihre Lorgnetten blickten, aber im allgemeinen nahm niemand von ihnen Notiz.

Das Stimmen des Orchesters schwoll an, der erste Geiger strich unaufhörlich das „a", damit die anderen danach stimmen konnten. Es war ein wundervolles Gebrodel und Gewoge, das jedem Musik-Enthusiasten das liebste Geräusch ist, es sind gleichsam die Wolken, die sich um die steilen Gipfel der Berge ballen, sie verdecken, bis die Sonne durchbricht und alles Gewölk aufreißt.

Dann steht Felix Mottl an dem Dirigentenpult, schwacher Applaus ertönt. Der Hofkapellmeister ist ein untersetzter, breitschultriger Mann, er trägt ein Pincenez und hat einen unansehnlichen Schnurrbart, sein Haar ist sauber gescheitelt. Er macht keineswegs den Eindruck eines genialen Musikers, er sieht eher nüchtern aus, wie ein Beamter oder Schullehrer. Aber als er die rechte Hand erhebt, drei kurze Schläge mit seinem Stock auf das Pult macht, so daß das Schwatzen des Publikums jäh verstummt, wie er so dasteht, beide Hände ausgebreitet über dem Orchester erhoben, da verwandelt sich sein nüchternes Aussehen in eine starke gebändigte Flamme.

Zwei heftige Schläge des Es-Dur-Akkords ertönen, Beethovens „Eroica" beginnt. Die Celli singen das aufsteigende Thema ... im Dreivierteltakt wird es gesungen ... es steigert sich bis zum Fortissimo, und das heroische Thema der Sinfonie ertönt vom ganzen Orchester gespielt. Nun beginnt das Ranken und Blühen um das Thema, das stolz und aufrecht durch alle Gefahren schreitet. Hörner und Pauken bedrängen es, die Flöte schrillt ihm entgegen, aber sieghaft und strahlend steigt die Melodie empor zur Sonne. Das von den Fesseln der Bässe befreite Orchester singt die Melodie wie einen Festgesang. Lachhaftes Staccato umgeistert das Thema, das sich schwunghaft und breit zu majestätischer Größe entwickelt.

Die Gebärden des Dirigenten sind sparsam, aber er meistert das Orchester, er winkt mit den Händen, mit dem Stab wie mit den Augen dem einzelnen

Spieler zu, ermuntert ihn oder bringt ihn zum Schweigen, zum leiser werden. Beschwörend bittet der Zauberstab des Dirigenten um Klarheit, um Weichheit und um Wärme. Fast schwelgerisch klingt es, dabei ist die Instrumentation sparsam, gar nicht üppig, doch die Klangkraft des Hornes, das das Thema in die Weite ruft, verzehnfacht sich, die Pyramide der Melodie steigt auf und liegt da in der Mittagssonne ... für ewig. Der zweite Satz erklingt, es ist der Trauermarsch: der „marche funèbre". Unendliche Trauer klingt im Pianissimo der Violine, denn der Held ist tot. Die Freunde tragen ihn zu Grabe ... weinend folgen die Frauen, die sein Leben versüßten. Sie wanken hinter der Bahre her, auf der der Tote liegt, erlöst von der Schwere seines heroischen Lebens.

Nun erzählt das Orchester seine Geschichte. Wer ist dieser Heros? Ist es der auserwählte Mensch? Der Große? Der, den es nur alle 500 Jahre gibt? Oder ist es Jedermann, die Kreatur Gottes? Es ist der Schrei, die Klage, der Trauermarsch um die Vergeblichkeit des Seins. Wie kurz ist die Lebensminute, in der man atmen und lieben darf, wie unendlich lang sind der Tod, die Kälte und das Nicht-Sein. Doch dann spielen die himmlischen Violinen den Trostgesang: Nicht die Länge deines Lebens ist wichtig, die Innigkeit deiner Erdentage zählt. Ein Lebenstag kann hundert Jahre währen und hundert Jahre eine Lebensminute. Vor Gott ist der Mensch ein Wölklein, das von der Sonne der Ewigkeit aufgesogen wird, früher oder später. Was jammern die Posaunen, was schreien die Oboen, was klagen die Trompeten? Der Trauermarsch alles Lebendigen ist unaufhaltsam, die Erde dreht sich im unmeßbaren Raum, und auf ihr lebt auch das Stäubchen Mensch. Doch wir tragen es zu Grabe, wir tragen ihn zur Erde zurück, und das Heer der Toten verschwindet in die Tiefe, aus der das Heer der Neugeborenen fliegt.

Vergessen ist der Tod, die Jagdhörner des Lebens rufen, das springt über die Erde und jagt den unschuldigen Hasen. Aber alles ist ja nur Spiel, der Hase entkommt, die Hunde kläffen, die Jagdhörner blasen, die Pferde wiehern und stampfen über die Erde, auf der die Menschen, Damen und Herren in schönen Jagdkostümen, ihr Mordziel vergessend, die Lebensfreude preisen. Die Jagd braust vorbei, der Wind weht durch die Wälder, die blauen Berge stehen unbeweglich, und das kleine Häschen sieht die Gefahr verschwinden. Dann braust der vierte Satz der Sinfonie herein, er hat einen gravitätischfugenhaften Anfang, in dem eine Melodie ertönt, die später sich bis zum Choral verdichtet. Dieser Satz ist so reich wie das Leben selbst, er ist dessen Triumph über den Tod des Heros, er ist die kunsthafte Krönung der ganzen Sinfonie.

Angela ist wie erstarrt, sie hat zum erstenmal diese Musik gehört, es war ihr, als ob sie in einen Spiegel sieht, sich selbst, und durch den Spiegel hindurch das Leben der Millionen Menschen auf Erden. Die Erstarrung löst

sich und wird zu einer göttlichen Heiterkeit. Sie denkt: ‚Wie bin ich jung, wie ist das alles noch im Anfang, in mir und mit mir.'
Sie sieht Irene an, die macht ein merkwürdig spöttisches Gesicht und sagt: „Ich habe dich während der Musik angesehen, ich habe das ja noch nie bemerkt, du hast ja Ähnlichkeit mit Beethoven."

6. Kapitel

Schicksalhafte Begegnung

Weiß man eigentlich wann man einem Menschen begegnet, den das Schicksal bestimmt hat, Freude oder Leid zu bringen? Man stolpert über die Erde, trifft den und jenen, vergißt die meisten schnell, einige bleiben: das sind die vom Schicksal Bestimmten.

Der Mensch ist so geartet, daß er oft den entscheidenden Augenblick seines Lebens verschläft oder verträumt. Die drei Hammerschläge, die die Schicksals-Sinfonie von Beethoven einleiten, werden meist überhört. Der taube Tondichter soll über den Anfangssatz dieser Sinfonie geschrieben haben: „Das Schicksal klopft an die Pforte." Aber manche Menschen überhören dieses Klopfen gänzlich, sie sind viel zu beschäftigt oder meist abwesend. Im Drama und in der Oper zeigt das Grollen der Pauke oft das Herannahen des Geschickes an; aber in Wirklichkeit ist es meist eine leise Flötenstimme oder eine Violin-Triole, die das Geschick ankündigt.

So geschah es auch an diesem Novembernachmittage im Jahre 1910, an dem das Schicksal Angela nähertrat. Genau gesprochen, es war ein Sonntagnachmittag, an dem die meisten Münchner Studenten in den Bergen Ski fuhren und „in Natur kneipten".

Angela saß im „Café Luitpold" in der Briennerstraße an einem runden Marmortisch, las ein Buch und wußte nicht viel von ihrer Umgebung. Die Tasse Kaffee erkaltete vor ihr, und das Glas Wasser wurde schal, aber das kümmerte sie nicht. Sie las die Gedichte Hugo von Hofmannsthals, die ihr tief und jugendlich zugleich erschienen. „... und Kinder wachsen auf mit tiefen Augen ...", Angela sah sehr altklug aus, und doch, wenn man genauer hinsah, war ein kindliches Forschen in ihrem Blick, eine Frage, wie sie die Kreatur an Gott stellt, wenn sie allein ist.

Irene war fort, sie war mit Freunden zusammen im verschneiten Gebirge, irgendwo in Oberbayern. Übrigens wußte Angela nicht genau über das Leben ihrer Freundin Bescheid; nicht mehr, denn sie wohnten in verschiedenen Gegenden der Stadt. Das war keineswegs aufgrund irgendeines Zerwürfnisses geschehen, sondern aus beruflichen Rücksichten: Angela mußte in der Nähe der Kliniken und der Anatomie wohnen, also hatte sie ein weitläufiges, aber unschönes Zimmer in der Lindwurmstraße bezogen. Irene

brauchte zu ihrem Rechtsstudium die Universität und blieb in der Türkenstraße. Angela träumte über ihrem Gedichtband, sie sah nach: „... und Kinder wachsen auf mit tiefen Augen ... wachsen auf und sterben. Und alle Menschen gehen ihres Weges ..." Als Angela das Buch zuklappte, sah sie einen jungen Mann vor sich stehen, der ein schüchternes Lächeln hatte und offensichtlich nach einem Begrüßungswort suchte. Sie kannte den jungen Maler, der etwas zerstreut und vernachlässigt war. Sie sagte:
„Setzen Sie sich doch", sie sagte es beinahe unbewußt und bereute es zugleich. Der junge Mann setzte sich und warf mit forsch gespielter Sicherheit sein Lodencape und den Hut über den nächsten Stuhl. Dann nahm er die Brille ab und putzte sie: „Das ist das Furchtbare mit diesen Brillen, sie beschlagen immer, wenn man ein Lokal betritt."
Dabei sah er sie mit seinen kurzsichtigen, braunen Augen suchend an.
Nun begann ein Gespräch, bei dem Angela eigentlich die Zuhörende war, denn Hermann Halm liebte es, seinem immer gepreßten Herzen Luft zu machen. Er hatte Probleme, Probleme der Zeit und seines Lebens. Er stammte aus einem gesicherten Bürgerhaus, das er zu vergessen versuchte, aber das väterliche Geld war notwendig, und so führte der junge Maler einen Kampf gegen den bürgerlichen Kapitalismus, von dem er abhängig war.
Angela und Halm saßen sehr lange zusammen, er empfand die Nähe dieser Medizinstudentin sehr wohltuend und beruhigend. Er sagte fast ohne es zu wollen:
„Ich möchte eigentlich Ihr Portrait malen."
Angela erwiderte spöttisch:
„Ja, das könnte ich machen, zumal ich von Ihren Bildern weiß, daß sie alle guten und schlechten Eigenschaften haben, nur keine Ähnlichkeit."
Darauf bewies ihr der Maler Halm in einem längeren Vortrag, daß Ähnlichkeit ein bürgerliches Vorurteil sei.
Die ruhige Angela und der etwas zapplige junge Maler bildeten ein seltsames Paar, als sie da im „Café Luitpold" saßen, an jenem Novembersonntag.
Angela hatte Freunde, an denen ihr im Grunde nichts lag, es waren Berufskollegen, die sich schon für vollkommene Ärzte hielten, während sie von Tag zu Tag mehr begriff, daß sie erst am Anfang stand. Sie war ehrgeizig, sie wollte etwas erreichen, vor allem fühlte sie die Notwendigkeit, das Technische, Praktische und Theoretische zu beherrschen, so daß ihr nichts passieren konnte. Sie war nach Ansicht ihrer Professoren ungewöhnlich begabt, sie erfaßte intuitiv die Gesetze des menschlichen Organismus', sie hatte keinerlei sentimentale Einstellung zu den Kranken, die ihr als Versuchskaninchen gleichsam übergeben wurden. Mit ihren 21 Jahren hatte sie ein

sicheres Auftreten, und ihre Urteile schienen unumstößlich zu sein. Sie imponierte, aber sie machte sich nicht wichtig wie die anderen, sie wußte, daß die medizinische Wissenschaft nur einige kleine Verbesserungen seit hundert Jahren geschaffen hatte. Aber sie bestand darauf, daß man nach den neuesten Forschungen und Erkenntnissen arbeitete. Ihr Lieblingsausdruck war: „Das ist ja alter Zopf". Damit beleidigte sie oft einen alten, berühmten Professor, der auf seine Unvollkommenheit geradezu stolz war, aber ernstlich böse konnte ihr niemand sein. Wenn sie lächelte, und es geschah selten, war es wie eine Auszeichnung, wenn sie sich für Jemanden einsetzte, war es immer eine ritterliche Tat. Sie blickte erstaunt auf, wenn jemand von ihr einen Kompromiß verlangte. Ihr „Nein" war so bestimmt wie das „Ja"; das Wort „Vielleicht" war ihr unbekannt.

Hermann Halm war anders; er sagte zwar „Ja" oder „Nein", aber er meinte es nicht. Er kannte sich recht genau, er sagte oft: „Man kann mir eigentlich alles ausreden, ich bin kein Fanatiker."

Angela hatte es gern, wenn Menschen nachgiebig waren. Sie war so geartet, daß sie zwar keine Schwierigkeiten scheute, aber sie nicht gerade suchte. Es war merkwürdig und folgerichtig, daß der Maler Halm und Angela gemeinsam das Café verließen, um ins „Café Stephanie" zu wandern. Dies war *das* Café der Künstlerschaft Münchens. Hier saßen Berühmte und die, die es werden wollten. Hier blühten der Klatsch und der Pump. Der Oberkellner Alois war eigentlich der Erhalter manches großen Talentes, er hatte geradezu einen Blick für den Wert eines Menschen.

Als sie das Café betraten, das an der Ecke Amalien- und Theresienstraße lag, konnten sie zuerst vor Zigaretten- und Pfeifenrauch kaum etwas sehen. Halm, der hier Stammgast war, steuerte sich und seine Begleiterin in den Nebenraum, wo ein kleines, rundes Marmortischchen für zwei Personen frei war. Hermann Halm war ganz verändert, so stellte Angela fest. Während er im bürgerlichen „Café Luitpold" von einer gewissen Schüchternheit gewesen war, verwandelte er sich hier zu einem überlegenen Menschenwesen. Angela stellte lächelnd fest, daß alle seine Bewegungen verändert waren. Er winkte den Kellner Alois her, sprach geradezu vertraulich mit ihm, rief hierhin und dorthin ein Scherzwort, aber plötzlich wurde seine Stimme ehrfürchtig, er beugte sich zu Angela: „Wissen Sie, wer eben hereingekommen ist? Heinrich Mann."

Angela konnte nichts anderes als „Interessant" zu sagen, sie wagte es nicht zu verraten, daß sie noch nie etwas von diesem Dichter gehört hatte, sie fragte sich, ob er wohl verwandt mit dem bekannten Thomas Mann sei. Hermann Halm war wie entzückt, er sprach von dem neuesten Buch des Dichters „Die kleine Stadt" und sagte:

„Das ist der größte Roman, der je geschrieben wurde."

Angela meinte:
„Interessieren Sie sich eigentlich für Literatur oder für Malerei?"
Darauf legte der Maler los und bewies ihr, daß es überhaupt keinen Unterschied zwischen den Künsten gäbe. Er gestikulierte heftig:
„Es ist nur bürgerliche Denkungsweise, wenn man glaubt, daß Malerei, Literatur und Musik nichts miteinander zu tun haben."
Er sprach sehr dozierend:
„Denken Sie an die Renaissance-Künstler, an Leonardo oder Michelangelo, sie dichteten, waren Architekten und Maler und Bildhauer und kamen kaum auf die Idee, sich in ein bestimmtes Fach einzuordnen."
Angela sah ihn an, und eine gewisse Sehnsucht überfiel sie, in dieser, seiner Welt zu leben. Dort war die Freiheit, dort konnte man fliegen oder stürzen, dort war man König oder Sklave; man war nicht eingeengt in Berufsfesseln, man war ein Mensch, widerspruchsvoll und unharmonisch, aber es gab sicher Augenblicke, in denen diese Menschen eine Art Glück erlebten, einen Höhenrausch der Gefühle, wie er anderen Sterblichen verwehrt war. Angela war etwas traurig, sie sah das begeisterte Gesicht des Malers und dachte:
‚Es gibt eben Kriechtiere und beflügelte Wesen, eins oder das andere, und was bin ich?'
Da nahm der schüchterne Hermann Halm Angelas Hand.
‚Oh Gott', dachte sie, ‚jetzt fällt das Flügelwesen auf die Erde und macht mir eine Liebeserklärung.'
Aber Angela irrte sich gründlich; Hermann beugte sich wieder zu ihr und sagte aufgeregt:
„Sehen Sie da hinten die beiden Herren, dort auf dem Sofa sitzt Roda Roda, er trägt immer eine rote Weste, und der Mann mit den langen Haaren, ihm gegenüber, ist der Dichter Erich Mühsam, sie spielen hier jeden Nachmittag Schach, sie gehören geradezu zur Einrichtung des Cafés, wie Alois, der Oberkellner ..."
„Und wie Sie", sagte Angela mit ihrer etwas belegten, sich oft räuspernden Stimme. Sie sah belustigt, wie das Gesicht des jungen Malers sich veränderte, es war eigentlich sehr kindlich und erstaunt, die Brille mit den großen Gläsern gab ihm etwas Maskenhaftes. Angela spürte plötzlich eine fast mütterliche Zärtlichkeit in sich aufsteigen; sie hätte am liebsten dem jungen Maler die Brille abgenommen um seine Augen zu sehen, diese Augen, die viel ehrlicher waren als der Mund.
Allmählich kamen Freunde und Bekannte des Malers an den Tisch; sie sahen mit ungenierter Neugierde auf die junge Studentin der Medizin, die es aber gut ertragen konnte.
Es erschien ihr, als ob sie in ein fremdes Land verschlagen wäre, die Sprache war eine Art Rotwelsch, die nur Eingeweihten verständlich war. Der Jargon

dieser Menschen, die der Münchner „Schlawiner" nannte, weil sie meist in dem Stadtteil Schwabing lebten, war salopp und geistreich zugleich. Sie sprachen wegwerfend von den Menschen, die das Bürgertum „groß" fand, und redeten voll Bewunderung von gänzlich unbekannten Genies, deren Ruhm über die Schwabinger Bezirke noch nicht hinausgedrungen war. Eine zierliche Person sagte freundlich „Grüß Gott" und setzte sich einen Augenblick an den Tisch; sie beklagte sich bitterlich über einen Kunsthändler und sprach wegwerfend über die Unzulänglichkeit einer Zeit, die sich „groß" dünkte ...

Sie sprach fast prophetisch: „Dieser Parademarsch geht ins Massengrab", drückte dann ihre Zigarette aus, erhob sich, um ihre geistreichen Zeitbetrachtungen an einem anderen Tisch fortzusetzen.

Hermann Halm sagte ganz selbstverständlich:

„Wie gefällt Ihnen Lotte Pritzel?"

Angela erschrak etwas, aber sie ahnte dunkel, daß es sich wohl um jene Bildhauerin handelte, die zerbrechliche und degenerierte Puppen anfertigte. Sie fragte:

„Muß man gleich ein Urteil bilden, wenn man einen Menschen zwei Minuten gesehen hat?"

„Ein Urteil ist nicht nötig, aber der Eindruck ist wichtig. Und Lotte Pritzel ist schon Jemand, nicht wahr?"

Angela nickte, ohne etwas zu sagen, sie sehnte sich in diesem Augenblick nach den Tieren ihrer Kindheit, sie sehnte sich danach, nicht immer um ihre Ansicht gefragt zu werden. Tiere drücken ihre Sympathie sehr bestimmt und unzweideutig aus, sie lieben den Geruch eines Menschen, oder sie verabscheuen ihn, sie wissen nichts von Tradition oder Ruhm, sie ahnen auch kaum etwas davon, daß die Menschen auf die Idee verfallen sind, sich in Berufe und Klassen zu teilen, sie fressen das Gras oder nagen an einer Baumrinde, sie leben. ‚Tiere', dachte Angela, und zugleich schweiften ihre Gedanken zu den matthellen Räumen der Anatomie, wo hinter Milchglasscheiben die Toten lagen, die sich einst genau so um das Morgen gesorgt hatten wie fast alle Menschen, ‚Tiere und Tote, Vergangenheit und Gegenwart, und dazwischen ist das kleine Leben, bin ich ziemlich allein und spiele eine selbstbewußte Rolle, von der ich hoffe, daß sie vielen glaubhaft erscheint', so dachte Angela und hörte kaum auf das Intelligenzgeschwätz um sie herum. Sie sah den jungen Halm, wie er mit am meisten gestikulierte und redete, sie hörten seine Stimme:

„Der ‚Blaue Reiter' ist nur die Konsequenz aller guten Malerei. Franz Marc und Kandinsky haben es begriffen, daß der Maler kein Photograph ist. Der alte Dürer hatte es auch begriffen, als er forderte, daß ‚... ein Maler innerlich voll Figur sein solle'..."

Angela empfand die Stimme des kleinen Malers als sehr angenehm, sein Fanatismus war gemildert durch Kindlichkeit, die sie an die Tiere ihrer frühen Jugend erinnerte. Eine Unterhaltung mit Halm war nun nicht mehr möglich, da immer mehr Freunde an den Tisch traten, sich hinsetzten und sich mitten in ein Gespräch mischten, das gerade geführt wurde. Es wurde eine Ungeniertheit des Kommens und Gehens, die Angela zuerst belustigte, aber schließlich gewöhnte sie sich daran. Ein jeder nahm an, daß der andere seinen Namen kannte; so war eine formelle Vorstellung nicht nötig.
Hier in diesem Winkel der Erde wurden sehr viele Probleme erörtert, mit denen eigentlich die ganze Welt rang. Es war nichts von kleinstädtischer Klatscherei darin, es wurde weder von den täglichen Sorgen noch von den Nöten gesprochen. Das Wort „Geld“ schien nicht zu existieren. Erstaunlich, zumal viele von diesen Künstlern einen äußerst schäbigen Eindruck machten. Aber die Geldbeschaffung war eine zweitrangige Notwendigkeit, die man schon „irgendwie“ löste. Das Wort „irgendwie“ kam in den Gesprächen und Diskussionen sehr oft vor; es war die vage und undeutliche Ausdrucksweise jener Menschen, die sich scheuten, ein Zeitproblem restlos zu lösen. Hier an der Ecke Theresien- und Amalienstraße war eigentlich das Zentrum der Welt, so schien es wenigstens, ein jeder der Gäste hatte sicherlich eine geordnete Vergangenheit, aus der er in eine ungeordnete Gegenwart geflohen war. Die Zukunft wurde „irgendwie“ gelöst. Man schwebte auf einer Erde, die in Wirklichkeit nur in der Phantasie existierte, man glaubte, daß es außerhalb dieser imaginären Erde nichts anderes gäbe.
Angela kam zum erstenmal in einen Kreis, der sie zugleich anheimelte und abstieß, die Menschen in ihm waren von Fleisch und Blut, aber „irgendwie“ Symbole einer Zeit, die jenseits der Weltereignisse lebte. Hier, im „Café Stephanie“, wurden tatsächlich die Welträtsel gelöst und der Stein der Weisen gefunden.
Es war nur schade, daß die Kenntnis dieser Tatsachen nicht an die Öffentlichkeit drang.
Angela dachte: ‚Es ist alles so einfach, und doch ist die Verwirklichung aller Erkenntnisse so schwer. Und kommt es nicht darauf allein an?‘
Hermann Halm und Angela verließen nach Mitternacht das Café. Es war keineswegs üblich, daß ein junger Mann eine Dame nach Hause brachte. Das würde man wohl in jenen Kreisen bürgerlich nennen. Aber bis zur Ludwigstraße ging der Maler mit der Medizinstudentin, und als sie sich verabschiedete, da sah sie, wie sein Gesicht traurig und ängstlich aussah, wie wenn ein Schauspieler, der von der Bühne seines Erfolges abgetreten ist, nun sein Alltagsgesicht zeigt. Das Versprechen, sich bald wiederzusehen, wurde von beiden Seiten gegeben, aber weder Angela noch Hermann wußten, ob es je wieder geschehen würde.

Die Begegnung der beiden war ein Zufall gewesen, sie lebten in verschiedenen Welten, getrennt durch unendliche Ferne. Angela hatte ihre eigene Erde wie der Maler die seine, man konnte kaum erwarten, daß einer von ihnen bereit sein würde, seine Welt zu verlassen.
Angela ging die knarrende Treppe des Hauses in der Lindwurmstraße hinauf; als sie die Zimmertür aufschloß, empfand sie plötzlich ihr Alleinsein stärker denn je. Sie strich sich, als sie vor dem Spiegel stand, eine helle Haarlocke aus der Stirn und dachte:
‚Hübsch bin ich eigentlich nicht.'

7. Kapitel

Ein Mensch erwacht ...

Die Schnecke schleppt ihr zerbrechliches Haus auf dem Rücken mit sich, sie ist immer geschützt, denn bei der geringsten Gefahr rollt sie sich ein und schlüpft in ihr Haus. In früheren Zeitläuften war der Mensch sehr verbunden mit der Tradition seiner Herkunft. Es gab das Elternhaus, das von Dichtern in allen Zungen, in jeder Zeit besungen wurde. Es ist ein großes Sterben angebrochen, das die Elternhäuser immer mehr zu rein literarischen Gebilden macht. Aus den Häusern der Eltern wurden Etagen und Zimmer, und vielleicht wird es später einmal nur Eltern-Koffer geben, die einen geringen Traditionswert haben.

Die Familie Halm lebte in einer norddeutschen Handelsstadt. Es würde zu weit führen, die Genealogie dieser Familie in diesem Buch auszubreiten, nur soviel: Hermann Halm war das, was man ein mißratenes Kind nennt. Er hatte Vater und Mutter frühzeitig verlassen, nicht weil er sie nicht liebte, aber weil ihm die Enge seines Elternhauses keineswegs zusagte. Er war weder dumm noch klug, weder häßlich noch schön, weder reich noch arm. Er sehnte sich seit einer unvollkommenen Schulzeit nach der Freiheit, die ihm im Künstlertum gewährleistet schien. Sein Vater war, wie er selbst sagte, „wohlhabend genug, um seinen Sohn Künstler werden zu lassen".

So erhielt der Maler Halm genügend Geld, um existieren zu können. Er schrieb auch pflichtschuldigst alle zwei Wochen Briefe nach Hause, in denen von Fortschritten in seiner Arbeit die Rede war. Selbst Hermann konnte nicht genau sagen, was für eine Arbeit es eigentlich sei. Er pflegte über sich selbst den Witz zu machen (und das tat er gerne), „ich habe die Möglichkeiten zu allem in mir, deshalb wird aus mir auch nichts werden".

Ihm war das äußere Leben ziemlich gleichgültig, doch haßte er jede Art von Verkommenheit oder Schlamperei. So trug er seine Anzüge möglichst aufgebügelt, seine Hemden nicht länger als zwei Tage, und daß seine Schuhe glänzten, war ihm selbstverständlich. Er war dem Künstlerischen zugeneigt, denn es war seine Welt, in der er lebte, konnte aber das Bürgerliche doch nicht vergessen, da es seine Abstammung war. So war er eine etwas merkwürdige Figur, und seine Freunde betrachteten ihn mit neugierigem Miß-

trauen. Er war freigebig wie ein Millionär und legte sich einfach ins Bett, wenn er selbst kein Geld mehr hatte. Alois, der Oberkellner, war eines Tages geradezu erschüttert, als Halm ihn um zehn Mark bat. Selbstverständlich gab ihm Alois das Geld, aber er sagte:
„Jessas, wenn *Sie* schon nichts haben, Herr Halm, was sollen da erst die anderen sagen!"
So lebte Hermann Halm sein Leben dahin, ohne andere Aufregungen als die, die er sich selbst schaffte. Er litt keine Not und keinen Hunger, er war nicht reich und nicht arm, er hatte eigentlich mehr als zum sparsamen Leben gehörte. Aber er war so geartet, daß er sein Monatsgeld lieber in wenigen Tagen verbrauchte als damit hauszuhalten. Er pflegte zu sagen: „Die Sparsamkeit ist ein Laster, dem ich geflissentlich aus dem Wege gehe."
Hatte er Beziehungen zu Frauen? Man müßte auch diese Frage mit „Ja" und „Nein" beantworten, denn er ging ihnen nicht aus dem Wege, doch er suchte sie nicht. So geriet er in die merkwürdige Rolle eines jungen Mannes, zu dem die Frauen Vertrauen hatten. Er erfuhr so manches, was ihn nicht interessierte und das er schnell vergaß. Malte er? Auch dies müßte man mit „Ja" und „Nein" beantworten.
Er war oft von Dämonen gepackt, er verstand und liebte Menschen, die von ihnen getrieben wurden. In Dichtung, Musik und Malerei verehrte er das Ungezügelte, Beethoven oder van Gogh, nur nicht Rubens, dessen satte fleischliche Pracht er verabscheute.
In letzter Zeit hatten seine Wünsche ihn ein wenig beunruhigt. Er hatte sein 21. Lebensjahr erreicht und, wie sein Vater ihm mitteilte, sei er mündig geworden. Überflüssigerweise hatte der Vater noch hinzugefügt, „... und jetzt, mein lieber Sohn, wird sich zeigen, daß Du Deinen Weg kennst ..."
Hermann seufzte über diesen Brief und dachte beinahe belustigt: ‚Welchen Weg soll ich denn einschlagen, den in den Himmel, der nach oben führt, oder den in die Hölle, der nach unten geht? Da gibt es so etwas wie einen goldenen Mittelweg, der nichts weiter ist als eine ausgefahrene Fahrstraße für Postkutschen.'
Angela war in sein Leben getreten, ohne daß er eigentlich es gewahr wurde. Er hatte selten Gelegenheit, darüber nachzudenken; es entsprach auch nicht seiner Veranlagung. Angela war es, die in der Freundschaft mit dem Maler der aktive Teil war, sie war es, die ihn aus seiner Glashausexistenz herausholte und ihm beibrachte, daß es außer dem „Café Stephanie" und der „Tonhalle" und der „Pinakothek" noch etwas anderes gab. Sie war es, die jeden Sonnabend ihn zwang, mit ihr einen ausgedehnten Spaziergang zu machen, meist gingen sie an der Isar entlang über Großhesselohe nach Pullach. Angela war eine gute Fußgängerin, sie trug die damals aufkommen-

den Haferlschuhe, einen Sweater und auf dem Kopf eine kleine Kappe. Der Maler Halm hingegen war ohne seinen städtischen Anzug undenkbar. Zur Belustigung seiner Freundin Angela konnte Hermann manchmal sagen, indem er stirnrunzelnd seine Schuhe betrachtete:
„Das ist ja furchtbar staubig hier."
Angela aber sagte nur, indem sie die Lippen kaum auseinander brachte: „Asphaltpflanze".
Zuerst hatte Hermann eine boshafte Gegenbemerkung, aber schließlich gab er es auf, er sagte dann:
„Sie sind eben ein Naturmensch, Angela, ein zeitloses Wesen in Haferlschuhen."
In allem Spott war doch mehr; wenigstens in Hermann, der allmählich sich so an seine Freundin gewöhnte, daß er manchmal Sehnsucht nach ihr hatte. Es war eine sehr vorsichtige Zärtlichkeit wenn er sagte:
„Sie fehlen mir manchmal, Angela."
Und Halm erwartete eine Bestätigung, aber Angela sagte nur:
„Ich hoffe es."
Auf der Terrasse des „Rabenwirtes" in Pullach hatte man einen überwältigenden Blick auf die bayerischen Alpen. Wenn man am Geländer saß, sah man unten die Isar schäumen und hörte sie rauschen; rechts war der gerade Turm der Pullacher Kirche; ein kleiner Friedhof war dort, auf dem Angela und Hermann manchmal spazieren gingen. Hier ruhten von ihren Erdentagen aus die Bauern und Handwerker des Ortes, und da war auch das Grab eines Mannes, das etwas unfreiwillig erheiternd auf sie wirkte. Es stand nämlich auf dem verwitterten Grabstein: „Hier ruht ein müder Wandersmann von seinem langen Leben aus", und wenn man die Jahreszahl der Geburt mit der des Todes verglich, ergaben sich genau 40 Jahre. Hermann meinte ernsthaft, ‚daß es ein beträchtliches Alter sei, er fühle sich oft mit seinen bald 22 Jahren schon recht müde'.
Aber Angela blitzte ihn an:
„Schämen Sie sich, mit 40 Jahren beginnt erst das eigentliche Leben, und da hat sich dieser hier schon zur Ruhe begeben, welch ein Unsinn."
Hermann meinte:
„Seit wann rechnen Sie mit Zahlen, Angela? Ich denke, daß es auf den Inhalt ankommt. Man kann sich in 20 Jahren abnutzen, wenn man nur richtig lebt."
Aber Angela schüttelte den Kopf:
„Das ist eine Philosophie, die vielleicht zu Ihnen paßt, aber zu mir keineswegs."
Hermann Halm hatte nie den Versuch gemacht, andere Menschen zu seinem Standpunkt zu bekehren, er pflegte immer zu sagen:

„Ein hundertprozentiges Einverständnis gibt es nicht zwischen Menschen. Ich begnüge mich mit fünfundzwanzig Prozent."
Angela hingegen forderte, wie sie sagte:
„Alles oder nichts."
Sie machte keine Kompromisse, sie kam niemandem entgegen, sie gab nichts von dem preis, was sie als richtig erkannt hatte; solche Menschen wie sie würden es im Leben schwer haben, denn die Welt kann nicht das Geringste mit dem Unbedingten anfangen. Was der Bürger das „Sich-Anpassen" nennt, war Angela unbekannt. Man mußte „Ja" zu ihr sagen oder „Nein", sie duldete keine Halbheit. Wie kam es eigentlich, daß sie sich zu Hermann hingezogen fühlte? Alles an ihm reizte sie zum Widerspruch, und er nahm ihre selbstsichere Art gelassen hin, er dachte:
‚Außerdem ist sie eine ganz hübsche Frau, und das ist das Wichtigste.'
Wenn er das je laut geäußert hätte, die Freundschaft wäre zu Ende gewesen; aber Hermann war klug genug, um das nicht aufs Spiel zu setzen.
Die Tage vergingen, die Wochen, die Monate, und einmal würde es einen Abschied geben, denn Angela war entschlossen, die nächsten Semester in Berlin zu verbringen. Hermann wußte dies und war bei diesem Gedanken recht niedergeschlagen. Ob er Angela liebte, konnte er nicht genau sagen, aber jedenfalls war es nicht weit davon entfernt. Aber Halm war so geartet, daß er seine Gefühle nicht in die Tat umsetzen konnte. Einer seiner Wahlsprüche war: „Stets alle Gelegenheiten versäumen", und er handelte auch danach.
Aber der Tag kam und die Stunde, an der Angela ihrem Freunde mitteilte, daß sie abreisen würde. Da geschah etwas mit Hermann Halm. Er geriet in dumpfe Verzweiflung, redete geradezu unverständliche Worte zu Angela und benahm sich genau so wie jemand, der verliebt ist. Angela betrachtete ihn mit fröstelnder Neugier, sie hatte das geahnt, aber was sollte sie dagegen tun?
Man sagt immer, daß der Instinkt der Frauen untrüglich sei; diese Behauptung ist ebenso richtig wie verkehrt, wie eben fast alles, was man über Frauen sagt. Die sogenannten Frauenkenner haben den Nachteil, daß sie nur das über die Frauen aussagen, was ihnen bekannt ist, und das ist zu wenig, um allgemein gültig zu sein.
Angela wollte ihren Freund Hermann keineswegs verlieren, sie sprach zu ihm wie zu einem Kinde oder zu einem Schwerkranken, sie tröstete ihn, sie vertröstete ihn auf ein Wiedersehen, das bald sich ereignen würde, sie tat alles, um den jungen Maler in, wie sie sagte, eine vernünftige Form zu bringen. Er half ihr beim Packen, in Wirklichkeit störte er mehr als er half, besorgte dies und jenes und war sogar freundlich zu Irene, die in letzter Stunde noch auftauchte, um ihrer Freundin Lebewohl zu sagen.

Der Weg zum Bahnhof ist ähnlich wie einer zum Friedhof; man geht zwar nicht hinter dem Sarge her, aber oft werden hier Hoffnungen zu Grabe getragen, deren Auferstehung recht ungewiß ist. Hermann hatte ein Buch gekauft, „Die Jagd nach Liebe“ von Heinrich Mann, und daß der Titel verräterisch war, bemerkte er kaum. Der Maler überreichte es seiner Freundin am Zuge, diese nickte ihm mit ihrem hoheitsvollen Lächeln zu und sagte: „Danke schön, hast du es schon gelesen?“
Hermann hörte nur das „Du“, alles andere war für ihn gleichgültig, er ergriff Angelas schmale, weiße Hand, küßte sie in ausbrechender Zärtlichkeit, und wäre der Pfiff des abfahrtbereiten Zuges nicht ertönt, Hermann hätte alle seine Grundsätze, nicht aktiv zu sein, vergessen und seine geliebte Freundin geküßt.

8. Kapitel

Eine Zeit geht zu Ende

Zwischen Berlin und Paris liegt Köln. Der D-Zug, der abends um acht Uhr den „Gare du Nord“ verließ, war um acht Uhr früh in Köln. Viele Passagiere waren in dem Schnellzuge, die Coupés zweiter Klasse waren überfüllt, und in der dritten Klasse trieb sich das einfache Volk umher, meist Franzosen, die nur bis zur Grenze fuhren. Hermann Halm saß in einem Coupé zweiter Klasse, er hatte französische Zeitungen und Magazine vor sich, aber las kaum in ihnen. Ein halbes Jahr Paris lag hinter ihm, ein verträumtes, beinahe untätiges Jahr in der schönsten Stadt Europas, in der die Luft silbern war, die Menschen sorglos und jede Sorge leichter zu tragen war als in anderen Bereichen der Welt.

Als der Maler Halm vor sechs Monaten von München nach Paris ging, tat er es, wie er sagte, aus geographischer Ungeschicklichkeit. Seine Gedanken liefen in nördlicher Richtung, in jene Stadt, die nicht nur die Hauptstadt Deutschlands war, sondern auch die wichtigste Stadt für Hermann Halm. Dort lebte Angela, die er lange Zeit nicht gesehen hatte, zu der fast jede Woche Briefe gingen, die nicht immer beantwortet wurden, aber Hermann schrieb weiter, ohne Rücksicht darauf, ob der Empfänger antwortete. Aus der Studentin Angela wurde eine kleine Göttin, die auf einem Piedestal thronte und alle Opfergaben in Gestalt von Briefen lächelnd annahm. Ein kleines Wort hätte genügt, um Halm statt nach Paris nach Berlin fahren zu lassen. Aber Angela sprach dieses Wort nicht aus, und Halm wartete vergeblich.

Nach dem „Du“ des Abschieds am Bahnhof in München vor sieben Monaten war nichts weiter erfolgt, keine Zärtlichkeit und keine Vertraulichkeit. Es war sehr schmerzhaft für Hermann Halm, der den Abschied am Bahnhof als den Beginn eines neuen Lebens mit Angela betrachtete. Aber so war sie geartet: Sie sprach etwas aus, das im Augenblick wahrhaftig war, aber keine Folgen haben konnte. Das „Du“ entsprang nur dem Gefühl des Augenblicks, es bedeutete kein Versprechen und sollte keine Hoffnung erwecken.

Und das war Angelas Irrtum; sie sollte später noch darum viel erleiden. Wenn man ein Feuer entzündet, muß man die Flamme bewahren, man darf

die Glut nicht entfachen, ohne zu bedenken, daß ein Brand entstehen könnte, der mehr Schaden als Nutzen anrichtet. Angela war nicht leichtsinnig, sie war nur so versponnen in ihrem Ich, daß sie nichts sah, als das, was sie selbst anging.
Das Wort Egoismus würde aber fehl am Platze sein, dazu war Angela zu klug, als daß sie nicht ihre Handlungen genau abwägen konnte. Sie war aber oft das Opfer eines genialen Einfalls, diese Gabe war ihr von Gott verliehen, die Eingebungen des Augenblickes sofort in Taten umzusetzen. Man konnte ihr nachher aber nicht Vorwürfe machen, wenn das Feuer weiter fraß, wenn der Brand zum Himmel loderte. Angela würde ein erstauntes Kindergesicht machen und sagen:
„Das habe ich doch nicht angezündet."
Daß Hermann an diesem letzten Dezembertage des Jahres 1913 nach Berlin fuhr, hatte nur einen einzigen Grund: Angela wollte den Pariser Zug in Köln besteigen.
Hermann Halm hatte in den Monaten in Paris nur wenig gearbeitet; er war durch die Stadt geschlendert wie ein müßiger Fremder, er hatte tage- und nächtelang im „Café du Dôme" gesessen, wie er es im „Café Stephanie" getan hatte. Der junge Maler Pablo Picasso war sein täglicher Umgang, er lernte von ihm das Geheimnis der Kunst-Gestaltung; er bewunderte diesen Maler sehr, der damals jene Bilder malte, über die sich der größte Teil der Menschen entsetzte. Der Könner Picasso hatte nur sein großes Wissen und seine geschickte Hand der Erkenntnis untergeordnet, das Ergebnis war: der Kubismus.
Anders geartet war der nervöse Rumäne Jules Pascin, der ganz zum französischen Weltbürger geworden war und seine mondänen und morbiden Zeichnungen und Aquarelle launenhaft und faszinierend aufs Papier brachte.
Hermann Halm begegnete allen denen, die besessen waren von der Unzerstörbarkeit der Kunst, aber sie waren nicht verkrampft, sondern entrückt und gelöst in ihrer Besessenheit; sie waren Romanen, waren Erben des Geistes der Antike.
Hermann Halm hatte begriffen, daß er niemals diese Künstler erreichen konnte; er schämte sich geradezu, selbst Maler zu sein, und übte seine Kunst nur aus, wenn er ein schlechtes Gewissen hatte. Paris war für ihn der Beweis gewesen, daß er dazu verurteilt war, vielleicht viel zu verstehen, aber wenig leisten zu können; er hatte sich damit abgefunden.
Als der Zug sich der französischen Grenze bei Herbestal näherte, fühlte Hermann sich keineswegs beglückt, bald wieder den deutschen Boden zu betreten. Er haßte seine Heimat keineswegs, aber er hatte den Wert derselben nie erfahren; die Politik des Landes erschien ihm lächerlich und auf-

geblasen zu sein, und der fleißige deutsche Bürger war nichts weiter als eine Vorlage für eine gute Karikatur.
Es war eine schlaflose Nacht für den Maler, das Coupé war überheizt, die Mitreisenden schnarchten, und die Luft war stickig. So stand er meist auf dem Gang des D-Zuges und dachte an Angela. Er war sich sehr klar über seine Gefühle, er hätte sie einem jeden genau darlegen können, aber er wußte, daß er vor Angelas freundlich-kühlem Gesicht verstummen mußte. Und dabei hatte er ihr Briefe geschrieben, die sich in nichts von denen unterschieden, die man gemeinhin Liebesbriefe nennt. Er bereute sie nicht, aber es war ihm, als ob er alle diese Flüsterworte nun laut hersagen müßte.
Es war schon hell, als der Zug in die Bahnhofshalle einfuhr. Hermann hatte Mühe, das Coupé-Fenster zu öffnen, denn die übrigen Fahrgäste protestierten heftig, doch da stand Angela, aufrecht und gerade musterte sie den langsam einfahrenden Zug; sie stand da in einem lose herabfallenden Mantel und mit einer kleinen Pelzkappe auf dem Kopf. Als sie Hermann erblickte, nickte sie, und man mußte schon genau hinsehen, um auf ihrem Gesicht ein Lächeln zu entdecken. Doch sie freute sich; sie konnte es aber schwer äußern.
In Hermanns Coupé war noch ein Platz frei. Dort verstaute der Gepäckträger Angelas Sachen. Dann waren die beiden allein auf dem Gang, sahen sich recht verlegen an und sprachen von der Reise und vom Wetter. Erst im Speisewagen, beim heißen Kaffee, den frischen Semmeln, dem Honig und der Butter, wurde Angela gesprächig. Sie erzählte von Weihnachten bei der Mutter und von den schönen Stunden bei ihren Freunden. Erstaunlicherweise redete Hermann wenig, es kam hauptsächlich daher, daß er das Wort „Du" vermeiden wollte, und so war es für ihn sehr schwer, einen vernünftigen Satz zustande zu bringen. Angela tat dasselbe, nur hatte sie anscheinend größere Geschicklichkeit, Sätze ohne eine Anredeform zu gebrauchen.
Gegen Abend erreichte der Zug Berlin; sie stiegen am Bahnhof Zoo aus, und dann war die große Frage: Wo übernachten?
Angela hatte für sich ein Zimmer in einer Pension am Steinplatz bestellt, ohne auf Hermann irgendwelche Rücksichten zu nehmen. Es war ein merkwürdiger Entschluß für Hermann, seiner Freundin klarzumachen, daß er mit in die Pension gehen wolle. Es entspann sich auf dem Bahnsteig ein leise geführter, doch etwas erregter Wortwechsel. Hermann gebrauchte sein Lieblingswort, das „spießig" hieß, und Angela meinte, sie sei nicht eine Bohemienne. Angela setzte schließlich ihren Willen durch und fuhr allein in die Pension, währenddessen Hermann in einem kleinen Hotel am Kurfürstendamm ein Zimmer fand.

Angela hatte bestimmte Pläne; Hermann weniger. Angela wollte als praktische Medizinerin arbeiten und mußte zu diesem Zweck die verschiedensten Kliniken der Stadt aufsuchen.
Hermann tat eigentlich nichts Besonderes, zu seinem Glück lag das Hotel, in dem er wohnte, dicht neben dem „Café des Westens", jenem Künstler-Café Berlins, das gleichsam eine Filiale des „Café Stephanie" in München war.
Das Telefon ist eine segensreiche Erfindung, aber in diesem Falle, in der Freundschaft Angelas und Hermanns, wurde es beinahe zum Verhängnis. Hermann war ein Spätaufsteher, und Angela ging früh aus. So geschah es, daß Hermann jeden Morgen um elf Uhr vergeblich in der Pension Angelas anrief, er erhielt immer dieselbe Antwort:
„Fräulein Doktor ist ausgegangen."
Hermann war so geartet, daß seine Aktivität ein gewisses Maß hatte, er war keineswegs der Mensch, der zäh und verbissen einem Ziel nachjagte. Er gehörte zu denen, die das Schicksal weniger meistern als ertragen wollen. So fand er den Ausweg, seine Tage im „Café des Westens" zu verbringen, wie er das ja im „Café Stephanie" in München schon getan hatte. Das Café hatte unter Bürgern den Namen „Café Größenwahn", es befand sich Ecke Joachimsthaler Straße und Kurfürstendamm. In der damaligen Zeit war es noch nicht üblich, daß Café-Häuser einen Vorgarten hatten. Innen gab es zwei Räume, welche durch dünne Säulen getrennt waren. An den runden Marmortischen saßen morgens, mittags, nachmittags und nachts die Menschen, die weniger Gewicht auf guten Haarschnitt als auf ein außergewöhnliches Talent legten. So mancher, der später berühmt wurde, hatte hier seinen Anfang erlebt; aber die meisten Gäste blieben unberühmt bis zum Lebensende. Die Kunst hatte ihre Vertreter in diesen heiligen Räumen. Sie verzehrten wenig, aber dafür kamen sie regelmäßig. Es gab Freundschaften wie Feindschaften unter ihnen; Tische wurden zu geistigen Weltkörpern, die zäh verteidigt wurden, wenn ein Eindringling es unternehmen wollte, sich dort niederzulassen.
Die Kellner wechselten selten, darin waren sie den Gästen gleich, und der Zeitungskellner Richard war die ragende Säule in dem rauchgeschwängerten Raum. Dieser Richard hatte wahrscheinlich einen Nachnamen, aber niemand kannte ihn; er war rothaarig, klein und bucklig, ging zwischen den Tischen umher, unter jeden Arm eingespannte Zeitungen geklemmt, die er verteilte oder fortnahm, und dabei wurde er von allen angesprochen und um Rat gefragt. Richards Weltweisheit war groß, sein Leben war genau abgezirkelt, es gab in ihm wohl kaum einen Aufstieg oder Niedergang, es war die gleichmäßige Ebene der Existenz, die im Gegensatz zu den eruptiven Lebensabläufen der Café-Gäste stand.

Dort hinten auf dem grünen Sofa saß die schwarzhaarige Dichterin Else Lasker-Schüler, deren Gedichte in allen Zeitschriften zu lesen waren, die eine herrische und geistreiche Art hatte, die Menschen zu erschrecken. Neben ihr saß meist der Maler John Höxter, der angeblich Maler war, von dem auch einige schon einmal etwas gesehen zu haben vorgaben. Er war ein Finanzgenie, dieser Höxter, größer noch als Rockefeller oder Morgan, ihm gelang es jahrzehntelang, ein Leben zu führen, ohne daß jemand ihm einen Verdienst hätte nachweisen können. Er hatte ein stolzes Gesicht und langwallende, dunkle Haare, er war sarkastisch und klug und hatte, wie er selbst sagte, die Sinnlosigkeit allen Tuns durchschaut. Danach lebte er und ließ sich von anderen dafür zahlen. Man sage nicht, daß er ein asozialer Mensch sei, er hatte ein wirkliches Mitgefühl für verlorene Existenzen und verschenkte oft sein geborgtes Geld.
Da war Salomon Friedländer, ein Philosoph großen Formats, der unter dem Namen „Mynona" bekannt war. Auch er hatte den Ruhm, nur unter Fachgenossen bekannt zu sein.
Da war der und jener, und auch der junge Hermann Halm wurde fasziniert von dieser Atmosphäre einer Lebenskunst, die ohne Vergleich war.
Man muß sich fragen, wie diese Existenzen lebten. Sie mühten und quälten sich nicht wie der Durchschnittsmensch, und doch schufen sie Werke, die irgendeinmal entdeckt und bekannt wurden. Man konnte diese Menschen keineswegs in irgendein Schema pressen; sie waren weder Bürger noch Proletarier.
In der damaligen Zeit, im Jahre 1913 in Deutschland, geschah es, daß Dichter erstanden wie der junge Georg Heym, der im Wannsee ertrank, daß Kurt Hiller, ein zersetzend denkender Essayist, die Schäden der Zeit entdeckte, daß neue Kunstbewegungen im Entstehen waren, Zeitschriften wie die „Aktion" und der „Sturm", daß Dichter wie Walter Hasenclever und Franz Werfel aufstanden und die Menschlichkeit und Brüderlichkeit besangen, daß ein begeisterter Schriftsteller wie Alfred Wolfenstein seine Lieder der Freundschaft und der Liebe widmete, daß Maler wie Kandinsky und August Macke wirkten, Bildhauer wie Lehmbruck Unsterbliches schufen, daß die Bühnen unter Max Reinhardt und Otto Brahm in reinster Form Kunstwerke gestalteten, daß Komponisten wie Arnold Schönberg, von den Bürgern verlacht und verschrien, eine neue tönende Zeit ankündeten, daß Fritz von Unruh seine gar nicht ehrwürdigen Dramen schuf, daß Reinhard Sorge Hölderlin-ähnliche Hymnen verfaßte, daß eine ganz junge, schaffende Menschengruppe auf dem Marsche war, die Friedlichkeit auf Erden hymnisch zu verwirklichen. Und draußen marschierten die Heere, wurden Kanonen geschmiedet, säbelrasselnd Reden gehalten und etwas vorbereitet, das mehr dem Weltuntergang als ihrem Aufgang glich.

Man schrieb das Jahr 1913.
Und in diese Zeit waren Hermann und Angela hineingeboren, der Maler voll Anlehnung und Willen, das Schöne und Gute zu begreifen, die junge Medizinerin besessen vom Fleiß und wissenschaftlicher Neugierde.

9. Kapitel

Pastorale

Im Juni 1914 geschah es, daß Angela und Hermann im Grunewald spazieren gingen. Es war einer ihrer gewohnten Ausflüge in die Gegend von Potsdam, die immer das Entzücken Angelas hervorriefen.
Man konnte sie Freunde nennen, sie hatten sich inzwischen an das vertraute „Du" gewöhnt, sie sprachen zusammen wie Menschen, die voreinander kein Geheimnis haben. Und doch war es Hermann nicht möglich, Angelas Wesen ganz zu erfassen; das beunruhigte ihn, sie schien ihm aus einer Welt zu stammen, in die er niemals Eintritt erhalten würde. Eine geordnete und klare Welt war das, in der nichts geschah, was nicht vorbestimmt war, in der es kaum etwas Zufälliges gab.
Hermann sagte oft:
„Ich möchte einen Tag so leben wie du, Angela, so am Morgen zu wissen, daß man am Abend sein Tagewerk vollbracht hat, die Nacht nicht zu fürchten und seine Zukunft."
Angela nahm seinen Arm, blickte ihn fast mütterlich an:
„Was dir fehlt, mein Lieber, ist ein wenig Ordnung und Klarheit; du verschleuderst dein Talent und entwöhnst dich, zu arbeiten. Hast du schon den ‚Malte Laurids Brigge' gelesen, in dem Rilke so schön schreibt: ‚... arbeite, mein Sohn, arbeite, dann wirst du die Gnade der großen Dinge finden ...'"
Hermann machte sein beschämtes Gesicht, dann sah er aus wie ein kleiner Schuljunge, er sagte:
„Ach, Angela, es ist so leicht zu schreiben und so schwer zu tun."
Sie gingen nun Arm in Arm zwischen den hohen Stämmen der Kiefern einem See zu, wie es viele in der Umgebung Berlins gibt. Die Landschaft war nicht großartig, aber sie hatte einen herben Reiz, eine Eigenart, die einen jeden gefangen nimmt, der unvoreingenommen sich ihr gibt. An den Seeufern waren zahlreiche Gartenwirtschaften, in eine von ihnen gingen Hermann und Angela und ließen sich an einem der Tische im Garten nieder.
„Ich bin hungrig", sagte Angela und sah Hermann an.
Der sagte: „Ich bin es nicht, aber ich esse, da du hungrig bist."

Das war einer der Sätze, die Angela als hilflose Schmeichelei empfand. Hermann war ungeschickt, und doch konnte er in diesen leisen und fast nichtssagenden Sätzen sein Gefühl ausdrücken; er hätte nie sagen können: „Ich liebe dich“, aber zu sagen: „Ich esse, weil du ißt“, bedeutete für ihn dasselbe.
Der Kellner hatte eine ehemals weiße Jacke an, Angela machte die Bestellung und sagte:
„Für mich bitte zwei Spiegeleier mit Bratkartoffeln“, dann begann ein Dialog, der ebenso unsinnig wie töricht war, denn der Kellner sagte:
„Sie können bloß drei Spiegeleier haben, das ist eine Portion, anders kann ich das nicht machen.“
Angela war sehr hartnäckig:
„Ich esse aber nicht drei, ich esse nur zwei.“
Darauf der Kellner, der einer Ordnung untertan war, die unerforschlich schien:
„Frollein, Sie können ein Spiegelei haben oder drei Spiegeleier, eine Portion, aber nicht zwei Spiegeleier.“
Nun mischte sich Hermann ins Gespräch und sagte:
„Können Sie nicht uns zusammen drei Spiegeleier bringen?“
Darauf der Kellner ernsthaft:
„Nee, mein Herr, das geht nun wieder nicht, ich kann nicht eine Portion für zwei Herrschaften bringen.“
Darauf resignierte Hermann und schwieg; Angela aber führte den Kampf. Sie verlangte den Inhaber zu sprechen, der nach einer Viertelstunde auch erschien und die Gäste wie Geisteskranke betrachtete. Er sagte mit schmalzigem Lächeln:
„Womit kann ich den Herrschaften dienen?“
Angela räusperte sich, trug in wohlgesetzter Rede, mit allen grammatikalischen Finessen und Betonungen vor, daß sie zwei Spiegeleier mit Bratkartoffeln wünsche. Der Geschäftsführer entschloß sich, die Rolle eines Irrenarztes weiterzuführen, er sagte:
„Meine Dame, das ist gegen die Tradition des Hauses.“
Als Angela das Wort „Tradition“ hörte, da schmolz ihr Mut, und sie sagte dumpf und resigniert:
„Geben Sie mir ein Schinkenbrot.“
Und da Hermann gar nicht gefragt wurde, erhielt er auch eins.
Angela wollte nun keineswegs die Sache irgendwie noch weiter behandeln, aber Hermann war es, der mit seiner leisen Stimme einen Vortrag über das verworrene Innenleben der Bewohner der Mark Brandenburg führte. Angela hörte nicht ordentlich zu, auch kam das bestellte Schinkenbrot, und sie ließ es sich schmecken.

Dann lagen sie auf einer kleinen Erhebung am Seeufer, lagen auf dem Rücken und sahen in den Himmel. Hermann meinte:
„Wenn ich auf dem Rücken liege und die Augen schließe, dann fühle ich, wie die Erde sich dreht."
Angela sagte nichts, sie streckte mit einem Male ihre Hand aus, bis sie die Hermanns fand. Es verging eine lange Zeit, in der die zwei jungen Menschen auf der Wiese lagen und in den Himmel starrten; sie sprachen kein Wort miteinander. Die Sonne schien heiß, und eine fahle Wolkenwand stieg über dem Glienicker See in die Höhe. Hermann legte sich näher zu Angela, die mit geschlossenen Augen dalag, wie eine Tote. Da beugte sich Hermann über sie und küßte sie auf den Mund.
In diesem Augenblick aber lachte ein Specht oben auf dem Baum zu Häupten des Paares. Das Tier klopfte mit seinem langen Schnabel, daß es schallte, und dann lachte er noch einmal und flog davon.
Angela hatte nun die Augen geöffnet und hielt Hermanns Kopf fest; sie sagte nichts, sah ihren Freund an und lächelte. Hermann war verlegen wie ein Schuljunge und wußte kaum, was er tun sollte; er zupfte einen Grashalm aus der Wiese und blies darauf. Angela richtete sich auf:
„Das kannst du aber schön."
Und dann gingen sie Arm in Arm den See entlang, bis sie an die große Straße kamen. Was sie sich unterwegs erzählten, war wenig, um so mehr dachte jeder daran, daß sich ihr Leben nun geändert hätte. Dieser Kuß war nicht zufällig gewesen, es war keine Laune Hermanns, sondern nur der Ausdruck eines verworrenen und langen Weges, den er gegangen war, bis er Angela erreichte.
Die Wolkenwand hatte die Sonne verdunkelt, man hörte das Grollen eines fernen Gewitters, es hallte lang und schallend ...

10. Kapitel

Erfüllung

Hermann gehörte zu den Menschen, die selten Zeitungen lesen. Selbst in diesen letzten Junitagen des Jahres 1914 unterließ er es, nach Neuigkeiten, Telegrammen zu jagen. Er bildete eine Ausnahme, denn ein jeder hatte nur einen Gedanken, der hieß: Krieg.

Angela war im Moabiter Krankenhaus als Praktikantin angestellt und hatte wenig Zeit, sich um die Ereignisse der Politik zu kümmern. Sie machte sich abends frei und kam zu Hermann, der ein Atelier an der Brückenallee bewohnte. Es war ein altes Haus, ein früheres Einfamilienhaus, mit breiten, niedrigen Treppen, die zum dritten Stock hinaufführten, wo Hermann wohnte. Das Atelier war ein ziemlich großer Raum mit einer Wohn- und Schlafecke, und die eine Wand bestand aus einem Fenster. Zwei Staffeleien und ein Drehblock zum Modellieren standen herum, ein ziemlich abgetretener Teppich war der Schmuck des Bodens, und ein breit ausladender, altertümlicher Kleiderschrank war das einzig bemerkenswerte Möbelstück des Zimmers. Es roch nach Terpentin und Ölfarbe und nach Fixativ. Von einer Ordnung konnte kaum die Rede sein, wenn auch der Bewohner des Ateliers von sich behauptete, daß er ein leidenschaftlicher Anhänger der Ordnung sei. Wenn Angela kam, so war es ihr erstes, ein wenig aufzuräumen; das Kaffeegeschirr war niemals abgespült, ebensowenig die Kochtöpfe und Pfannen.

Hermanns unglückliche Liebe war das Kochen, und da zeigte sich Angelas wirkliche Liebe. Sie aß sogar die Speisen, die Hermann bereitete, ob es verbrannte Eierkuchen waren oder versalzene Suppe. Dieses alles war ihr gleichgültig, nur eins nicht, ihr geliebter Freund. Hermann hatte sich zu einem geradezu eitlen Mann verwandelt. Er liebte plötzlich lebhafte Krawatten, bügelte seinen schon glänzenden blauen Anzug fast jeden zweiten Tag auf und ließ sich die Haare so kurz schneiden, wie noch nie in seinem Leben. Er sagte oft zu sich selbst, daß er sich nicht wiedererkenne, und mit kindlicher Stimme erflehte er von Angela Bewunderung und Anerkennung. Auch Angela hatte plötzlich Sinn für helle Gewänder bekommen und änderte ihre Frisur, die sehr sachlich gewesen war, in lockiger Weise um. Natürlich brachte sie eines Abends ein Kätzchen mit, das sehr jung zu sein

schien und eine solche Lust zum Anschmiegen an den Tag legte, daß es Hermann und Angela heftig störte. Hermann protestierte, er meinte:
„Die Katze scheint eifersüchtig zu sein, sie drängt sich immer zwischen uns."
Doch Angela meinte, daß man ihr schon Manieren beibringen könnte. Sie nannte das Tierchen „Panda", ohne genau zu wissen, ob es ein Kätzchen oder ein Kater war.
Die Versuche Hermanns, Angela zu portraitieren, waren bisher nicht ganz geglückt; er hatte zwar seinen radikalen Stil aus Liebe gemildert, weil seine Freundin meinte:
„Ich brauche dir ja nicht Modell zu sitzen, wenn du nur ein Ei hinmalst und einige Kreise ... versuche mal gefälligst, mich zu malen, wie ich bin."
Hermann widerstrebte zuerst, er malte seltsame Gebilde, Kreise, Dreiecke, Würfel, dazwischen mysteriöse Linien und Farbtupfen, und nannte das Ganze dann etwa: „Angela denkt nach". Er sprach mit Eifer und Ausdauer, um seine Freundin zu überzeugen, daß dies kein Portrait im landläufigen Sinne sei, sondern nur die Umschreibung ihrer geistigen-leiblichen Existenz.
Angela sagte hierzu etwa: „Das sind für mich Hieroglyphen, meinetwegen harmonische, aber was hat das mit mir zu tun?"
Hermann konnte nur den Kopf schütteln und sagen:
„Du bist eben eine Ärztin, du glaubst an die Wissenschaft und an das, was du siehst und fühlen kannst, ich aber sage dir ..."
„Du brauchst mir keine Vorlesung zu halten, Hermann, ich verstehe dich doch nicht, ich bin eben zu dumm für diese Art von Kunst. Ich habe nur eine herzliche Bitte an dich, versuche mal, mein Gesicht zu malen, wie es ist."
„Ich kann es aber nur so malen, wie es mir erscheint."
„Aber da wir uns lieben, zeige ich dir doch mein wirkliches Gesicht, und du kannst es begreifen."
Hermann machte sich nun daran, gehorsam und brav, die Konturen des geliebten Angelagesichtes abzumalen. Es wurde sogar ein Kopf, aber ob es Angela wurde, war nicht recht festzustellen. Es war etwas Fremdes in diesem Gesicht, etwas Müdes und Altes, und entsprach keineswegs dem glückstrahlenden Angesicht seiner Freundin. Begütigend sagte sie:
„Vielleicht sehe ich in zwanzig Jahren einmal so aus, du malst eben das zukünftige Gesicht. Aber wissen möchte ich doch, wie du mich eigentlich siehst."
Hermann konnte nichts erwidern. Er mühte sich redlich und verfertigte unzählige Zeichnungen von Angela. Es war hier ein Vorgang, der fast unerklärlich zu sein schien, Hermann verfügte über genügendes Können, seine

Hand war geschult und sein Blick sicher, aber er war nicht imstande, Angelas herben und ein wenig zu bewußten Züge nachzumachen. Er sagte manchmal, wie zur Entschuldigung:
„Lukas Cranach hätte dich malen sollen oder Holbein, ich kann es nicht. Für mich setzt du dich in ganz abstrakte Formen um, die nichts mit deiner Nase und deinem Mund zu tun haben, ich kann dein inneres Portrait malen, aber das wird dich kaum zufrieden stellen."
Doch die Stunden, die spärlichen und knappen Augenblicke des völligen Zusammenseins, gaben ihnen die Entschädigung für das scheinbare einander Nicht-Verstehen.
Wenn sie ganz zusammen waren, verstanden sie einander. In Kuß und Umarmung lag die höhere Erkenntnis.

11. Kapitel

Der Wahnsinn regiert

Angela und Hermann kümmerten sich in diesen Tagen nicht darum, was in der Welt vorging. Und das war gut so. Denn wenn sie in die Zeitung geblickt hätten, dann wären sie erschrocken: Nur ein Optimist konnte noch glauben, daß der Krieg zu vermeiden sei. Es war in den letzten Tagen im Juni, an dem in Paris die Schüsse fielen, die zwar nicht den Krieg hervorriefen, aber seine Verhinderung unmöglich machten.
Der Sozialist und Kämpfer für den Frieden, der große Jean Jaurès, fiel durch Mörderhand. Die Vaterlandsliebe wurde zur Fratze und fiel dem Pöbel zum Opfer; so war es in aller Welt. Die Menschen redeten wild, aus ihnen schrie Kain nach dem Blute Abels, der Brudermord begann wieder einmal seinen Lauf um die Welt. Irgendwo zog jemand an den Zwirnsfäden des Geschicks, irgendwelche Mächtige und Geldgierige ließen die Marionetten tanzen, marschieren und verbluten. Der Wahnsinn des Nationalhasses wurde in den Völkern geschürt, und schließlich fielen sie übereinander her, und sie wußten kaum was sie taten.

Der Zeitungskellner Richard war von allen denen, die in diesen erregenden Tagen das „Café des Westens" besuchten, der Ruhigste. Er geriet sogar manchmal in Gefahr, beschimpft und beleidigt zu werden, aber das kümmerte ihn nicht. Während er die Zeitungen mit den schreienden Schlagzeilen austeilte, sagte er in seinem schnoddrigsten Berliner Ton:
„Wat ick immer sahre, der kleene Mann marschiert, und der große wärmt sich 'n Hintern. Wenn die Großen sich untereinander verkloppen, wat geht das uns an."
Unter den Gästen des Cafés gab es leidenschaftliche Pazifisten, die man in diesen Tagen daran erkannte, daß sie schwiegen. Die Apostel des Menschentums waren nicht gern gesehen, da die Verkünder des kriegerischen Ruhms die Oberhand hatten.
Der Maler Höxter war keineswegs begeistert, aber er spielte ja auch keine Rolle. Da gab es aber Dichter, die sehr in der Verborgenheit des Cafés gelebt hatten und plötzlich an die Oberfläche kamen. Sie wurden zu Barden

des Patriotismus. Sie schäumten vor Kriegsbegeisterung und nannten die Zeit groß, da sie ja endlich zu Worte kamen. Draußen über den Kurfürstendamm zogen die jungen Männer mit Pappkartons in der Hand zur General-Pape-Straße, um sich dort von Zivilisten in feldgraue Helden verwandeln zu lassen. Eine alte Frau an der Ecke Joachimsthaler Straße meinte:
„Die Hauptsache ist, wenn sie alle gesund wiederkommen."
Hermann und Angela waren in diesen Tagen unzertrennlich; nicht, daß irgendeine Möglichkeit bestand, daß Hermann gleich eingezogen werden würde, aber die Erregung des Tages war zu groß, als daß sie hätten auseinandergehen können.
Angela meldete sich einfach für einige Tage ab, sie wohnte nicht mehr in der Dienstwohnung im Krankenhaus, sondern blieb in der Brückenallee. In all' dem Taumel, dem Marschgebrüll, dem Kriegsgeschrei blieben sie ruhig und stumm, sie hielten sich fest, der eine hörte das Herz des anderen schlagen, und beide fühlten etwas Unsägliches und Furchtbares herannahen.
Angela war in dieser Zeit sehr verändert, sie hatte ihr Ziel und ihre Klarheit fast vergessen, sie war aufgelöst in dem Gefühl von Liebe und Angst, sie zitterte davor, etwas zu verlieren, das ihr wichtiger war als das eigene Leben. Hermann pflegte zu sagen:
„Ich fühle mich wie einer, der zu einer Freiheitsstrafe verurteilt ist oder zur Todesstrafe ..."
Wenn er das sagte, verschloß ihm Angela mit ihrer Hand den Mund, oder sie zog ihn zu sich und erstickte seine Verzweiflung in ihrer Zärtlichkeit.
Die Tage gingen weiter, die Wochen. Die Welt hatte sich an das stündliche Morden gewöhnt, Deutschland siegte und feierte es. Die Heeresberichte klangen wie süße Verheißungen, und daß an der Marne der größte Teil des deutschen Heeres in die Flucht geschlagen wurde, erzählte kein Bericht und meldete keine Zeitung.
Es war an einem naßkalten Oktoberabend, als Hermann unter seiner Post einen kleinen Brief vom Bezirkskommando fand, der ihn aufforderte, innerhalb drei Tagen sich zur Erfüllung seiner Soldatenpflicht zu melden. Hermann sagte laut vor sich hin:
„Also Schluß ..."
Angela versuchte ruhig zu bleiben, sie tröstete ihren Freund, sie küßte und streichelte ihn:
„Dich werden sie gleich zur Schreibstube versetzen, du kommst sicher nicht an die Front."
„Ach, Liebste, die werden keine Rücksicht nehmen auf uns und unser Leben. Ich bin gesund und ‚Infanterie k.v.', das sagt alles."
Und dann kam der entsetzliche Morgen, an dem Angela mit zu jenem Bezirkskommando fuhr, dort oben in der General-Pape-Straße, auf dessen

Hof die Zivilisten mit ihren Pappkartons bereitstanden, um irgendwohin „zur Ausbildung“ verfrachtet zu werden.
Angela sagte immer wieder:
„Zuerst wirst du ja ausgebildet, und dann kommst du auf Urlaub, oder ich komme zu dir. Wir haben ja noch eine lange Zeit für uns.“
Aber als der Zug sich in Bewegung setzte, jener Zug voll junger Menschen, die ihr Leben auf dem Altar des Vaterlandes opfern sollten, als der singende, gröhlende, fauchende Zug sich in Bewegung setzte und Angela das blasse Gesicht ihres Geliebten kleiner und kleiner werden sah, als nur noch die Schlußlichter des Zuges zu sehen waren, da mußte sie sich an der Wand des Bahnhofsgebäudes festhalten, denn ihr wurde schwarz vor Augen.

12. Kapitel

Das Leben geht weiter

Der Mensch ist so geartet, daß er sich selbst an die schwersten Umstände gewöhnt. Das Unglück, den Geliebten zu verlieren, kann einen Menschen versteinern und erstarren lassen.
Angela hatte das Glück, daß ihr Beruf sie völlig in Anspruch nahm; vor den Leiden anderer verschwand das eigene Unglück. Daß sie nicht allein war, sondern mit Millionen Frauen auf der Welt ihren Geliebten entbehrte, tröstete sie zwar nicht, aber verwandelte ihr persönliches Leid ins Allgemeine.
Briefe kamen, Briefe gingen, sie wurden geschrieben, Worte wurden berichtet, die den anderen zärtlich umrankten und trösteten. Wenn Angela müde von der Arbeit in ihr nüchternes Zimmer im Krankenhaus kam, dann konnte sie sich nicht zur Ruhe begeben, ohne einige Zeilen an Hermann zu schreiben. Sie schämte sich selbst etwas, wenn sie manchmal diesen Zwang zum Schreiben als eine Notwendigkeit begriff. Sie sagte sich: „... ich muß es tun", aber in ihrem Gehirn verwandelte sich das Wort „müssen" zu einem unschönen Gedanken, der nicht zu ihrem Gefühl paßte, das schrankenlos zu ihrem Geliebten strömte. Angela begriff eigentlich jetzt erst, was sie an Hermann so liebte: Er war so anders als sie und doch waren sie innig verwandt.
Hermann versuchte seine Gedanken in Gefühle umzusetzen, die zu Bildern wurden oder Zeichnungen, und Angela war Frau genug, um in erster Linie zu fühlen. Und ihr Bemühen war, das Gefühl in Gedanken zu bringen, und daraus entstand ihre Arbeit. Denken, Entschließen, Sich-selbst-ausschalten, Helfen und Heilen. Das war ihre Aufgabe als Arzt.
Angela schrieb, und Hermann tat dasselbe. Aber zwischen ihnen waren Hunderte von Kilometern, denn Hermann wurde im Süden Deutschlands ausgebildet.
Die Zeitungen dröhnten und schrien, die Menschen feierten Siege, und nach dem Sieg kamen die Verlustlisten und die Tränen. Aber das Leben geht weiter, das gierige, nie zu sättigende Leben, und forderte, verlange Nahrung und sogar Vergnügen. Die Theater spielten und Menschen lachten; Soldaten hingen sterbend im Stacheldraht. Das „Lied an die Freude" ertönte, ein

Kapellmeister verneigte sich vor der jubelnden Menge, ein Redner stand auf sicherem Podium und feuerte die Menschen an, dem Vaterlande alles zu geben.
Und die Geschäfte blühten, die Menschen kauften, die Umsätze stiegen. Und draußen in Belgien und Frankreich starben Tausende, und in Ostpreußen rückten die Russen vor.
Ein Land war im Kriege, ein alter König sprach den Satz: „Viel Feind, viel Ehr'"; der Kanzler des Reiches, Bethmann-Hollweg, sagte zögernd, „daß Macht vor Recht gehe", und der Kaiser feierte die Siege im Hauptquartier und lehnte es ab, ungünstige Nachrichten zu hören.
Und das Volk wußte von nichts anderem, als daß das Recht auf seiner Seite war und Gott mit ihm.
Eines Tages setzte sich Angela auf die Bahn, sie fuhr eine ganze Nacht und kam am anderen Morgen in der kleinen Garnisonsstadt an, in der Hermann „ausgebildet" wurde. Es war eine hübsche, kleine Stadt, über die eine verfallene Burg ragte, in der malerische Giebelhäuser um den Marktplatz standen, auf dem ein Brunnen seit vielen Jahrhunderten rauschte. In den winkligen Gassen dröhnte der harte Schritt der Soldaten, manchmal dröhnte ein Trompetensignal, alle paar Stunden bimmelten die Glocken, es war ein merkwürdiges Bild von Kleinstadtfrieden und Kriegsgeschrei.
Hermann sah mitleiderregend aus, sein Kopf war kahlgeschoren, auf dem eine schirmlose Infanteriemütze balancierte. Der Waffenrock war zu kurz und die Hosen zu lang. Das Wiedersehen war merkwürdig, es geschah in einem Gastzimmer eines altertümlichen Hotels. Hermann war so angefüllt von den kleinen Dingen eines Soldatenlebens, daß er von nichts anderem redete als vom Unteroffizier und irgendeinem komischen Kameraden.
Angela sah ihn nur an, ihre Augen waren voller Tränen, die sie aber geschickt verbarg. Hermann saß vor ihr, aber es war nicht derselbe stürmische und überlegene Geist ihres Geliebten, der zu ihr sprach. Es war nur die Karikatur eines Menschen, der einstmals gelebt hatte. Erst am Nachmittag und Abend, an denen sie zusammen waren in Angelas Zimmer in dem kleinen Hotel, da fand sie ihn wieder, aber sie mußte ihn gleich wieder verlieren, denn es war nicht gestattet, länger zu bleiben als bis neun Uhr abends.
Und am anderen Morgen reiste sie wieder zurück nach einem flüchtigen, sinnlosen Abschied, sie kam in der Nacht gerädert und zerschlagen in Berlin an und wußte nicht, ob sie geträumt hatte. Aber das Leben ging weiter, die Arbeit, die Pflicht; Kranke waren da und forderten, Vorgesetzte waren da und verlangten.
Der einzige, der niemals verlangte, sondern nur bat, war der Oberarzt Dr. Altherr. Er war ein Mann Mitte Fünfzig. Ein graumelierter, etwas

müder und überlegener Mensch, der wenig sprach, aber allgemein geachtet wurde wegen seines Wissens und Könnens.
Es war in dieser Zeit, daß der Oberarzt und Angela sich manchmal im Ärztezimmer trafen; Angela empfand seine Nähe beruhigend, denn sie war so verloren wie nie zuvor in ihrem Leben. Angela arbeitete unaufhörlich; ihr persönliches Leben war ausgelöscht, sie war immer im „Dienst", auch wenn es nicht ihre Pflicht war. Sie versuchte die Betäubung durch die Pflicht, sie war ratlos, und ihre Briefe an Hermann wurden nervöser als sie es wünschte.
Angela hatte eines Abends entdeckt, daß es ein Mittel gäbe, das ihre Unrast beschwichtigte. Es war ein gefährliches und schädliches Mittel, es war der Alkohol. Sie trank im Ärztekasino nach dem Abendessen manchmal eine Flasche Wein für sich selbst und sagte dabei zu den erstaunt blickenden Kollegen in einer ungewohnten, burschikosen Art:
„Bettschwere, meine Herren, das brauchen wir in dieser verdammt großen Zeit."
Eines Abends war Dr. Altherr Zeuge des Vorgangs, der für Angela nun zur Gewohnheit geworden war. Sie saß in der Ecke des Kasinos in ihrem Klubsessel, auf einem niedrigen Tisch vor ihr stand die Flasche Rotwein, sie las in einem Buch, das sie aber nicht sonderlich zu interessieren schien. Sie starrte mehr vor sich hin als ins Buch; sie rauchte auch, was man sonst nie bei ihr beobachtet hatte, eine Zigarette nach der anderen.
Altherr beobachtete sie eine Zeitlang, dann stand er auf, ging zu Angela:
„Darf ich mich ein wenig zu Ihnen setzen, Fräulein Doktor?"
Angela war wie erschreckt, blickte ihn erstaunt an, dann begriff sie erst, wer er war; sie sagte:
„Gewiß doch, Herr Oberarzt ... wollen Sie ein Glas mittrinken?"
„Nein, ich trinke nicht, aber es stört Sie doch nicht, wenn ich meine Zigarre zu Ende rauche?"
Das Gespräch zwischen den beiden war streng beruflich; der sonst schweigsame Oberarzt war an diesem Abend sogar gesprächig. Er erzählte der jungen Assistenzärztin von einigen interessanten Fällen, und Angela machte kluge Bemerkungen dazu.
Das Kasino hatte sich geleert, nur eine einzige Lampe brannte noch, die Stehlampe neben Angelas Stuhl. Angela fühlte sich beruhigt wie selten zuvor, sie träumte vor sich hin und hörte die Stimme des Oberarztes wie von weit her. Ab und zu nippte sie am Glas, machte einige Bemerkungen, die sie aber selbst nicht ganz begriff; es war ihr, als ob ihr Körper nicht mehr vorhanden sei, sie schwebte irgendwo im Raum und wußte nur, daß sie weder unglücklich noch glücklich sei. Dr. Altherr war nun auch in sein gewohntes Schweigen verfallen, und so war es still im Raum, nur die Wand-

uhr tickte, und draußen vor den Fenstern quietschte eine Straßenbahn in der Kurve; man hörte ein Auto hupen, und dann war es wieder still.
Dann rasselte die Telefonglocke im Ärztekasino, einer der Bediensteten kam aus der Küche und nahm das Gespräch entgegen, dann sagte er:
„Das ist für Sie, Fräulein Doktor."
Angelas Füße waren wie Blei, Schritt für Schritt ging sie zum Telefon, sie sagte mit ihrer belegten und sich oft räuspernden Stimme:
„Ja ... bitte?"
Und dann sagte ihr die Nachtschwester, daß ein Telegramm gekommen sei.
„Machen Sie auf ... lesen Sie vor ... bitte."
Die Nachricht kam von Hermann; er war auf dem Wege zur Front.

13. Kapitel

Per aspera ad astra

Man schrieb das Jahr 1917; der siegreiche Vormarsch der deutschen Armeen war längst zum Stehen gebracht. Ein langer Verteidigungsgraben zog sich von der belgischen Küste bis zum Fuß der Alpen. Bärtige Männer in verkrusteten Uniformen hatten sich hier eingegraben, sie lebten wie Höhlenmenschen und wußten nichts mehr vom Leben außerhalb des Schützengrabens.

Einige Kilometer auf der anderen Seite war derselbe Graben in derselben Länge vom Meer bis zu den Alpen.

Man konnte kaum einen Unterschied zwischen den Soldaten der beiden feindlichen Armeen erblicken, beide bestanden aus verdreckten und verkrusteten Gestalten, die wenig Ähnlichkeit mehr mit Lebewesen hatten, die Gewehre lagen in den Schießlöchern, sie waren meist stumm, und kaum ein Schuß ertönte aus ihnen. Manchmal freilich gab es ein Trommelfeuer von wild aufgellenden Geschützen, ein Höllenlärm erschütterte den Himmel, Granaten flogen krachend in die Luft, und das Resultat des gigantischen Aufwandes war, daß ein deutscher Schützengraben von den Franzosen genommen wurde oder ein französischer von den Deutschen.

Väter fielen und Söhne, sie hinterließen Witwen oder weinende Eltern, sie wurden als Helden gefeiert, denn sie hatten das Vaterland gerettet. So war es auf beiden Seiten, und Freunde und Feinde waren sich ähnlich, sie waren zu Maschinen des Todes geworden und wußten nichts mehr von dem Geschenk des Lebens.

Die Massengräber wuchsen, Tausende verschwanden in ihnen und wurden zu Namen und Erinnerungen.

Und der Friede war fern und der Krieg nicht mehr jubelnder Sieg, sondern dumpfer Mord. Die Heeresberichte meldeten von Erfolgen, daß fünfhundert Meter genommen wären, aber wieviel Menschenleben diese fünfhundert Meter gekostet hatten, war in den Berichten der Heeresleitungen kaum zu finden.

Da begann ein neues Kapitel des Krieges, denn Amerika trat auf den Kriegsschauplatz. Nach der Versenkung des Passagierdampfers „Lusitania“ erklärte das amerikanische Volk durch seinen Kongreß in Washington den Krieg an

das deutsche Kaiserreich. Und die deutschen Unterseeboote kreuzten den weiten Ozean, aber sie konnten nicht verhindern, daß einige Millionen Menschen mit amerikanischen Truppen in Europa landeten.
Man wußte es nicht in der Heimat, aber der Landser wußte es genau. Er sah den Aufmarsch der amerikanischen Truppen, er fühlte die ungebrochene Kraft dieser jugendlichen Soldaten, und er, der einfache Soldat, wußte in seinem Herzen, daß der Krieg für Deutschland verloren sei.
Zu Hause aber wurde gehungert, selbst die lügnerischen Heeresberichte konnten nicht sättigen, denn das Brot ward klein und schwammig, Fleisch gab es kaum, Butter wurde eine Sage, die Eier konnte niemand kaufen, die Geflügelhändler verkauften Krähen und Vögel, deren Rasse nicht ganz erkennbar war. Man aß ein Gericht, das „Muschelfleisch" hieß, das zwischen den Zähnen knirschte und kaum sättigte. Es gab Suppen, die hießen „Morgentrank" und schmeckten wie Spülwasser.
Das deutsche Volk hungerte, und der Kaiser und die Generäle schwiegen.
Es war der Sommer 1917, als Angela sich entschloß, ihren Urlaub in jenem kleinen Moordorf zu verbringen, in dem Hermann einst gelebt hatte. Dies Dörfchen zwischen Bremen und Hamburg zehrte immer noch vom Ruhm der Künstler, die dort lebten und schufen. Angela fuhr in einem Personenzug die Nacht hindurch bis Bremen. Dort mußte sie im Wartesaal mehrere Stunden lang warten, bis der Zug in Richtung Geestemünde weiterging. Auf der Station Osterholz-Scharmbeck mußte sie aussteigen, um die Kleinbahn zu benutzen. Das Bähnchen fuhr bimmelnd durch die ebene Landschaft, durch die gerade Wasserstraßen führten. Angela stand am Fenster des schaukelnden Zuges und sah die Torfkähne mit den großen braunen Segeln durch die schmalen Kanäle gleiten. Wenn man so hinsah, erschien es einem, als ob die Segel durch die Wiesen fahren würden, denn die Wasserstraßen blieben unsichtbar.
Und dann tauchte der Berg auf, der Weyerberg, dessen Waldrücken wie eine Mütze wirkte, die sich jemand über den Kopf gezogen hatte. Und oben war die Kirche, von der Hermann soviel erzählt hatte, und da mußte auch der Friedhof sein, auf dem die große Malerin ruhte, deren Bilder Hermann so geliebt hatte.
Die energische, kläräugige Angela verlor ihren Mut fast völlig, als sie an dem kleinen Bahnhof ausstieg und der Geruch von Torf, Rauch und seltsam duftenden Blüten ihr entgegenschlug.
Sie dachte an den Freund, an den Geliebten, der irgendwo in französischer Erde ruhte. Das war nun zwei Jahre her, und ihr war, als erfülle sie ein Versprechen, daß sie den Ort aufsuchte, in dem Hermann eine so glückliche Zeit verbracht hatte. Sie hatte sich einige Namen notiert von Menschen, mit denen Hermann befreundet gewesen war oder bei denen er gewohnt hatte.

Sie trug ihren leichten, kleinen Koffer, sie hatte ihren violetten Regenmantel an und das pilzförmige Hütchen auf dem Kopf in derselben Farbe.
Auf der unteren Dorfstraße lag das strohgedeckte Bauernhaus, in dem Hermann mehrere Sommer lang sein Atelier gehabt hatte. Es war umgeben von einem gänzlich ungeordneten Blumengarten, in dem die Sommerblumen wohl das Charakteristischste waren. Darüber mußte Angela staunen, daß die Üppigkeit dieses nordischen Sommers sie beinahe tropisch anmutete. Alles wuchs so gierig und schnell, als ob die Natur in atemloser Hast die Geschenke des Sommers über dieses Moorland ausschütten wollte.
Sie betrat das Bauernhaus und wurde von einer alten Bäuerin nicht gerade freundlich begrüßt, die erst auf die Erwähnung von Hermanns Namen hin ihre Miene erhellte.
Oma Kück erinnerte sich des jungen Malers genau, und als Angela ihr das Ende Hermanns mitteilte, da begann die Bäuerin plattdeutsch und in heftigsten Ausdrücken auf den Krieg zu schimpfen. Sie nahm kein Blatt vor den Mund, diese prächtige Oma, sie nannte den Kaiser einen „dummen Jungen, dem man den Hintern versohlen sollte", sie schimpfte auf die Generäle und war in ihrem leidenschaftlichen Pazifismus wohl von niemandem zu übertreffen.
Sie lud Angela sofort in die gute Stube ein, setzte ihr richtigen Bohnenkaffee und selbstgemachten Klaben vor, jenen brotähnlichen Kuchen, der voller Rosinen war. Ein halbes Pfund Butter stand auf dem Tisch, und Oma Kück strich das gelbe Produkt fingerdick auf die Scheibe Kuchen, dazu sagte sie:
„Essen Sie man, Fräulein, ich mache Ihnen nachher auch noch ein paar Spiegeleier."
Dies alles sagte Oma Kück in der plattdeutschen Sprache, denn etwas anderes konnte sie kaum sprechen. Aber Angela verstand sie, und sie fühlte sich bei dieser nahrhaften Liebe so wohl wie seit langem nicht.
Es war auch selbstverständlich, daß Angela schließlich das Zimmer bezog mit dem Atelierfenster, das Hermann einst bewohnt hatte.
Oma sagte zwar, daß sie noch aufräumen müsse, aber schließlich vergaß sie es, und Angela war es recht. Jedes Stück in dem Zimmer erinnerte sie ja an den toten Freund, da war das Fenster, aus dem Hermann sicherlich oft geblickt hatte, da war die Nische mit dem Bett, in dem Hermann geschlafen hatte. Es war alles so, wie es der Freund ihr geschildert hatte, und Angela war ganz in dem Bann ihrer Erinnerungen.
Sie schämte sich ein wenig, daß die Erinnerungen wie von weither kamen. Hermann war an den Rand ihres Lebens gerückt, sie hatte ihn wohl noch lebendig in Erinnerung, aber das tägliche Leben mit seinen Forderungen hatte ihr Dasein so ausgefüllt, daß sie oft seiner vergessen hatte.

Sie setzte sich an den Tisch, stützte den Kopf in die Hände und fühlte so etwas wie Scham. Ihr Leben als Ärztin war ja nicht mehr ihr eigenes, die Pflicht hatte sie verwandelt, hatte von ihr den stündlichen Einsatz gefordert, und da war kaum Platz für Erinnerungen. Nur manchmal, wenn sie nachts in ihrem Bett lag, dann faltete sie die Hände und betete wohl für die Seele ihres Geliebten, aber oft war sie so müde, daß sie beim Händefalten einschlief und nichts mehr wußte.

Nun war sie mitten im Leben, und Hermann war bei ihr, der lebende Geliebte, mit seinem Lachen und seiner oft linkischen Zärtlichkeit, dieser Mann war nun mit ihr hier in der Stube, kein Geist, der lebendige Mensch.

Am Abend brachte der junge Kück Angelas größeren Koffer von der Bahn; sie packte aus, suchte vergeblich einen Platz für ihre Wäsche, entschloß sich schließlich, sie im Koffer zu lassen, aber stellte ihre Bücher, schöngeistige und medizinische, auf das Bücherbrett, das an der Wand hing, packte ihre Kleider aus, hing sie in den Schrank, der etwas nach Feuchtigkeit roch, stellte ihre Schuhe hinein, ging mit dem Krug an die Pumpe im Garten und holte sich Wasser.

Sie zog sich um, wählte ihr weißes Kleid aus, das Hermann noch gekannt hatte. Dann ging sie in den Garten, sah die Blumen und die Sträucher mit Johannisbeeren, setzte sich schließlich in die Laube am Ende des Gartens und hörte die Dorfkirche läuten.

Und dann wurde es langsam dämmrig; es erschien Angela, als ob es überhaupt nicht dunkel werden würde, denn es war spät am Abend, und noch immer war der Himmel im Westen rötlich. Dann setzte eine Nachtigall ein, sie sang mild und schluchzend, und Angela war dem Weinen nahe. Sie sagte sich: „... das wird keine Erholung hier“, und dann begriff sie, sie hatte kein Recht, sich zu erholen, sie hatte nur den Wunsch, an Hermann zu denken, mit ihm zu leben in diesen Tagen, in seinem Lande, während sein Körper fern der Heimat im dunklen Schoß der Erde verging.

14. Kapitel

Entscheidung

Als Angela von ihrer Reise in das Moordorf zurückkehrte, konnte sie nicht recht sagen, ob sie das Ganze geträumt hatte. Sie hatte für kurze Zeit sich selbst aufgegeben, war zurückgeschlüpft in die Vergangenheit, in ihr Leben mit Hermann.

Die Nüchternheit ihres täglichen Daseins im Krankenhaus führte sie schnell wieder in die Wirklichkeit zurück; sie war auch so geartet, daß sie die Gegenwart brauchte, die tägliche Notwendigkeit, da sie das Gefühl nötig hatte, für etwas auf der Welt zu sein.

Der Oberarzt Dr. Altherr sagte zu ihr:

„War das eigentlich eine Erholungsreise oder eine Flucht? Sie sehen nicht sehr erfrischt aus, Angela."

Angela wusch gerade umständlich und gründlich ihre Hände in dem heißen Wasser, sie hatte ihren Berufskittel an und war im Begriff, dem Oberarzt bei einer Operation zu assistieren. Sie sagte etwas, das aber kaum bei dem Geräusch des Wasser zu verstehen war:

„Es war keine Erholungsreise, es war auch keine Flucht; es trieb mich einfach dahin. Ich bereue nichts."

Dr. Altherr, dem diese Worte galten, hatte aber nichts verstanden, so ging er schweigend mit seiner Assistentin in den Operationssaal, und bald hatten sie alles vergessen: Ihre Arbeit hatte sie ganz in Anspruch genommen.

Die Freundschaft zwischen dem Oberarzt und seiner Assistentin war allmählich ein Geheimnis, das niemandem unbekannt blieb. Es regte sich auch keiner darüber auf; nur Dr. Samte, der neue Arzt, der gerade vom Felde heimgekehrt war, machte eine etwas zu laute Bemerkung am Mittagstisch.

Angela zog die Augenbrauen hoch und sagte:

„Sie beobachten scharf, Herr Kollege, aber seien Sie nicht zu hellsichtig, Sie könnten dabei das Wesentliche übersehen."

„Ich nehme das Privatleben anderer nur zur Kenntnis, Fräulein Doktor, ich bin großzügig und sehr uninteressiert."

Angela war ein wenig ärgerlich, aber sie konnte nichts dagegen tun; sie hatte auch einen zu unbeugsamen Willen, als daß sie eines Geschwätzes wegen etwas anderes tun würde als das, was sie wollte.

Dr. Altherr aber empfand es als sehr angenehm, daß er immer mehr mit Angela befreundet wurde. Seine Harmlosigkeit war echt, er schätzte die Kollegin, und ihm war die Gegenwart einer Frau sehr angenehm. Ihm hatte das Leben auch keine Enttäuschung erspart, denn seine Frau war längst von ihm gegangen, und er wußte nicht einmal genau, wo sie war. Er war weder geschieden noch verheiratet, und das war ihm sehr recht. Er legte auf Äußerlichkeiten kein Gewicht und haßte jede Registrierung seiner Gefühle; seine Eheschließung war damals eine Konzession, die er ohne viel darüber nachzudenken gemacht hatte; aber die Umständlichkeit einer Scheidung haßte er.

Als Angela ihn einmal fragte, ob er es nicht als lästig empfände, eine Form weiter aufrechtzuerhalten, die es im Grunde gar nicht mehr gab, sagte er:

„Soll ich etwa zu Anwälten laufen oder zur Polizei? Ich mag nicht mit Papierkugeln auf meine Gefühle schießen, zumal es sie gar nicht mehr gibt."

Angela ereiferte sich unbewußt, sie sagte:

„Aber ist es nicht sauberer und klarer, wenn man die Konsequenzen zieht?"

Altherr sah sie an und lachte spöttisch:

„Was für große Worte gebrauchen Sie, kleine Dame. Konsequenzen ziehen, Sauberkeit ... was sind das für Begriffe. Sie überschätzen immer noch den heiligen Bürokratius, der der Gott der Spießbürger ist; Sie fühlen sich sauber und klar, entschuldigen Sie, daß ich Sie zitiere, wenn Sie es schwarz auf weiß haben. Und, sehen Sie, daran glaube ich nicht mehr, das ganze Leben ist heutzutage ein wenig in der Schwebe. Stempel oder Unterschrift eines Beamten können nichts daran ändern."

Angela merkte erst jetzt, daß Altherr sie vielleicht mißverstanden hatte, sie schämte sich etwas, sie wußte aber nicht, wie sie noch etwas sagen sollte um den Verdacht zu entkräften, daß sie persönlich an der Tatsache seiner Ehe interessiert sei.

Sie sprachen nicht mehr darüber, denn sie waren beide so auf ihre Arbeit versessen, daß sie mehr fachsimpelten, als es ihnen lieb war. Aber einmal wurde es Angela doch zuviel, als der Oberarzt während einer Konzertpause in der Kgl. Oper „Unter den Linden" ihr plötzlich einen interessanten medizinischen Fall erzählte, der ihn sehr beschäftigte. Sie sagte spöttisch:

„Hoher Chef, wie reimt sich das zusammen, Brahms-Sinfonie und Bauchoperation?"

Altherr war wirklich bestürzt, er entschuldigte sich vielmals für seine Ungeschicklichkeit und meinte:

„Ich bin doch nichts weiter als ein alter Feldscher", dann schwieg er den ganzen Abend.

Aber Angela liebte es doch, mit Altherr ins Konzert zu gehen, denn er verstand nicht nur die Musik, er begriff sie auch. Er hatte die Musikalität vieler Ärzte, diese Tatsache bestand, und niemand konnte sie recht erklären. Altherr war ein leidenschaftlicher Musikhörer, er verliebte sich in einen Violinklang oder in einen Hornruf, er hörte die versteckteste Fuge aus dem Orchesterlärm und erfreute sich an ihr, er sagte oft:
„Ich liebe die Struktur der Musik, ich begeistere mich am Kunsthaften, vielleicht ist es das Mathematische in dieser Kunst, das mir so verwandt ist. Ich bewundere die Konstruktion einer Partitur und schere mich wenig um Melodie oder Naturlaut. Das Kunsthafte, Angela, ist es, was wichtig ist."
Angela widersprach:
„Das Kunsthafte ist nur das Gerippe, das Fleisch ist die Melodie, der Klang, der Einfall. Alles andere kann man ja lernen, aber nicht den Einfall."
Altherr entgegnete:
„Einfälle hat jeder Narr, es ist die Kunst, den Einfall zu gestalten, darauf kommt es an."
„Sie müssen bei Bach stehenbleiben oder, noch früher, bei Heinrich Schütz, oder wie wäre es mit Couperins perlender Geläufigkeit?"
„Lassen Sie die Ironie, Kollega, Sie sind Frau und sollten eigentlich die Schönheit eines Klöppelmusters begreifen."
„Ich hasse Handarbeiten, ich habe es nie gekonnt und sehe auch nicht ein, worin die Schönheit besteht. Aber ich sage Ihnen, Doktor, Sie verwechseln die Kunst mit Fingerfertigkeit."
Und mit einem Male war es Angela, als ob nicht sie es war, die sprach, sondern Hermann. Und sie erschrak. Sie horchte in sich hinein, aber sie konnte nichts mehr hören.

Im Sommer 1918 war es den Eingeweihten klar, daß Deutschland den Krieg nicht mehr gewinnen könnte. Die Übermacht der Alliierten wurde offiziell nicht zugestanden, aber die Erfolgsberichte der Heeresleitung erschienen künstlich. Im Reichstag versuchte der neue Kanzler Dr. Hertling zu retten, was zu retten war. Aber die Vertreter der Parteien und des Volkes ließen sich nichts mehr vormachen, es waren nur noch die All-Deutschen, die den Mut aufbrachten, von Sieg zu reden. Sogar das Zentrum sandte seinen Abgeordneten Matthias Erzberger heimlich zum Papst, um die Möglichkeiten eines Friedens zu erfahren. Und in Österreich versuchte der Kaiser Karl einen inoffiziellen Friedensschritt zu unternehmen; wenn man auch Empörung heuchelte, so war doch die Friedensgesinnung des deutschen Volkes immer offenbarer. Die Redensart kam auf, „sich zu Tode siegen", und sie traf das Richtige. Die sozialdemokratischen Abgeordneten sprachen

respektlos und offen über die Herren im Generalstab, die den Krieg solange fortsetzen wollten, bis der letzte Proletarier gefallen sei.
Angela war in dieser Zeit, ohne es zu wollen, den politischen Ereignissen näher gerückt. Sie interessierte sich keineswegs dafür, sie hörte mit Ekel und Langeweile immer noch schäumende Reden der Ärzte im Kasino an, die niemals Soldaten gewesen waren, aber dafür um so kriegsbegeisterter.
Der rotbackige Ohnesorge war es besonders, der ihr auf die Nerven ging. Er war es, der eine schwarz-weiß-rote Feststimmung im Ärztekasino bei jedem scheinbaren Sieg zu entfesseln versuchte. Angela beteiligte sich nicht mehr daran, und Altherr meinte in seiner zögernden Art:
„Seien Sie vorsichtig, meine Herren, auch das Siegen hat mal ein Ende, und was machen Sie dann?"
Ohnesorge redete nun kein Wort mehr mit dem Oberarzt, aus seinen Blicken sah man, daß er diesen Vaterlandsverräter, wie er ihn nannte, am liebsten unschädlich gemacht hätte. Aber die Zeit für die Ohnesorges war schlecht, man schrieb Oktober 1918, und es kam vieles ans Tageslicht, das vorher verschwiegen war.
Es war wie bei einer Dampfmaschine, die zu stark beansprucht worden war, sie funktionierte einfach nicht mehr, sie setzte aus und quietschte, sie kam nicht mehr auf volle Touren, und jeder Fachmann mußte sagen, daß sie am Ende ihrer Kräfte sei.
So war es mit Deutschland und dem deutschen Volke; das Lügen hatte keinen Sinn mehr, denn die Wahrheit sickerte überall hindurch. Die Soldaten, die von der Front kamen, nahmen kein Blatt vor den Mund und zeigten keine besondere Lust mehr, für Kaiser und Reich zu sterben.
Altherr sagte eines Abends zu Angela:
„Es knistert im Gebälk, Angela, und dann nützen keine Stützbalken mehr, das Gebäude stürzt zusammen."
Angela sah ihn an, sie fröstelte, als sie sagte:
„Und so viele sind für dieses Kartenhaus gefallen."
Altherr ging mit Angela dem Tiergarten zu, der schon von Blättern fast entlaubt war. Er nahm Angelas Arm und sagte:
„Wissen Sie, warum die Menschen eigentlich so an der Macht kleben?"
Angela schüttelte den Kopf:
„Eine Macht, die keine mehr ist, ist doch nur eine Fessel, nicht wahr?"
Altherr meinte:
„Macht ist süß, Angela, der Mächtige trennt sich nicht gern von ihr."
Als Angela und der Oberarzt wieder die Linden zurückgingen, sahen sie eine Menschenmenge vor dem Gebäude der Russischen Botschaft, sie hörten ständiges Rufen und Schreien, und dann kam ein Gesang. Kein Schutzmann war zu sehen, kein Soldat in der Nähe, aber aus allen Straßen kamen

die Menschen gelaufen und vergrößerten die Menge. Altherr fragte einen Mann, was denn los sei. Der antwortete:
„Na, das wissen Sie nicht ... Karl ist doch wieder zurück."
Altherr nahm Angelas Arm und versuchte sich durch die Menschenmenge zu schieben, um durch die Neue Wilhelmstraße zur Dorotheenstraße zu kommen. Als sie die Linden hinter sich hatten, blieb Altherr stehen und sah Angela fragend an:
„Wer ist denn eigentlich dieser ‚Karl'?"
Angela sagte ruhig:
„Karl Liebknecht natürlich."

15. Kapitel

Die Revolution marschiert

Es war wie bei einer schweren Krankheit, bei der die Ärzte jede Hoffnung aufgegeben hatten und den Angehörigen empfahlen, auf ein Wunder zu hoffen.

So war es auch mit dem Kriege. Die Angehörigen waren eigentlich nur diejenigen, die aus dem Menschenmorden Nutzen gezogen hatten, es war bestimmt nicht das Volk. Es war eine Zeit, die wie von Elektrizität geladen war, in jedem Augenblick konnte eine Explosion erfolgen; man war auf alles gefaßt. Die Versammlungen aller Parteien waren überfüllt, und im großen Saal der Philharmonie stand ein Mann mit ausdrucksvollem Schauspieler-Gesicht, er trug einen Frack und hatte weiße Glacé-Handschuhe an den Händen.

Es war Maximilian Harden, der Herausgeber jener Zeitschrift, die anfänglich sehr kaisertreu gewesen war und nun zu den radikalsten Opponenten des herrschenden Regimes gehörte.

Diese kleine Zeitschrift im braunen Umschlag, die „Zukunft", gehörte keiner Partei an, sie war weder für die Proletarier noch für die Kapitalisten. Sie war fortschrittlich gesinnt, aber in ihrem Satzstil nur den Gebildeten verständlich. Die Versammlungen waren überfüllt, denn man liebte diese geistige Fechtergestalt, die mit jonglierenden Worten Florettstöße austeilte, deren Eleganz bezwingend war.

Angela war unter den Zuhörern an jenem Freitagabend, als Harden über das besetzte Belgien, aus dem die deutschen Truppen sich zurückzogen, folgendes sagte:

„Das einzige Paradies, aus dem wir nie vertrieben werden können, ist die Erinnerung ..."

Der Redner zitierte hier den deutschen Dichter Jean Paul, der vor hundert Jahren diesen Satz geprägt hatte. Das Publikum jubelte vor Begeisterung, es verstand die Anspielung. Aber in der vordersten Reihe saß ein Polizist, der wenig von Harden und nichts von Jean Paul wußte. In den Jubel des Publikums hinein bestieg er das Podium, setzte seinen Helm auf, breitete die Hände aus und schrie:

„Die Versammlung ist geschlossen."

Nun begann ein Pfeifkonzert, ein Johlen und Schreien, das ohrenbetäubend war, dem Schutzmann war ungemütlich zumute, denn er sah seine Macht wanken. Harden aber rettete ihn, indem er sagte:
„Haben Sie Mitleid mit dem behelmten Träger einer Macht, die keine mehr ist."
Am anderen Morgen war der 9. November, und Angela war den ganzen Tag sehr beschäftigt. Die historischen Vorgänge dieses Tages drangen kaum in die Räume des Moabiter Krankenhauses; unabhängig von den politischen Ereignissen war hier die Verpflichtung, Leiden zu mildern oder notwendige Eingriffe zu machen, um ein Menschenleben zu retten. Mittags im Ärztekasino aber war auffallendes Schweigen, niemand sprach ein Wort, Altherr setzte sich neben Angela und sagte:
„Ich habe so ein merkwürdiges Gefühl, als ob sich da draußen in der Welt etwas ereignet hätte. Ich gehe mal telefonieren."
Es dauerte lange, bis er wieder zurückkam. Bevor er sich setzte, sagte er zu den wenigen Anwesenden und zu Angela:
„Es ist Revolution, der Kaiser ist geflohen."
Angela eilte auf ihr Zimmer, holte ihren Mantel und ihren Hut und ging dem Ausgang zu; sie hatte diesen Nachmittag keinen Dienst; sie konnte es hinter den gesicherten Mauern des Krankenhauses nicht mehr aushalten. Als sie das Portal passierte, rief ihr der Portier, der sonst immer militärisch die Hacken zusammenschlug, in jovial-ironischem Ton zu:
„Na ... heute müssen Sie glücklich sein, Ihre Revolution hat ja gesiegt."
Angela wollte etwas erwidern, sie war aber zu erstaunt und verwirrt, um Worte zu finden. Sie kam auf die Straße und ging dem Lehrter Bahnhof zu; wenig Menschen waren zu sehen. Sie wußte nicht recht, wohin sie gehen sollte; am liebsten hätte sie jemanden gefragt:
‚Entschuldigen Sie bitte, wo ist denn hier die Revolution?'
Da kam eine leer fahrende Droschke daher, Angela ließ sich von ihr zum Potsdamer Platz fahren. Der Kutscher drehte sich um und sagte:
„Seien Sie man lieber vorsichtig, Frollein, da soll ja geschossen werden."
„Ich habe keine Angst", sagte Angela.
Sie fragte sich selbst: Fürchte ich mich eigentlich? Habe ich Angst? Sie konnte sich diese Fragen nicht selbst beantworten; der Begriff „Furcht" war ihr ebenso unbekannt wie das Wort „Angst". Dabei war sie gar nicht besonders tapfer, sie suchte keineswegs die Gefahr, sie hielt auch nichts vom Heroentum, denn sie sah nicht den Sinn ein, sich für eine Idee zu opfern. Das quälte sie oft, denn die meisten Menschen um sie herum waren die Sklaven einer Überzeugung oder einer Idee, für die sie leben mußten. Angela beneidete diese Menschen oft, denn sie sah allmählich ein, daß man eigentlich etwas „dümmer" sein müßte, um dem Leben einen Sinn zu geben.

Sie hatte ihre Existenz mit der Notwendigkeit ihrer Arbeit so verschmolzen, daß kein Raum für irgend etwas anderes blieb.
Seit dem Tode Hermanns hatte sie sich in sich selbst zurückgezogen; ihre Lebensweisheit war so, daß sie sich damit begnügte, das Wissenswerte zur Kenntnis zu nehmen. Und das war alles, was sie vermochte.
Und nun war eine Revolution ausgebrochen, und Angela empfand nichts bei diesem Wort; etwas Bestehendes war zerstört worden, und etwas Neues sollte aufgebaut werden. Und die neunundzwanzigjährige Angela stand außerhalb aller dieser Dinge, sie nahm sie zur Kenntnis.
Auf dem Potsdamer Platz war eine riesige Menge, die hin und her wogte. Soldaten auf Lastwagen fuhren umher, einige davon hielten Ansprachen, einige sangen, und alle hatten sie rote Schleifen angesteckt und machten glückliche Gesichter. An den Straßenecken wurden die Schleifen verkauft, auch Medaillen mit den Bildern von Friedrich Ebert und Karl Liebknecht. Die kaiserliche Welt war wirklich verschwunden und eine neue sollte geboren werden. Auf der Terrasse des „Café Josty" war sogar noch ein Platz frei. Angela setzte sich dahin und starrte auf die Menge unten auf dem Platz. Einer sagte zu ihr: „Bedient wird heute hier nicht, wenn Sie was haben wollen, müssen Sie hineingehen."
Angela war aber nicht hungrig, sie kam sich vor wie im Theater. Sie dachte: Das nennt man nun wohl einen historischen Vorgang, und ich bin dabei. Sie wünschte mit einem Male, daß jemand ihr den Sinn dieses Getümmels erklären könnte, sie begriff wohl die Freude, daß der Krieg seit elf Uhr vormittags vorbei war, aber sie verstand nicht, warum die Menschen so lärmten und schrien.
Da sagte jemand zu ihr:
„Vor dem Reichstag wird jetzt die Republik ausgerufen."
Sie sah in ein Gesicht, das ihr bekannt vorkam, nun erkannte sie ihn, es war ein Freund Hermanns, der Maler Joachim Goltz, ein wirrhaariger und magerer Bursche, der einmal irgendwelche anarchistischen Ideen entwickelt hatte und von dem sie nur wußte, daß er Vegetarier war.
Goltz bestürmte Angela so lange, bis sie mit ihm zum Reichstag ging. Es war schwer, durch die Straßen zu kommen, aber der Maler hatte ihren Arm gefaßt und schob sie schnell und sicher durch die Menge hindurch. Der Platz vor dem Reichstag war voll von Menschen. Oben auf den Stufen standen verschiedene Redner, man konnte ihre Bewegungen sehen, man hörte aber kein Wort.
Goltz verstand es geschickt, in das Reichstagsgebäude zu gelangen, es wimmelte darin von Soldaten, der Maler fuchtelte mit irgendeinem Ausweis herum und gelangte die Treppen hinauf, so daß sie sich plötzlich auf der säulengeschmückten Balustrade über dem großen Platz befanden.

Angela setzte sich auf einen Säulenvorsprung, denn sie war sehr erschöpft. Ein magerer Mann mit napoleonischem Spitzbart stand plötzlich da und schrie über die Menge:
„Es lebe die deutsche Republik".
Goltz flüsterte ihr zu:
„Das ist Scheidemann, der ist nun Reichskanzler."
Die Menge unten schwang plötzlich rote Fahnen und stimmte das Deutschlandlied an.
Joachim machte einige zynische Bemerkungen über den Mangel an revolutionären Liedern, dann aber stand schon ein anderer Mann zwischen den Säulen und redete auf die Menge ein. Er war dicklich, untersetzt und hatte einen üppigen Haarwuchs. Angela konnte nicht verstehen, was er sagte, sie flüsterte zu Goltz:
„Wer ist denn das?"
Goltz kniff die Augen zusammen, sah zu dem Redner hin und sagte zu Angela:
„Das ist Magnus Hirschfeld, ein Kollege von Ihnen."
Angela sagte zu Goltz:
„Und wo stehen Sie eigentlich, Herr Goltz? Stehen Sie etwa über den Dingen?"
Der Maler setzte sich zu Angela und erklärte ihr:
„Sehen Sie mal, Fräulein Doktor, das alles ist hier nichts weiter als eine Atempause vor dem wirklichen Geschehen, der Herr Scheidemann kommt mir vor wie der ‚Zauberlehrling' von Goethe, er wird die Geister, die er rief, nicht mehr los werden."
Angela sagte:
„Was sollen denn die Menschen machen, der Kaiser ist fort ..."
Goltz setzte mit ironischem Lächeln fort:
„Aber die Generäle blieben, sie sind noch am Leben, sie werden einmal wiederkommen, seien Sie sicher. Die deutsche Revolution hat bis jetzt noch nie funktioniert, denken Sie an 1848. Viel edles Wollen und wenig Können; und schließlich siegt immer der, der die Macht hat. Die Macht ist etwas, das man geistig unterbauen muß, aber wo wollen diese Herren Revolutionäre den Geist hernehmen?"
Angela meinte:
„Ich erinnere mich jetzt sehr gut an Sie, Goltz, Sie waren schon immer ein Anarchist und erkennen keinerlei Macht an."
„Nein, ich erkenne keine Macht an, die aus Phrasen besteht oder mit Kanonen schießt. Ich bin zu anspruchsvoll."
Das Gespräch wäre endlos weitergegangen, wenn sich nicht etwas ereignet hätte, das plötzlich und unerwartet eingetreten war. Man hörte von allen

Seiten her Schüsse, die Menge auf dem Platz geriet in Bewegung und strömte nach allen Richtungen; niemand wußte, woher die Schüsse kamen, der Platz war in wenigen Minuten menschenleer.

Und Angela konnte mit Goltz bequem den Tiergarten erreichen, und sie konnte ins Krankenhaus zurückgehen. Goltz brachte sie bis vor das Tor des Krankenhauses und sagte:

„Sehen Sie, Fräulein Doktor, daß ich recht hatte, erst kamen die Phrasen und dann das Schießen. Und nun sind wir so klug wie zuvor."

Als Angela in ihr Zimmer hinaufging, begegnete ihr der Oberarzt, er sagte:

„Ich war schon in Sorge um Sie, Angela, wo waren Sie denn?"

Angela fühlte auf einmal eine unendliche Wärme in sich aufsteigen. Sie legte ihre Hand auf Altherrs Arm und sah ihn an:

„Ich war nur Zeuge eines historischen Ereignisses, ich hörte Phrasen, und dann wurde geschossen. Das war alles, ich bin ein wenig enttäuscht."

„Sie verlangen zuviel von den Menschen, es sind nur Sterbliche, und sie haben einen begrenzten Horizont."

16. Kapitel

Auferstehung

Im Juni 1919 begann die junge deutsche Republik den Verteidigungskampf gegen die radikalen Elemente; die Menschen waren nun von den Fesseln einer zweihundert Jahre alten Tradition befreit und fielen übereinander her. Die Freiheit des Denkens war nicht mehr eingeengt, dafür wuchsen die Wünsche ins Uferlose. Es war sehr schwer, die Sturmflut der Geschichte einzudämmen.

Das Leben in dieser Zeit war im höchsten Grade gefahrvoll; die Partei der Radikalen war zum Angriff gegen die Gemäßigten vorgegangen; Blut floß auf beiden Seiten. In den Kämpfen um die politische Macht waren die Schranken des Bürgerlichen durchbrochen; die Presse war verwildert, und die Menschen dachten und handelten nur in Superlativen.

Der Krieg ging um den Besitz der Zeitungen, die in der Hand der Regierung waren. Die Radikalen glaubten sich im Recht wie die Gemäßigten. Das Volk mußte auch in diesem Falle die Zeche bezahlen, und die Nutznießer waren die Feinde der Republik.

Sie waren im Spiel des Krieges geschult und verstanden es daher auch, den Bürgerkrieg zu meistern.

Am 15. Januar 1919 wurden Karl Liebknecht und Rosa Luxemburg ermordet; die Parteien wuschen ihre Hände in Unschuld, und die Schuldigen konnten bequem entweichen.

Angela lebte in dieser Zeit ganz in ihrer Arbeit, sie erhielt oft Besuche des Malers Goltz, der sich vergeblich bemühte, die junge Ärztin zu einer politischen Stellungnahme zu überreden.

Aber Angela ekelte sich vor der Zerstörung und sehnte sich nach dem Aufbau. Sie hatte Mitleid mit den Opfern der Verwirrung, und sie sah, wie die Welt sich verdüsterte.

„Aber Sie können doch nicht beiseite stehen, eines Tages werden Ihnen die Balken auf den Kopf fallen, und dann wird es zu spät sein."

„Ich kann nichts unternehmen, um die Balken am Fallen zu hindern", sagte Angela, „ich bin fatalistisch genug, um das zu glauben."

Der Maler Goltz sah die Vergeblichkeit seiner Bemühungen ein und ließ sich nicht mehr bei Angela blicken.

Es wurde geschossen und gemordet, die Theater spielten Komödien und Opern, die Philharmonischen Konzerte waren ausverkauft, und wenn am Schluß der Neunten Sinfonie von Beethoven der Hymnus erklang „Alle Menschen werden Brüder ...“, dann hörte man an den Pianissimo-Stellen das Knattern der Maschinengewehre in der Bernburger Straße.
Es gab Menschen, die in dieser Zeit den Anfang einer neuen sahen, andere wiederum sahen in ihr nur das Zeichen eines geistigen Untergangs.
Die Revolution des 9. November hatte nicht gesiegt, trotzdem manche es glaubten. Die militärische Niederlage hatte aus dem deutschen Volke nicht das gemacht, was der Zusammenbruch von 1870 dem französischen Volk geschenkt hatte, nämlich die Besinnung und die Erkenntnis seiner geistigen Aufgabe. Angela mußte oft feststellen, daß das Mitleid mit sich selbst die hervorragendste Eigenschaft der meisten Menschen geworden war. Sie bejammerten alles und vor allem die Tatsache, daß sie in dieser Zeit lebten. Wenn Angela diese Menschen fragte: „Und wenn ihr gesiegt hättet, was dann?“, erhielt sie meist keine Antwort.
Im Krankenhaus war die Arbeit so angewachsen, daß kaum Zeit für das Privatleben blieb. Angela war es recht, denn sie fürchtete sich davor, allein mit ihren Gedanken zu sein. Sie hatte viele Bekannte und wenige Freunde, sie setzte sich manchmal vor den Spiegel und studierte ihr Gesicht. Sie mußte feststellen, daß sie es keinem Menschen verübeln konnte, wenn er ihr aus dem Wege ging. Sie war nicht häßlich genug, um interessant zu sein, aber sie war auch nicht schön genug, um aufzufallen. Ihr Gesicht war sachlich und verschlossen; ihr Lächeln war sparsam, und sie lächelte selten. Sie wußte es selbst: Man hatte es nicht leicht mit ihr. Sie fragte sich: Mache ich es mir selbst nicht eigentlich zu schwer?
Wenn sie an Hermann dachte, und manchmal tat sie es, dann sah sie sich selbst mit ihrem geliebten Freund, als wenn sie verkehrt durch ein Fernglas sehen würde: winzig klein und entfernt.
Es hatte nichts mehr mit ihr zu tun, ja, sie begriff es nicht mehr, sie konnte ihre Gefühle von damals nicht mehr verstehen. Nicht, daß sie diese Zeit, in der sie Frau war, und nichts als das, bereut hätte. Nein, das tat sie nicht, aber sie hatte sich gleichsam seelisch und körperlich gehäutet, wie eine Schlange, die ihre alte Haut abwirft, nur daß die neue ihr gar nicht glänzend und jung erschien. Mit der alten Haut waren ihre Nerven, diese empfindlichen, vibrierenden Angelanerven, abgestreift.
Wenn sie an ihr zukünftiges Leben dachte, so sah sie sich immer älter, grauer und einsamer werden; sie sagte zu sich selbst mit einem gewissen, bitteren Lächeln: Ich werde eben „der alte Doktor“ werden.
Angela durchlebte diese Zeit der Revolution und des äußeren Aufruhrs in dem Glashaus ihres eigenen Ichs. Kein Steinwurf zertrümmerte das Gehäuse

ihres Lebens, aber eines Nachts zersprang es, und Angela fühlte sich schutzlos. Das geschah so:
Der Dienst an diesem Abend des 2. Februar 1919 hatte sie noch spät in den Aufnahmeraum gerufen. Es war die Einlieferung eines Selbstmörders, den man noch im allerletzten Augenblick gerettet hatte.
Als Angela den Aufnahmeraum betrat, lag ein Mann auf der Tragbahre, die die Sanitäter hineingestellt hatten, dessen Gesichtszüge ihr bekannt erschienen. Es war ein Mann von etwa dreißig Jahren, der am Lützowufer aus dem Kanal gefischt worden war. Nun lag er da, bleich, schwer atmend und bewußtlos. Der Sauerstoffapparat brauste in dem Zimmer, der Trichter wurde von einer Schwester dem Kranken an den Mund gehalten.
Angela prüfte den Puls, der klein und matt war, gab ihm eine Kampferinjektion und ordnete seine Überführung in den Pavillon III an. Dann unterschrieb sie die Formulare, die Sanitäter verschwanden, der Kranke wurde hinausgetragen.
Angela saß am Schreibtisch im Aufnahmeraum. Sie hatte den Kopf auf beide Hände gestützt und fühlte eine Schwäche in den Knien wie niemals zuvor. Sie hatte kaum begriffen, was um sie her geschehen war, sie hatte mechanisch ihre Arzt-Pflicht erfüllt, und nun fühlte sie, wie ihre Gedanken zu dem Gesicht jenes Mannes eilten, den sie eben aus dem Wasser gezogen hatten. ‚Mein Gott‘, dachte Angela, ‚was bin ich für eine sentimentale Ziege.‘
Aber es nützte ihr nichts, daß sie sich selbst auszankte, denn einige Minuten später stand sie auf und ging in den Pavillon III.
Dem Kranken ging es sichtlich besser, die Stationsschwester zeigte ihr Blutdruck und Fieberkurve. Angela nickte und sagte:
„Ich bleibe einen Augenblick hier."
Sie setzte sich an das Bett des Selbstmörders, nahm mechanisch seine Hand und versuchte den Puls zu fühlen, der nun kräftiger zu sein schien.
In diesem Augenblick fühlte sie, wie der Kranke sie ansah. Es waren angstvolle und durchdringende Augen, die ihr Herzklopfen verursachten. Sie zwang sich zu einem Lächeln, es sollte natürlich sein, aber es war nur eine Grimasse. Dann sagte sie leise:
„Fühlen Sie sich besser?"

Daniel Erdmann war nach wenigen Tagen gesund; der Anflug von Lungenentzündung, der sich bei ihm am zweiten Tage bemerkbar machte, verging rasch.
„Sein Herz ist widerstandsfähig", sagte die Stationsschwester zu Angela, die eine Visite in dem Saal des Pavillon III machte. Angela meinte:
„Wir können ihn heute ja entlassen."

Als sie Daniels Puls fühlte, nickte sie kurz und sagte:
„Sie können nach Hause gehen, aber machen Sie nicht wieder solche Sachen."
Daniel sah sie an:
„Es ist hübsch, wenn Sie sagen: solche Sachen."
„Wie würden Sie es denn nennen? War es etwa klug oder vernünftig, es hätte leicht schief gehen können."
„Was wäre dabei gewesen. Ich habe niemanden, der mir nachtrauert. Der Spaziergang über das Brückengeländer war kein so schlechter Einfall. Aber seien Sie beruhigt, ich wiederhole solche Sachen nicht, ich bin überhaupt gegen jede Wiederholung. Nun warte ich eben noch die paar Jahre, bis es soweit ist."
„Sie kokettieren mit dem Sterben, Herr Erdmann, Sie sollten sich lieber um gescheitere Dinge kümmern. Was sind Sie eigentlich von Beruf?"
Daniel antwortete nicht, denn er wußte es selbst nicht. Er war Soldat gewesen, nun war er ohne jede Beschäftigung; er schrieb Gedichte.
Er lächelte, und es war ein kindliches und vertrauensseliges Lächeln:
„Ich mache Gedichte, Frau Doktor, aber niemand druckt sie, und das ist gut so. Dichter sind indiskrete Menschen, wissen Sie, die plaudern gern aus einer Schule, die sie nicht besucht haben."
„Ich habe leider keine Zeit, Herr Erdmann ... außerdem bin ich nicht Frau, sondern Fräulein ..."
„Entschuldigen Sie bitte, Angela ...", er hörte auf zu sprechen, denn die junge Ärztin verließ plötzlich den Kranken.
Daniel lachte vor sich hin. Zwei Dinge darf man nie tun, so sagte er zu sich selbst, die Wahrheit sagen oder Menschen mit dem Vornamen anreden.
Angela war ärgerlich, sie wußte nicht, ob sie es über sich selbst war oder über Daniel Erdmann. Sie machte ein verdrossenes Gesicht, als sie durch den Garten des Krankenhauses ging. Am liebsten wäre sie wieder umgekehrt, um diesem Herrn Erdmann die Meinung zu sagen. Aber, wenn sie ehrlich ist, so muß sie sich sehr albern vorkommen, denn schließlich war ihr Vorname den Schwestern wohlbekannt, und von denen hatte dieser komische Dichter ihn wohl erfahren. Angela war ordentlich froh, daß dieser beunruhigende Patient heute das Krankenhaus verließ. Sie hatte nur den Wunsch, ihm nie wieder zu begegnen.

17. Kapitel

„Das Lied von der Erde"

Am 25. März 1919 war Angelas 30. Geburtstag; mit der morgendlichen Post kam der Glückwunschbrief der Mutter an, die es nun längst aufgegeben hatte, ihre Tochter zum Geburtstag bei sich zu sehen. Wie immer kündigte sie ein Geburtstagspaket an, das, wie immer in der letzten Zeit, einige Tage zu spät ankam.

Wenn Angela an ihre Mutter und den Bruder dachte, so wünschte sie oft, sie könnte mehr kindliche Liebe äußern, aber sie war froh, wenn sie allweihnachtlich nach Hause fuhr, und noch froher, wenn sie wieder wegfahren konnte. Mutter und Tochter hatten sich wenig zu sagen, Angela führte ein zu selbständiges Leben, als daß sie für die Lebensführung ihrer Mutter irgendein Interesse hätte aufbringen können.

Am Abend dieses Tages fand in der Philharmonie ein Konzert statt, das Angela wie ein besonderes Geburtstagsgeschenk erschien. Unter der Leitung von Bruno Walter fand eine Aufführung der Gesangssinfonie „Das Lied von der Erde" von Gustav Mahler statt. Angela liebte sie besonders; die Weisheit der chinesischen Gedichte Li-Tai-Po wurden durch die Musik noch verdichtet, es war die Melancholie der Weisheit und das Überschäumen der Jugend, das da gesungen wurde.

Daß Angela mit dem Oberarzt ins Konzert ging, war selbstverständlich; sie hatten zwar nicht immer denselben musikalischen Geschmack, aber achteten den des anderen.

Dr. Altherr wartete auf Angela, die sich bemühte, pünktlich zu sein. Er stand im Eingang des Krankenhauses und ging auf und ab, dabei rauchte er eine Zigarette und war so vertieft in seine Gedanken, daß er Angelas Erscheinen kaum bemerkte. Sie sagte:

„Guten Abend, Herr Oberarzt."

Altherr schrak etwas auf, als er die junge Ärztin erblickte, aber besann sich gleich wieder und sagte:

„Ich habe über etwas sehr Unmusikalisches nachgedacht, Angela, ich bin doch ein alter Feldscher..."

Und Altherr wollte einige fachmännische Überlegungen zum besten geben, aber Angela faßte seinen Arm und sagte:

„Heute Abend wünsche ich keine Fachsimpelei, Herr Kollege ...“
Altherr schien sehr bestürzt zu sein:
„Sie haben ja tausendmal recht, ich bewundere Sie, Angela. Wenn ich das auch könnte, alles das vergessen: dieses ganze Doktorn und Schnippeln, und heute ist ja Ihr Tag: Musik und Geburtstag.“
„... es regnet und ich brauche einen Wagen.“
Der Portier des Krankenhauses holte eine Autodroschke, und dann ging es zur Bernburger Straße, in die Philharmonie, vor der die Menschen sich stauten und hineindrängten.
„Was ist die Zugkraft? Mahler oder Walter?“
Altherr sagte galant:
„Es ist nur Ihr Geburtstag ... Deswegen kommen alle Menschen, Sie werden ja sehen.“
Angela ging auf seinen Witz ein und sagte:
„Deswegen habe ich ja auch mein bestes Kleid angezogen.“
Altherr und Angela nahmen ihren gewohnten Platz ein, in der ersten Reihe einer Loge. Es waren meist dieselben Gesichter um sie herum, aber heute waren auch neue darunter, da es Abonnenten gab, die die moderne Musik verabscheuten. Trotzdem der Komponist schon acht Jahre tot war, galt er doch als ein Vertreter der jüngsten Musik. Altherr mußte zugeben, daß Mahler ihm zu „wild“ sei, aber Angela meinte:
„Halten Sie nur ruhig aus, Herr Oberarzt, erstens sind Sie nicht so alt wie Sie tun und zweitens ist es mein Geburtstag.“
Altherr bevorzugte die klassische Musik, am liebsten hörte er Bach. Schon Beethoven erschien ihm zu „menschlich“, aber Mozarts durchsichtige Leichtigkeit war für ihn das eigentliche Ideal des musikalischen Ausdrucks. Schubert und Schumann waren für ihn die Vertreter einer Romantik, die er, wie er sagte, nicht immer ertragen konnte. Wagner war für ihn undiskutabel; Richard Strauss nannte er einen begabten Dekorationsmaler mit zu grellen Farben.
Angela hatte für diese Ansichten nur ein mildes Lächeln, wenn er ihr sagte:
„Was lieben Sie denn eigentlich in der Musik?“
Dann sagte sie:
„Ich liebe die Musik von Palestrina bis Gustav Mahler und wenn es geht auch die, die wir noch nicht hören, ich meine die Musik unserer Zeit. Sie sind unlogisch, Herr Oberarzt, in Ihrem Beruf lieben Sie die modernste und sauberste Technik, aber in der Musik sind Sie für Staub und Patina.“
Altherr nahm es nicht so ernst, was Angela sagte, er hörte sie gern sprechen und begnügte sich damit. Er fühlte, daß sie ehrlich war, und das war für ihn die Hauptsache. Er haßte die Lüge in jeder Art; er war mißtrauisch gegen geheuchelte Begeisterung und glaubte den Menschen nur die Hälfte von

dem, was sie vorgaben. Er kannte die Kreaturen, wenn sie hilflos und krank waren, er kannte sie gleichsam abgeschminkt. Er liebte Angelas Gesellschaft, weil sie niemals den Versuch machte, ihm ihre Ansicht aufzudrängen. Er hielt nicht viel von den Frauen, besonders nicht von den studierten; Angela war für ihn eine Ausnahme, sie war trotz ihrer ärztlichen Tüchtigkeit natürlich geblieben, und das schätzte er besonders: Natürlichkeit ohne Beschränktheit.

Das Orchester war inzwischen vollzählig versammelt, der Saal der Philharmonie hatte sich gefüllt, der Rang war nicht so gut besucht, aber die oberste Galerie war dicht gedrängt von Menschen. Dort waren die billigeren Plätze, dort konnte man die musikalische Jugend der Stadt finden, Studenten, Musikschüler und hoffnungsvolle Genies aus allen Berufen. Dort war der Enthusiasmus zu Hause, der ohne Alter ist und ewige Jugend in sich hat.

Dort oben saß auch Daniel Erdmann, der zum Leben Zurückgekehrte, er saß da, hatte seinen Kopf in beide Hände gestützt und entdeckte plötzlich den dunkelblonden Scheitel der jungen Ärztin. Er wußte nicht den Grund, aber er freute sich. Gleichzeitig wünschte er, daß Angela neben ihm sitzen würde, und er beneidete den Begleiter sehr, den er nicht kannte.

Bruno Walter stand auf dem Podium, er hatte die Partitur vor sich liegen, blickte flüchtig hinein, klappte sie zu und überreichte sie dem Konzertmeister mit freundlichem Lächeln. Er warf einen kurzen Blick auf die Zuhörer, von denen einzelne klatschten, dann aber schlug der Taktstock zweimal hart auf.

... Ein Hornruf ertönte, leise wie eine Frage, dann gellten die Trompeten auf, die Streicher antworteten mit einem aufwärts eilenden Schwung, die Tenorstimme setzte ein: „Das Trinklied vom Jammer der Erde“ ertönte. Die Stimme des Tenors war kaum zu hören, sie war auch nicht wichtiger als die kleinste Orchesterstimme. Es war ein Zusammenballen der leidenschaftlichen Akkorde, ein Tonmeer rauschte, und die Stimme klang klagend: „... dunkel ist das Leben, ist der Tod“.

Die Trompeten wurden gejagt, Flöten gellten schrill, die Melodie des Menschenherzens stieg auf und ab und endete in einem schrillen Akkord.

Wie um den Beifall zu verhindern, hebt der Dirigent beschwörend seinen Arm, dann beginnt der monoton-schmeichelnde Gesang der Celli, eine Oboe klingt klagend über dem raunenden Triolengesang des Einsamen im Herbst. Eine Altstimme singt von Nebeln, die über den See wallen, „... ich weine viel in meinen Traurigkeiten“. Wallender Herbstnebel zieht über den blauenden See, der zwischen den Gebirgen liegt, dessen Bergufer dunstig sind und deren Spitzen in den Wolken verschwinden. Der melancholische Gesang endet in einem wehen Schrei:

„... Sonne der Liebe, wirst du mir niemals scheinen ... um meine Tränen aufzutrocknen."
Der zweite Satz ist zu Ende, nun beginnt sofort das Lied: „Von der Schönheit". Wie Perlenschnüre bilden die Flötenmelodien eine zierliche Brücke aus Porzellan in zwingendem Bogen zu dem Tempel, der da wie ein Pavillon sich im klaren See widerspiegelt. Wie eine chinesische Zeichnung von Anmut und Duft ist dieser musikalische, glitzernde Einfall, hauchdünn wie Spinnweben ist das Gemälde einer sorglosen Jugend, die nichts kennt als Liebesglück unter blauendem Himmel.
Nun kommt der vierte Satz, der den Titel trägt: „Von der Jugend". Ein Reigen hebt an, von jungen Mädchen auf einer Blumenwiese getanzt, sie pflücken Blumen und binden sie zu Girlanden. Dann kommen Pferde daher gestampft, große, feurige Rosse, auf denen junge Männer sitzen, sie sind nackt und winken den jungen Mädchen zu, die ihnen die Kränze zuwerfen, mit denen sie sich schmücken und ihre Blöße verhüllen. Ein seliges Wogen und Wiegen hebt an; dazwischen hört man das ungeduldige Stampfen der Pferde, die Jünglinge schwingen sich auf deren Rücken, ein jeder reißt ein junges Mädchen zu sich empor. Fort geht diese wilde Jagd der Jugend und Ausgelassenheit in sich überstürzendem Rhythmus, schneller und schneller stürmen sie in die Himmel ihres Glücks.
Das Orchester spielt die verschlungenen Melodien, die sich gegenseitig steigern zum lautesten Fortissimo bis zum Dröhnen der Pauken; plötzlich ertönt dieselbe Melodie zart und leise, der Wind kommt von den Bergen, man weiß nicht, ob es der Wind ist oder der Atem der jungen Menschen, die in seliger Umschlingung auf den Pferderücken dahinrasen.
Im jubelnden Klang endet dieser Satz, der ein farbentrunkenes Gemälde hinmalt, ein Bild, das nicht verblassen kann, solange die Sonne scheint, die im Zenit des Himmels leuchtend steht.
Torkelnd und lallend singt der Trunkene im Frühling sein Lied, das keinen Unterschied zwischen Wein- und Frühlingsseligkeit kennt.
„Was geht mich denn der Frühling an ... laßt mich betrunken sein ... und wenn ich nicht mehr trinken kann, dann schlaf ich wieder ein."
Nach diesem trunken-seligen Gesang geht es wie ein Aufatmen durch die Zuhörer, die sind mitgerissen, hingerissen und außer sich. Die Musik hat sie über sich selbst hinausgeführt, sie sitzen atemlos und gespannt da und warten auf das Kommende.
Langsam, dröhnend, mit einem Gongschlag beginnt der schleppende Satz, der den Titel hat: „Der Abschied". Es ist ein großer Monolog eines, der Abschied nimmt von der Erde. Eine Altstimme singt fast ausdruckslos: „Die Sonne scheidet hinter dem Gebirge ... aus allen Tälern steigt der Abend nieder."

Die dunklen Bässe malen den schleppenden Gang des Wanderers, der den Bergen zugeht. Die Flötenstimmen malen den Gesang der Vögel, die müde in den Zweigen hocken. Es ist die Rhapsodie der Einsamkeit, die hier erklingt, mit mystischen Urlauten, mit leisem Dröhnen der Becken und des Gongs. Die Stimme singt: „Mir war auf dieser Erde das Glück nicht hold". Die Violinen singen einen klagenden Gesang, untermalt von den Celli und den Klarinetten. Der Rhythmus dieser Musik ist völlig aufgelöst; es ist das schwere Atmen eines Sterbenden, eines, der vor sich hin singt: „Ich werde niemals in die Ferne schweifen ... still ist mein Herz und harret seiner Stunde."

Ein lang hallender Gongschlag ertönt, die Musik malt die Stimmung auf hohen Gipfeln, wo nichts mehr von der Erde zu hören ist, kein Lärm dringt aus dem Tale ... Doch, ist das nicht eine Herdenglocke? Es kann auch ein Vogel sein, der im Schlaf aufgesungen hat. Der Urlaut der Schöpfung beginnt zu tönen; das Lächeln des Wunschlosen erglänzt. Er breitet die Arme aus, hält sie wie segnend über das Tal der Erde und singt: „Ich gehe und wandele in die Berge und suche Ruhe für mein einsam Herz ..." Nun tönen die Violinen, die Harfen singen, und der Glockenton der Celesta erklingt wie unwirklich, es sind perlende, silberne Töne, nicht mehr von dieser Welt. Die dunkle Stimme raunt und singt: „Ewig ... ewig ... blauen die Fernen ..." Und dann rauscht das Orchester auf, leise, fast unhörbar: „Die liebe Erde ... blüht auf im Lenz ... und ewig blauen die Fernen ..." Das Wort „ewig" ist hörbar, man weiß nicht, ob es die Menschenstimme singt, ob es der Violingesang oder die Harfenmusik ist ... vielleicht singt es in der Glockenarabeske der Celesta. In perlenden und glitzernden Tönen raunt das Wort „ewig", bis das Pianissimo des Orchesters erstirbt.

Altherr und Angela standen auf der Bernburger Straße, es regnete etwas, und ein warmer Wind wehte über sie hin. Altherr hatte den Schirm aufgespannt und hielt ihn über Angela.

In diesem Augenblick sah sie Daniel im Schatten eines Hauses stehen, sie fühlte seinen Blick und die Frage, die in ihm enthalten war.

Aufgewühlt und beunruhigt durch die Musik, war sie nicht in der Lage, irgendeinen Entschluß zu fassen. Und Altherr wartete darauf, mit ihr allein irgendwohin zu gehen, sie war sicher, daß er dies erwartete; heute an ihrem Geburtstag.

Aber da war Daniel, der Mensch, den sie überhaupt nicht kannte, mit dem sie nichts anderes gesprochen hatte als was ein Arzt zu einem Patienten sagt, Daniel stand da und wartete.

Zwei Menschen warteten auf Angela.

Sie wußten nichts voneinander, diese zwei, aber Angela fühlte sich wie umstellt und war unfähig, sich zu bewegen. Da sagte Altherr:
„Wir wollen einen Wagen nehmen, Angela, und irgendwohin fahren, wo wir essen und plaudern können, nicht wahr?"
Angela sagte, und sie wußte es selbst kaum:
„Ich bin plötzlich so müde, das Konzert war sehr anstrengend. Jetzt irgendwohin zu gehen, ist mir unmöglich."
Sie fühlte Altherrs Enttäuschung, sie wußte, daß er im Augenblick verzweifelt über ihre Ablehnung war.
„Ich möchte bis zum Potsdamer Platz zu Fuß gehen", sagte Angela; sie nahm Altherrs Arm, überquerte die Straße, so daß sie an Daniel vorbeikommen mußte. Sie verlangsamte ihre Schritte, so daß Daniel sie genau sehen konnte. Er zog seinen Hut als er sie erblickte, tief und beinahe altmodisch, so daß Altherr meinte:
„Was haben Sie für dunkle Bekanntschaften, Angela?"
Sie antwortete nichts und beschleunigte ihre Schritte.
Als sie allein im Taxi saß, das sie ins Krankenhaus Moabit fahren sollte, wurde ihr plötzlich bewußt, daß sie heute einen Mann beglückt und den anderen unglücklich gemacht hatte. In ihr stiegen die Worte des Li-Tai-Po auf: „Dunkel ist das Leben, ist der Tod".
Als sie in ihrem Zimmer ankam, fiel ihr ein, daß ihre Mutter ihr eine Flasche Rotwein geschickt hatte.
So tröstete sich Angela an ihrem 30. Geburtstage. Zwei Männer waren ratlos um ihretwillen, währenddem sie traumlos schlief.

18. Kapitel

Flucht und Rettung

Im Winter dieses Jahres wurde es klar, daß sie ihre Stellung im Krankenhause nicht länger behalten konnte. Die Ärzte, die im Kriegsdienst gewesen waren, verlangten nun dringend, ihre früheren Positionen wieder einzunehmen.

Daß Altherr alles versuchte, um sie bei sich zu behalten, war selbstverständlich, aber seine Macht war begrenzt. Es war im Jahre 1919, als Angela wußte, daß sie zum kommenden Frühjahr ohne Anstellung sein würde.

Sie verlor nicht den Mut, sie war keineswegs ratlos, denn sie fühlte in sich, daß es ihre Bestimmung sei, ihre Tätigkeit in Berlin zu beenden.

„Warum wollen Sie denn nicht in eine Privatklinik als Assistentin gehen, Angela? Ich werde in nächster Zeit mich zu ähnlichem entschließen", sagte Altherr, als er mit Angela allein war.

„Aber Sie gehen doch nicht als Assistenzarzt", meinte sie spöttisch und freundschaftlich zugleich, und der Chefarzt nickte:

„Selbstverständlich nicht, dazu bin ich zu alt, aber es gibt so manche Privatkliniken hier, die einen neuen Chef suchen, und da könnte ich eine Assistentin sehr gut gebrauchen. Habe ich mich klar genug ausgedrückt?"

Angela sah ihn an:

„Ich müßte nun sagen, daß Ihr Antrag mich ehrt, Herr Chefarzt, und dabei haben Sie mir gar keinen Heiratsantrag gemacht."

Altherr erschrak:

„Was reden Sie da, Angela, Sie eilen den Ereignissen etwas voraus."

„Und deshalb sagte ich es; es ist nicht nötig, solange zu warten, bis ich ‚nein' sagen muß. Deswegen finde ich, daß Sie über meine Pläne Bescheid wissen müssen."

Altherrs Gesicht war plötzlich das eines alten Mannes geworden, er stützte seinen Kopf in die Hand und sagte:

„Mein Gott ... Angela, wie brutal ist doch die Jugend."

Angela legte ihre Hand auf die seine und sagte:

„Ich wollte Sie nicht kränken, Altherr, denn Sie stehen mir sehr nahe, das wissen Sie. Ich finde nur, daß es an der Zeit ist, genau zu wissen, was man will."

„Was ich will?“ sagte Altherr, „ich will mich vor allen Dingen nicht von Ihnen trennen, das ist meine Brutalität, wenn Sie es so bezeichnen wollen. Wir alten Menschen scheinen nicht so ungeduldig zu sein wie ihr jungen. Und dabei haben wir es eiliger als ihr.“
Angela stand auf und ging zum Fenster, sagte:
„Ach, lieber Freund, das ist das Allerschlimmste, daß man immer einem Menschen weh tun muß, wenn man sich entscheidet. Sehen Sie, wenn ich jetzt ‚ja‘ sagen würde und eine Konzession mache, dann müßte ich Ihnen später wehtun, das weiß ich.“
„Man sollte eben in meinem Alter nicht mehr lieben“, sagte Altherr und trat neben Angela ans Fenster.
„Lieben? Ich weiß gar nicht mehr, was das ist. Sie sind mir so nah wie kaum ein anderer Mensch. Aber ich liebe Sie nicht, Altherr, verzeihen Sie. Ich habe mich einmal in diesem Gefühl ausgegeben ... aber seit zwei Jahren ist es tot in mir. Ich glaube kaum, daß es noch einmal so etwas geben wird, das, was man Liebe nennt. Ich will aufs Land gehen, Altherr, ich will Bauer werden und Tierzüchter und dann noch Arzt. Und das sind drei Probleme, die ich lösen muß. Und ich sehe da keinen Platz für Liebe.“
„Sie sind merkwürdig, Angela, ich habe keine Liebe erwartet, Sie haben mich geradezu zu Geständnissen gezwungen, zu etwas voreiligen, ich meinte nur etwas von Zusammenarbeit. Aber Sie haben Ihre festen Pläne, Angela, und wenn Sie anstatt ‚Liebe‘ meine Person setzen, so passe ich auch nicht hinein. Ich bin eben das, was man bei den ‚Preußen‘ überzählig nannte oder, präziser ausgedrückt: überfällig.“

Ein paar Tage verlebte sie bei ihrer Mutter, der sie nichts von ihren Plänen erzählte. Sie erwähnte nur, daß sie sich um eine andere Stellung bekümmern würde, aber sie sagte nichts Näheres.
In den ersten Apriltagen 1919 fuhr sie in das kleine Moordorf, in dem sie nach Hermanns Tode gewesen war.
Als der Kleinbahnzug durch die weite Moorlandschaft bimmelte, als sie die Kanäle, die Segelboote, den „Weyerberg“ mit seiner charakteristischen Waldmütze wiedersah und die kleine Kirche, da fühlte sie sich zu Hause. Sie kannte zwar niemanden recht, aber sie empfand die Landschaft um Worpswede in ihrer düsteren Schönheit wie eine tiefe Beruhigung.
Sie stand am Fenster des rüttelnden Zuges, und vor ihr war die Gestalt Hermanns, ungreifbar wie ein Schatten und doch viel klarer als alles Lebendige der letzten Jahre. Der Geliebte ihres Lebens lockte sie zart und behutsam in das Land, das er so geliebt hatte. Aber für sie war es keineswegs eine Fahrt in die Vergangenheit, sie begriff klarer und klarer, daß sie hier ihr

Leben aufbauen würde, daß sie Träume ihrer Kindheit verwirklichte wie die Sehnsüchte ihrer jungen Jahre.
Als sie ausstieg und den zierlichen Bahnhof der Künstlerkolonie betrachtete, da mußte sie über die fehlende Begrüßung, die ihr zuteil wurde, beinahe lächeln. Sie dachte: Eine Heimkehr in die Fremde ist das, niemand weiß wer ich bin, kein Mensch ahnt etwas von mir.

Sie gab ihr Gepäck einem Jungen, der mit seiner Schiebkarre am Bahnhof herumlungerte. Da sie nicht wußte, wo sie bleiben würde, ging sie erstmal in das Hotel „Stadt Bremen". Es war kein Hotel im üblichen Sinne, vielmehr ein strohbedecktes Bauernhaus mit sechs Zimmern, die sehr einfach möbliert und für die Durchreisenden bestimmt waren. Eine richtige Bauerndiele bildete die Empfangshalle, nur die Gaststube war mit erlesenen alten Möbeln angefüllt.
Hier sah man auch Bilder der Worpsweder Künstler an den Wänden hängen. Es waren meist Ölstudien, welche die Worpsweder Landschaft und ihre Welt darstellten. Auch die berühmten Radierungen von Heinrich Vogeler, die zarten und märchenhaft anmutenden kleinen Bilder, waren an den Wänden zahlreich vertreten.
„Wie lange wollen Sie denn bleiben?" fragte der Wirt Diederich Geffken und sah Angela neugierig an.
Angela war etwas verlegen, sie kämpfte mit sich, ob sie dem biederen alten Mann, der da in Wolljacke und Holzpantoffeln vor ihr stand, die Wahrheit sagen sollte.
Ohne es recht zu wissen, sagte sie:
„Ich bin Ärztin und möchte gern bald eine kleine Wohnung haben."
Geffken nahm die Pfeife aus dem Mund, die er, ohne sie zu rauchen, immer zwischen den Lippen hatte. Ihn regte diese Nachricht ordentlich auf. Vor lauter Verlegenheit sagte er:
„Nun setzen Sie sich erstmal, wir wollen darüber sprechen."
Und dann fragte Geffken die junge Ärztin gehörig aus; er wollte alles wissen, und Angela gab ihm genaue Auskunft, trotzdem es ihn ja gar nichts anging.
„Wir haben ja schon 'nen Doktor hier, den Dr. Boettjer, wissen Sie ... Aber der ist ja man auch gar nicht mehr richtig zuwege."
Der Wirt schien sich an seinem eigenen Redeschwall zu begeistern: er kam vom Hundertsten ins Tausendste und erzählte Angela nicht nur die Geschichte des Dorfes, sondern berichtete auch von jedem Dorfklatsch. Angela verlangte schließlich für ein paar Nächte ein Zimmer zu bekommen und erhielt es auch.

Es war, wie Geffken sagte, der schönste Raum des Hauses; es befand sich im ersten Stock, und es führte eine Art Hühnerleiter hinauf. Die Decke war abgeschrägt und der Fußboden etwas wellig; ein altertümlich großes Bett stand in der Mitte des Zimmers, und vor dem breiten, niedrigen Fenster stand ein Tisch mit einer Blumenvase, in der bunte Strohblumen steckten.

Angela stellte fest, daß das Zimmer etwas nach Feuchtigkeit und Moder roch, aber sie erinnerte sich an diesen eigentümlichen Geruch vom letzten Aufenthalt her. Alles was sie berührte, Handtücher oder Betten, war feucht, man nannte das „klamm". Es war noch empfindlich kühl in dem Gasthaus, und aus den Öfen kam ein stickiger Torfgeruch. Doch Angela empfand es nicht so sehr, denn sie fühlte in all diesem Unvollkommenen, daß sie fern von der Zivilisation war und näher am Erdboden. Sie wußte tief innen, daß sie hier vieles finden würde, das sie in der großen Stadt entbehrt hatte. Sie fühlte keine Trauer, auf manche Bequemlichkeiten zu verzichten, denn sie wußte, daß es etwas Größeres gab als die kleinen bequemen Dinge des Alltags.

Als sie auf der Straße die Torfwagen vorbeiknarren hörte und den Wind in allen Gegenständen spürte, als sie die Bäume sah, die alt und knorrig waren, als sie an ihnen grünende Knospen erblickte, klopfte ihr Herz.

Sie ging die obere Dorfstraße, überquerte die Heide und ging am Wald entlang, in dem niedrige, krüpplige Kiefern standen. Sie war auf dem Berge, dieser einzigen Erhöhung in der weiten Ebene, sie sah die weiten, verschwimmenden Konturen des Moores und der kleinen Wälder, sie sah die Birkenalleen und die Äste, die schon rot waren von der Nähe des Frühlings. Sie setzte sich an die Stelle, von der aus man eine Aussicht hatte bis nach Bremen hin, die zarte Silhouette der Hansestadt war am Horizont sichtbar, blau und fern.

Unaufhörlich wehte ein Wind, der vom Meere herkam und einen Geruch nach Seetang an sich hatte. Er war auch eine Mischung von Torfgeruch und Erde, schwer und verwirrend. Es war ein kärgliches Land, auf das Angela blickte, doch es barg Blüten und Frucht in sich, man fühlte schon jetzt die Süße des kurzen Sommers, der nach einem regnerischen Frühling folgte.

Als Angela durch die Gärten ging, zwischen den schönen Häusern hindurch, in denen die Künstler wohnten, da hörte sie aus den Gärten eine Amsel singen: schluchzend und fragend. Es rührte Angela, es berührte sie tief, und sie konnte sich nicht erklären, aus welchem Grunde alle diese Dinge der Natur auf sie hier stärker wirkten als in anderen Gegenden. Beim Weiterschreiten wußte sie: Man kann sich an all das verlieren, an diese Kärglichkeit, die im Grunde nur ein verhaltener Reichtum war. Unter dem Staub der sandigen Wege, unter der rissigen Moorerde, unter dem unansehnlichen Heidekraut hörte sie ein Singen und Vibrieren, als ob die Schöpfung vom ersten Erdentage an hier ihren Ursprung gehabt hätte.

Als sie die Steintreppe hinaufging, die zu dem Wohnungseingang führte, zog sie die verrostete, scheppernde Glocke, und Herr Dr. med. Heinrich Boettjer stand da:
„Was wünschen Sie?"
Die Frage klang kurz und unfreundlich. Dr. Boettjer hatte einen Seehundsbart und einen völlig kahlgeschorenen Kopf. Er trug eine Brille mit dicken Gläsern, die seine Augen unnatürlich vergrößerten.
Angela nannte ihren Namen und den Zweck ihres Besuches. Der Landarzt wurde freundlich und bat die junge Kollegin in die Wohnstube. Dort sah es wenig einladend aus; ein Korb mit dicken grauen Strümpfen stand auf dem Tisch, an dem eine Frau saß, die unnatürlich mager war. Sie verschwand sofort, und Dr. Boettjer sagte achselzuckend:
„Entschuldigen Sie ..., das war meine Frau."
Dr. Boettjer hörte, daß seine Kollegin sich in dem Dorf als Arzt niederlassen wollte. Trotzdem er es gar nicht beabsichtigte, riet er ab. Er sagte:
„Was wollen Sie hier in diesem Drecknest? Ich bin nun 37 Jahre hier und bedaure jedes Jahr, das ich hier verschwendet habe. Als ich herkam, fühlte ich mich wie eine Art Missionar, heute aber bin ich nichts weiter als ein brummiger Feldscher. Sehen Sie, Frau Kollegin, Sie können mir wirklich keine Konkurrenz machen, denn die ist hier nicht zu befürchten. Aber der Apotheker Mackeldey ist der absolut richtige Mann hier am Platze. Zu dem gehen die Bauern, bevor sie einen Arzt aufsuchen. Erst fragen sie mal den Apotheker und schlucken auch seine Pillen und Medizin, und wenn sie dann Leibschmerzen bekommen, dann holen sie den Arzt."
Angela hörte das selbstgefällige Gespräch des Doktors noch eine Weile an, sie war so geartet, daß sie es selbst ausprobieren wollte, und sie hatte vor, Erfahrungen zu sammeln. Sie wollte sich nicht mit dem begnügen, was andere ihr erzählten. Sie verließ Dr. Boettjer und hatte das Gefühl, einen Kollegen gesehen zu haben, der ihr wie ein Warnungsbild erschien.
So durfte man nicht werden, nicht so blind und verärgert, nicht so zerwirrt und verworren.
Angela wußte: Hier in der Einsamkeit zu leben war viel schwerer als in der großen Stadt. Die Menschen wurden hier verbogen und verwitterten früher.
So wollte sie nie werden.
Als sie durch den Garten des Doktors schritt, sah sie auf einer Weide, wie ein Kälbchen mit seinen großen Augen sie ansah. Sie blieb stehen; sie ging auf das junge Tier zu, fühlte die unnennbare Weichheit der Schnauze, dann

legte sie ihren Kopf auf das Fell, das wie nach Milch und Heu duftete. Angela war glücklich, unsagbar froh, daß es Tiere gab, schuldlose Lebewesen, die nichts weiter wollen als dasein und fressen.
Sie dachte: Tiere werden mich retten.

19. Kapitel

Narrenfreiheit

Franz Theodor Knagge war überzeugt, daß es seit hundert Jahren keinen Maler gegeben habe, der an ihn heranreicht. Er stand ziemlich allein mit dieser Ansicht, aber er verlangte keine Anerkennung, weil er die Zeit verachtete. Er bewohnte ein Bauernhaus, das er nach seinen eigenen Entwürfen umgebaut hatte; was früher die Bauerndiele gewesen war, das bildete jetzt den Hauptraum des Hauses. Ein großer, kreisrunder Tisch stand in der Mitte, um ihn herum befanden sich hohe Lehnstühle im Bauernstil. Auf dem Tisch war eine Schale mit Blumen, die täglich erneuert wurden. Eine gewundene Treppe führte nach oben in das große Atelier, das er ausgebaut hatte und von einem Fenster beherrscht wurde, das in das Strohdach hineingeschnitten war. Rechts befand sich ein Vorhang, der reich bestickt war und hinter dem das Bett stand. Denn Franz Theodor mußte im selben Raum schlafen, in dem seine Werke entstanden; er hatte das Bedürfnis, nachts aufzustehen und an einem der ewig unvollendeten Bilder herumzumalen, die auf den drei großen Staffeleien standen. Unten befanden sich die Küche und das Wohnzimmer sowie das Schlafzimmer seiner Frau.

Clara Knagge trug stets sehr geblümte Kleider, denn das liebte ihr Mann. Sie war einst ein hübsches Mädchen gewesen, eine Lübeckerin, die das väterliche Erbteil mit in die Ehe gebracht hatte.

Sie betete ihn an. Franz Theodor schien ihr die Verkörperung des vollendeten Menschen zu sein. Sie war zu unerfahren, um zu sehen, daß die vielseitigen Talente ihres Mannes alle dilettantisch waren. Er betätigte sich in allen Künsten: Musik, Malerei, Dichtung und Bildhauerei. Er brachte zu allem ein gewisses Geschick mit, das aber nicht Kunst genannt werden durfte.

Er hatte neben seinem Haus einen kleinen Tempel gebaut, der aber nicht aus griechischem Geist geboren war, sondern aus schweren Holzbalken mit Schnitzereien geformt war. Ein Strohdach bedeckte den ovalen Bau, in dessen Innern sich die Kunstausstellung befand, die den Fremden zugänglich war.

Natürlich war an einem Baum im Garten an der Straße ein Holzschild befestigt: Franz Theodor Knagge, Kunstausstellung.

Die sonntäglichen Besucher der Künstlerkolonie fanden sich manchmal bereit, ein Ölbild oder eine kleine Radierung des „Meisters" zu kaufen. Da das Geld immer mehr an Wert verlor, so gehörte eine große Geschicklichkeit dazu, genügend zu verdienen, um das Notwendigste anzuschaffen.
Als Angela eines Tages an dem Haus des Malers vorbeiging, stand Franz Theodor im Garten und beschäftigte sich damit, seine Obstbäume zu beschneiden. Er wußte wie alle Dorfbewohner von dem „neuen Doktor" und war sehr neugierig auf sie.
Über den Zaun hinweg begann ein Gespräch, das sich um Malerei und Kunst drehte. Angela war amüsiert, daß der Maler, ohne zu erröten, seinen Namen in einem Atem mit van Gogh oder Rembrandt nannte. Sie trat auch ein, um die Kunstausstellung zu besichtigen, und wurde dann ins Haus geführt, wo Clara gleich ihr Leid klagte und sie um irgendeinen medizinischen Rat bat.
Angela lernte noch andere Künstler kennen, solche, die nicht eine so hohe Meinung von sich selbst hatten wie Franz Theodor Knagge.
Da war der Maler Fleischmann, der weit draußen im Moor wohnte, in einem ziemlich verkommenen Hause. Niemand hatte Fleischmanns Gemälde gesehen, man erzählte, daß sie auf dem Boden seiner Wohnung in Stapeln aufgestellt waren. Fleischmann ging nur aus, wenn es schon dämmerte oder dunkel war. Dann ging er in das kleine Wirtshaus von Luedecke, wo er sein kleines Glas Bier trank und dazu einen Korn.
Luedecke war der einzige Mensch, zu dem er ein Wort sprach; er redete sonst zu niemandem. Fleischmann sprach übrigens nur in Bibelzitaten, aber keiner konnte sagen, ob er wahrhaft gottesfürchtig war. Denn schließlich rauchte er schwarze Brasilzigarren und trank Bier und Schnaps.
Angela wohnte beim Schuster Harjes, der ein fast neues Haus sein eigen nannte. Das alte war ihm durch einen Blitzschlag eingeäschert, und die Versicherung hatte ihm soviel bezahlt, daß er sich ein richtiges Steinhaus bauen konnte. Es hätte aber nicht viel gefehlt, daß Harjes überhaupt kein Geld bekommen hätte, denn nach dem Blitzschlag brannte zwar sein Strohdach ab, aber die Grundmauern blieben stehen. Erst die einsichtige und tätige Mithilfe der Nachbarn hatte auch diese so demoliert, daß von einem Totalschaden gesprochen werden konnte.

Angela befand sich an diesem Abend in ihrer Wohnung. Es war schon spät, nach zehn Uhr; da ertönte plötzlich das schrille Rasseln der Arztglocke. Angela runzelte die Stirn, öffnete das Fenster und rief hinunter:
„Wer ist da?"
Eine lallende Stimme antwortete ihr:

„Ich bin Fleischmann … der Maler …, ich möchte Sie konsultieren."
Angelas Stimme wurde scharf:
„Ich habe morgens von 10–12 Uhr und nachmittags von 5–7 Uhr Sprechstunde …, kommen Sie gefälligst dann."
Sie schloß das Fenster, aber die Glocke ertönte wieder. Angela entschloß sich, die Treppe hinunterzugehen um zu öffnen. Der Maler Fleischmann war ziemlich betrunken, das sah Angela, aber schließlich war er ein Patient, den man anständig behandeln mußte.
Nachdem Fleischmann mühsam die Treppe hinaufgeklommen war, ließ er sich in einen Stuhl fallen und sagte:
„Entschuldigen Sie bitte, Herr Doktor, aber ich muß Sie sprechen."
„Ich bin kein Herr, aber ich bin ein Doktor; also was wollen Sie?"
Fleischmann erzählte ihr von seinem Leiden, das er nun 27 Jahre hätte.
„Und darum müssen Sie spät in der Nacht zu mir kommen, weil Sie 27 Jahre lang krank gewesen sind?"
Fleischmann sah sie mit ziemlich blöden Augen an, er atmete schwer als er sagte:
„Ich habe so komische Vorstellungen, die mich quälen. Es ist, glaube ich, mein Herz, das drückt mich so, und mein Kopf …, der kann auch nicht so wie ich will … Sie müssen mich mal ganz untersuchen."
Angela sah den betrunkenen Mann da sitzen und dachte: Das ist also mein erster Patient. Ich werde ihm etwas geben müssen, das ihn beruhigt. Laut sagte sie:
„Ich werde jetzt mal Ihr Herz untersuchen, Herr Fleischmann."
Und dann holte sie ihr Stethoskop und horchte sein Herz ab.
Sie sagte:
„Sie dürfen nicht soviel trinken, Herr Fleischmann, das ist alles, was ich Ihnen sagen kann."
Fleischmann war aber mit diesem Urteil nicht zufrieden, er sagte:
„Daß ich besoffen bin, weiß ich selbst. Aber sagen Sie mir gefälligst, was ich dagegen tun soll, daß ich nicht immer trinke."
Angela setzte sich in ihren Sessel und fühlte den Puls des Patienten. Sie mußte feststellen, daß dem Mann nichts fehlte; so beschloß sie, ihm eine starke Tasse Kaffee einzuflößen. Sie bereitete den Kaffee und goß ihm eine Tasse ein.
Fleischmann trank sie gierig aus und sagte:
„Sie haben mir das Leben gerettet, Frau Doktor, und nun will ich auch bezahlen."
Angela meinte:
„Sie sind mir nichts schuldig, Herr Fleischmann, denn die Störung am Abend kann ich nicht berechnen."

Fleischmann, der nun sichtlich nüchterner war, sagte:
„Dann will ich Ihr Portrait malen, Frau Doktor“, er zog ein Stück Kreide aus der Tasche und bat um ein Blatt Papier.
Aber Angela wehrte ab:
„Nein, nicht jetzt, dann komme ich mal zu Ihnen zu einer richtigen Portraitsitzung.“
Fleischmann protestierte:
„Nein, eine Frau darf mein Haus nicht betreten.“
„Aus Prinzip?“ Angela war sehr belustigt und froh, daß die Bezahlungsfrage nun gelöst war.
Aber Fleischmann meinte:
„Ich komme morgen früh zu Ihnen, mit meiner Feldstaffelei und Leinwand und meinem Malkasten. Ich male Ihr Portrait, denn Sie haben einen ganz famosen Kopf.“
Angela sagte zu allem „Ja“ und setzte es auch durch, daß der begeisterte Maler bald verschwand.
Als sie allein war, wußte sie nicht recht, ob sie das Ganze komisch nehmen sollte oder nicht. Ihr wurde aber klar, daß es nicht so einfach werden würde, unter diesen Künstlern und Verrückten den Doktor zu spielen.

Angela lag in dieser Nacht in ihrem Bett, ohne einschlafen zu können. Es war ihr ein ungewohnter Zustand, denn in dem Augenblick des Niederlegens löste sich die Müdigkeit und Schwere des Tages von ihr, sie hatte das Gefühl, in die weiche Wiege des Nichts zu versinken.
So war ihr Schlaf wie ihr Wachsein; sie tat beides mit gleicher Hingabe, und nichts war es, das sie daran verhindern konnte. Doch in dieser Nacht erschien es ihr unmöglich Schlaf zu finden, und sie lauschte auf das Knarren der Torfwagen auf der Straße. Es war die nächtliche Musik Worpswedes: das knarrende Geräusch der nach Bremen fahrenden Wagen, Nacht für Nacht, immer dasselbe Geräusch. Und dann hörte sie in der Ferne einen Hund bellen, sie wußte genau, welcher Hund es war; es war der vom Schlachter Viohl. An einer langen Kette, die an einem Draht hing, der zwischen zwei Bäumen aufgespannt war, lief er hin und her.
Nur der Städter glaubt, daß auf dem Lande Ruhe herrschen würde; der Dorfbewohner weiß es besser. Es ist leichter, das rasselnde Lärmen von Straßenbahnwagen und das Tuten von Automobilen zu ertragen als das Hundebellen, Wagenknarren, das Geblök von betrunkenen Stimmen und auch den heulenden Wind, der die nächtliche Musik des Dorfes bildet.
In Angelas Gehirn wurde das nächtliche Geräusch des Dorfes zur schmerzhaften Qual. Der Hund bellte, die Wagen knarrten, Betrunkene sangen

irgendwo auf der Straße, und immer knarrte es, rumorte es, scharrte es und bildete einen quälenden Akkord in dieser Sinfonie der nächtlichen Stille. Der Wasserhahn tropfte, eine Tür schlug zu, und der Wind rüttelte an einem Fenster: Das war die Stille der Nacht.

Und wenn Angela dann eingeschlafen war, schrillte die Arztglocke in ihr müdes Gehirn, zerrte sie aus dem Bett und zwang sie, sich anzuziehen, um auf dem Fahrrad durch sandige Moorwege in ein entferntes Dorf zu fahren. Das war so üblich. Aber in dieser Nacht der Schlaflosigkeit schreckte sie niemand aus dem Bett, doch je weiter die Nacht vorrückte, um so wacher wurde Angela.

Sie gehörte nicht zu den Menschen, die in schlaflosen Nächten über ihr Leben nachdachten, denn sie nahm das Dasein hin ohne Fluch und ohne Dank; sie lebte so wie jemand eine Funktion erfüllt, nichts weiter sonst.

Doch hätte sie das alles nicht ertragen können, wenn nicht die Musik in ihr geklungen hätte, die fortdauernde, immerwährende Musik aller Großen, die in ihr tönte und nur im Schlaf verstummte.

Wenn Menschen zu ihr sprachen, dann lächelte sie oft vor sich hin, und man konnte keinen Zusammenhang ersehen. Aber das sparsame Angelalächeln galt ja nicht dem Redenden vor ihr, sondern dem hüpfenden Scherzo, das die Geigen in ihr eben spielten.

Es war zwei Uhr morgens, als Angela sich entschloß aufzustehen. Sie setzte sich in den großen Bauernstuhl, nahm ein Buch aus dem Schrank und versuchte zu lesen.

Sie hätte ein Schlafmittel nehmen können, gewiß, sie hatte genügend davon zur Hand. Aber sie war so geartet, daß sie es sich strikt verboten hatte, ohne Grund sich selbst zu betäuben. Ihre Augen brannten, aber sie war in einen Zustand geraten, der jenseits aller Müdigkeit war. Sie saß in ihrem Stuhl, hatte das „Stundenbuch" von Rainer Maria Rilke vor sich und las die Verse, die sie so sehr liebte, daß sie sie auswendig wußte:

„... Wer seines Lebens viele Widersinne
versöhnt und dankbar in ein Sinnbild faßt,
der drängt
die Lärmenden aus dem Palast,
wird anders festlich, und du bist der Gast,
den er an sanften Abenden empfängt ..."

Angela sprach die Worte vor sich hin und empfand sie, als ob sie selbst es ausgesprochen und gedichtet hätte. Und dann kam sie zu dem Vers:

„... Jetzt reifen schon die roten Berberitzen,
alternde Astern atmen schwach im Beet.
Wer jetzt nicht reich ist, da der Sommer geht,
wird immer warten und sich nie besitzen ..."

Angela stand auf und öffnete das Fenster; am Himmel deutete ein heller Schein das Kommen des Morgens an. Sie dachte: War diese Nacht nun sinnloser durch Wachen als durch Schlaf? Ist dieses Nicht-mehr-Wissen nicht eine Flucht in den Tod, nur mit der Garantie, daß man wieder erwacht?
Und in ihrem Innersten wußte sie: Es gibt keine Gewißheit des Wiedererwachens, nur eine Hoffnung.
Und wo ist der Wille zum Leben? Wo die Pflicht, die auf einen wartet? Wo ist das alles, das der Mensch sich aufbaut, um es zu begründen, daß man leben muß?

Endlich fand Angela den Schlaf, den sie solange entbehrt hatte. Ihr Bewußtsein war ausgelöscht, ihre Gedanken waren tot, sie lag in ihrem Bett und atmete tief und ruhig dem Morgen und dem tätigen Tag entgegen.
Da zerriß ein Lärmen ihr Ohr ... Sie schreckte auf, sie begriff: die Arztglocke.
Als sie das Fenster öffnete, war sie noch ganz taumelig vom Schlaf und von der Übermüdung. Sie roch das feuchte Gras und das Laub, sah die Sonne, die schon über dem Horizont stand; unten auf der Straße stand ein Mann mit einem Pferd und Wagen.
Er wollte sie nach Wörpedorf holen, wo eine Frau in Wehen lag. Sie zog sich rasch an, packte schlaftrunken die nötigen Instrumente in die Tasche. Während sie die Treppe hinunterging, spürte sie brennende Sehnsucht nach einer Tasse heißen, schwarzen Kaffee.

20. Kapitel

Ein Genie ohne Talent

Wenn man Henry Hatje fragen würde, was seine Lebensziele wären, so hätte er ohne Zögern geantwortet:
„Unbegrenzte Zeit, Frauen, Geld und etwas Arbeit."
Diesem Ideale blieb er treu, trotzdem er bald dreißig Jahre alt war, ein Alter, in dem der Mensch sich entscheiden muß, ob er vernünftig werden will oder ob er es vorzieht, in den Tag zu leben und die Dinge auf sich zukommen zu lassen. Wenn man Henry Hatje einen Maler nennen würde, so würde man nur einen kleinen Teil seiner Begabungen kennzeichnen. Er war ein Maler, begabt und voll Können, seine Bilde hatten ein altmeisterliches Gepräge, aber der Gegenstand des Bildes war modern und meist eine Mischung zwischen großer Heiligkeit und Verworfenheit. Aber er war nicht nur Maler, man konnte ihn auch einen Dichter nennen, denn er schrieb in seiner schnörkeligen Handschrift Gedichte voll abgerundeter Schönheit und Form. Deren Inhalt war verworfen und heilig. Wenn man Henry Hatje einen Schauspieler nennen würde, so täte man ihm keineswegs Unrecht, denn er konnte auf den Brettern stehen, wenn sie ihm zur Verfügung standen, er konnte Rollen verkörpern und Menschen darstellen; er konnte sich in eine Figur der Vergangenheit oder Gegenwart verwandeln und war immer glaubhaft. Wenn man Henry Hatje einen Musiker nennen würde, so würde man nur die Wahrheit aussprechen. Er spielte Klavier, rauschend und klangschön, es war meist seine eigene Musik, denn er war kaum fähig, Noten zu lesen. Wenn er in Stimmung war, legte er Uhrketten auf die Saiten des Flügels, und es klang wie ein Orchestrion. Wenn man Henry Hatje einen begaben Menschen nennen würde, so wäre das eine halbe Bezeichnung. Er hatte Talent zu allem und zu nichts, er verschwendete sich, aber er schien sich nie auszugeben, seine Begeisterung war ansteckend, aber niemand konnte sagen, ob sie echt war. Sein Traurigsein konnte viele verstimmen, seine Verzweiflung wirkte herzzerbrechend, aber alles das und vieles mehr noch, alle diese Talente und Blitze, dieses Rauschen und dieses Hantieren mit Ölfarben und Bleistiften, das Werben um Frauen und das Singen der Lieder, die er mit der Klampfe begleitete, alles das waren Ausbrüche eines Genies, dem jedes ordnende Talent fehlte.

Noch etwas war wichtig in Henry Hatjes Leben: die Liebe. Ohne sie konnte er nicht leben, und er war immer in dem Zustande eines verzückt Verliebten. Einst schrieb er das Gedicht, und er schrieb es auf Schwedisch, da er gerade eine Schwedin liebte:
„Ich liebe die Liebe, die es nicht gibt ..."
Henry Hatje war ein Bürgerschreck in reinstem Sinne, er betrog und soff, er log und schnitt auf, aber er tat das alles mit soviel Schwung, daß man es beinahe glaubte.
Im Grunde war Henry Hatje ein verzweifelt Einsamer, der Theater spielte. Er war ein Kind, das seine Furcht dadurch meistern will, daß es in einem dunklen Wald laut singt. So war er, und er hatte heute Freunde, die morgen seine Feinde wurden. Aber selbst diese wurden von seiner Liebenswürdigkeit entwaffnet, wenn sie den Einfall hatten, ihm Vorwürfe zu machen.
Der ganze Apparat der menschlichen Ordnung zerbrach an dem Genie Henry Hatjes, er zerbrach, weil er keine Angriffsfläche fand, er zerfloß ins Nichts vor dem Schwall seiner Lügenhaftigkeit, vor seiner chaotischen Veranlagung, er wurde unwirksam gemacht, weil er nichts hatte, das er in seine bürgerliche Ordnung zwingen konnte.
Als Henry Hatje einen seiner gewöhnlichen Herzanfälle hatte, holte er Angela zu Hilfe.
Sie kam eines Abends im August und wurde von einer weinenden, jungen Frau begrüßt, die im sichtlichen Maße schwanger war. Angela fragte:
„Sind Sie der Patient?"
Aber die junge Frau stammelte nur:
„Mein Mann."
Und dann sah Angela die Bescherung. Sie sah den stöhnenden Mann Henry Hatje, wie er sich auf der Chaiselongue hin und her warf und in dramatischen Ausrufen sich erging. Er schrie:
„Ich muß sterben ..., nichts kann mich mehr retten."
Angela untersuchte des Herz, fand den Puls etwas beschleunigt und sah den Mann als das klassische Beispiel von Hysterie daliegen. Sie verordnete ihm kalte Umschläge und sagte zu dem Patienten:
„Zum Sterben haben Sie noch ziemlich viel Zeit. Sie dürfen einige Zeit keinen Alkohol trinken und nicht rauchen. Können Sie das?"
In diesem Augenblick wurde Hatje ganz ruhig, richtete sich auf, sah Angela mit neugierigen Augen an und sagte:
„Sind Sie eigentlich ein Arzt oder ein Pastor? Meine Seele geht mich allein an, und Sie haben sich nur um meinen Körper zu kümmern."
„Bei Ihnen ist es sehr schwer zu sagen, wo das eine anfängt und das andere beginnt. Sie mischen Körper und Seele zusammen, und das bekommt Ihnen schlecht."

Henry Hatje wurde nun interessiert, denn eine Frau hatte noch nie so zu ihm gesprochen. Der alte Doktor Boettjer hatte ihm immer irgendeine Beruhigungsmedizin gegeben, und das war alles. Hier saß nun eine junge Ärztin vor ihm, die gefährlich zu sein schien, denn sie durchschaute sein Wesen.

Henry Hatje fühlte neue Kräfte in sich, so wie ein Rennpferd, das eine neue Hürde vor sich sieht. Er richtete sich im Bett auf, sagte:

„Reichen Sie mir bitte die Zigaretten her."

Angela blieb ernst; sie sagte:

„Ich habe Ihnen gerade das Rauchen verboten, Herr Hatje, aber Sie ignorieren das. Ich will Ihnen einmal etwas sagen: Sie benutzen Ihre Krankheit, um anderen Leuten zu imponieren, vielleicht haben Sie das für Ihre Kunst nötig, aber ich als Arzt kann nur die Tatsache feststellen. Wenn Sie genug Menschen finden, die Ihnen Ihre Krankheit oder was Sie so nennen glauben, dann können Sie achtzig Jahre alt werden."

Angela erhob sich und wandte sich zum Gehen.

„Warten Sie", sagte Hatje und sprang aus dem Bett, zog sich einen zerschlissenen Bademantel an und setzte sich ans Klavier. Er begann zu spielen. Zuerst zögernd, dann lauter werdend und zuletzt rauschend.

Angela stand in der Tür, sie sagte:

„Ich bin hier nicht zu einem Musikabend, zu Hause warten Patienten."

Sie ging fort.

Hatje warf mit lautem Knall den Klavierdeckel zu.

Angelas Kenntnisse und Erfahrungen wurden von jedem Patienten in Frage gestellt: Was nutzte ihr die Tatsache, daß sie jahrelang im Berliner Krankenhaus leidende Menschen verarztet und geheilt hatte.

Es nützte ihr nichts.

Sie begriff immer mehr, daß sie nun vor einer Aufgabe stand, die ihren ganzen Menschen erforderte. Es waren gewiß keine so schwierigen Fälle, die ihr zu Gesicht kamen, es waren die üblichen Krankheiten, wie sie jedes Lebewesen hat. Und die Bewohner des Moores machten darin keine Ausnahme. Sie besuchten den Doktor meistens auf dem Wege zur Kirche, am Sonntag, sie verbanden das Nützliche mit dem Heiligen, sie hatten den freien Tag für diese beiden Dinge zur Verfügung: den Arzt und den Pastor.

Letzterer war ein Mann, der keinerlei Ehrgeiz hatte, über das, was in der Bibel und dem Katechismus stand, hinauszugehen. Dieser Pastor Bornemann war ein Mensch, der wohl einst seinen Beruf als Seelsorger sehr ernst genommen hatte. Aber der Kampf gegen die Kirchenbehörden hatte ihn

aufgerieben, und er wurde ein Kultusbeamter, der das Wort Gottes verkündete, wie es Vorschrift war.
Bornemann und Angela verstanden sich in keiner Beziehung. Denn Angelas Frömmigkeit war jeder kirchlichen Form abgeneigt. Sie war katholisch erzogen und war der allein-seligmachenden Kirche entwachsen. Sie hatte nichts gegen die Lehre Luthers, aber sie vermißte den Geist des Reformators in seinen Jüngern, die nichts weiter waren als Beamte.
Sicher nannte Bornemann die Doktorin gottlos, aber es stimmte keineswegs. Angela lebte mit den Kreaturen und Geschöpfen Gottes, und daß für sie kein Unterschied zwischen Tier und Mensch bestand, machte sie für jede Konfession unbrauchbar.
Es war Sonntag morgens, wenn die Kirchenglocke bimmelte und die Patienten „mal schnell" dem Doktor ihre Leiden vortrugen.
Angela war wenig freundlich zu den Leuten, sie hatte sich eine Barschheit angewöhnt, die keineswegs ihrer Natur entsprach. Sie durchschaute die Schlauheit aller dieser Landbewohner, die im Grunde keinen Respekt vor dem Stande eines Arztes hatten.
Und was war es auch, das sie zum Doktor führte? Ein Leiden, das entweder keines war oder schon unheilbar genannt werden konnte. Der Arzt war für diese Bauern nichts weiter als eine etwas kostspieligere Angelegenheit als der Apotheker.
Aber da sie alle in der Krankenkasse waren, so war es ein billiger Spaß für sie, die Doktorin zu konsultieren.
Enttäuschend war nur eins: Angela untersuchte sie so gründlich, daß sie viel zu spät zur Predigt in die Kirche kamen oder sogar auf den Kirchgang verzichten mußten. Die neumodischen Gebräuche des weiblichen Arztes verwirrten sie völlig, denn Angela hatte die Gewohnheit, ihre Patienten in möglichst unbekleidetem Zustande zu untersuchen. Manchmal murrte jemand:
„Beim Dr. Boettjer brauchen wir uns überhaupt nicht auszuziehen."
Angela erwiderte auf solche Fragen nur:
„Warum gehen Sie nicht zu Dr. Boettjer?"
Es ist sicherlich nicht angenehm für jemanden, der sich jahrelang weder gewaschen noch gebadet hat, sich zu entblößen, auch nicht für den Arzt. Aber die Tradition des „Nichtwaschens" war zu fest in den Bewohnern des Teufelsmoors verankert, als daß sie irgend jemand durchbrechen könnte.
Man zog sich nur aus, wenn man die Kleider wechselte, und das geschah höchstens in jedem Jahr beim Schützenfest. Sonst lebte und schlief man in denselben Kleidern das ganze Jahr.
So verging der Sonntagvormittag mit anstrengendem Ermahnen, Untersuchen und sehr viel Anschnauzen. Angela war sehr erschöpft und nahe

daran, den Entschluß zu verfluchen, sich unter diesen Moorbauern anzusiedeln.
Aber je weiter die Zeit fortschritt, um so fester wurde ihre Verbundenheit mit dieser Erde, die so schwierig war und die Menschen schwerfällig.
Als Angela einsah, daß sie ein Gefangener ihres eigenen Willens geworden war, resignierte sie nicht, sondern entschloß sich, es als gegeben hinzunehmen.
Bauern und Künstler waren die Patienten, sie waren die Leidenden, denen sie helfen sollte.
Sie scheute sich nicht, abends in das „Café Worpswede" zu gehen, das oben auf dem Berg lag und in einem weitläufigen, modernen Stil gebaut war. Der Wirt Benno Ladenburg war ein überaus gravitätischer und ernsthafter Mensch, der es sich zur Ehre anrechnete, Angela zu seinen Gästen zu zählen. Benno war ein verschütteter Künstler, das heißt, er hatte in seiner Jugend ohne jeden Erfolg gemalt, aber die Liebe zur Kunst war in ihm geblieben. Er betätigte sich jetzt als Kunsthändler und machte dabei recht gute Geschäfte.
Er besaß auch eine Frau, ein unscheinbares, verschüchtertes Wesen aus Worpswede, das nur in seltenen Fällen im Café sichtbar war.
Ladenburg war ein Aufschneider und Besserwisser, darin paßte er gut in die Künstlerkolonie, denn Bescheidenheit war dort keineswegs eine Zier. Benno hatte für alles fertige Rezepte. Für Politik, Kunst und Religion.
Mit dem coffeinfreien Kaffee konnte er wenig Eindruck bei seinen Gästen machen, aber er hatte eine sogenannte Privatkellerei, in der jeder Künstler seinen eigenen Vorrat an Spirituosen besaß.
Angela war zuerst selten in dem Café gewesen, denn sie hielt etwas darauf, ihren Ruf als Ärztin nicht zu gefährden. Doch als sie sah, daß sich außer Schnapstrinken und Reden nichts Besonderes ereignete, gab sie ihre Zurückhaltung auf.
Da saßen sie nun abends zusammen, lösten alle Probleme der Welt und sprachen sehr gescheit. Es war ein Ereignis für sie, eine Ärztin unter sich zu wissen, die sozusagen die Verbindung zur Realität schuf.
Denn man muß sie sich vorstellen, diese begabten und unbegabten Künstler, wie sie da lebten und saßen, wie ein jeder sich selbst für „das" Genie hielt und den anderen ein wenig bemitleidete. Dazwischen ging Ladenburg umher, warf einige Brocken ins Gespräch, servierte und prahlte und fühlte sich so recht als Herr und König in dem kleinen Reich, das mitten im Teufelsmoor lag.
Angela begriff es manchmal, sie fühlte sich wie jemand, der auf einer einsamen Insel im Weltmeer sitzt und um sich herum den Ozean weiß, den unberechenbaren und unergründlichen.

So lebten diese Künstler, aufeinander angewiesen und sich hassend, aber einander suchend, da sie die Einsamkeit kaum ertragen konnten.
Henry Hatje war natürlich der beliebteste Stammgast im „Café Worpswede“, er betäubte sich selbst und die anderen mit Musik, Reden und Alkohol. Er spielte Klavier, ließ die Ketten auf dem Flügel aufrauschen und stand dann plötzlich, begeistert wie ein Prophet, in der Mitte des Cafés und malte in Worten die Zukunft des Künstlerdorfes. Es gab nie eine leere Minute an solchen Abenden. Angela stellte oft fest, daß sie alle, Ladenburg, Hatje und die anderen, unwissende Kinder im Weltmeer des Daseins waren, die glaubten, Herrscher und König zu sein und im Grunde doch nur Sklaven ihres begrenzten Ichs waren. Das aber produzierte Gemälde und fieberte danach, daß das verabscheute Bürgertum sie sonntäglich kaufte.
Angela war klug genug, diese Traumwelt zu durchschauen; sie kannte aber den rauhen Kampf ums tägliche Dasein zu gut, um nicht in diesem verführerischen Selbstbetrug eine Zuflucht zu sehen.

21. Kapitel

Einer kommt an

Wenn ein Mensch in einer Großstadt ankommt, so wird er höchstens vom Gepäckträger und einigen Mitreisenden bemerkt.
Meist steht er verwundert und etwas scheu auf dem Bahnhofsplatz und läßt sich von einer Autodroschke in das nächste Hotel fahren.
Der ankommende Fremde ist ein „Niemand", wenn er nicht über Beziehungen verfügt, die ihn fördern und die durch seine Ankunft erfreut oder erschreckt sind.
Ein „Niemand" kommt in jeder Minute auf einem großen Bahnhof an; so ist das in der ganzen Welt.
Er wird vom „Niemand" zum „Jemand", und das kostet Mühe und Arbeit, Geschicklichkeit und Können. Soviele „Niemands" kommen an, irgendwo in der Welt, manche werden zu „Jemand" und leben und sterben als solche. Manchmal geschieht es, daß ein „Niemand" ankommt, lebt und sich müht und als „Niemand" stirbt.

Anders war es, als Daniel Erdmann auf dem Bahnhof in Worpswede ankam.
Seine Gepäckstücke, es waren zwei Handkoffer und eine größere Aktentasche, erregten schon das Aufsehen des Bahnhofswirtes, der mit wachsamen Auge die Ankunft eines jeden Zuges kontrollierte.
Ein Neuer, dachte Diederich Geffken und nötigte den Fremden erst mal in das Gastzimmer.
Es war sehr früh am Morgen, acht Uhr zweiunddreißig, als Daniel Erdmann dort seinen Morgenkaffee trank. Ihm wurde erst jetzt klar, daß er etwas unternommen hatte, das vielleicht folgenschwer und ereignisreich für ihn sein könnte. Er fragte den Bahnhofswirt:
„Ist hier eine Ärztin im Ort?", und er nannte Angelas Namen.
Diederichs Augen weiteten sich vor Neugierde; er fühlte genau, daß sich hier etwas Wichtiges ereignen würde. Sein Stolz war: bei allem der Erste zu sein. So erzählte er ausführlich von Angela, es war keineswegs erschöpfend oder wahrheitsgetreu, aber Diederichs Phantasie stand ihm immer zur Ver-

fügung. Er schilderte die junge Ärztin als eine Frau, die sich vor Arbeit kaum retten konnte. Er sagte:
„Wenn Sie nicht angemeldet sind, dann wird es schwer halten, Fräulein Doktor zu erreichen, ich sage Ihnen ..."
Daniel erhob sich, er machte eine wegwerfende Handbewegung:
„Lassen Sie man gut sein, für mich ist sie schon zu sprechen. Können Sie mich nicht hinfahren?"
Diederich Geffken sagte, daß er ein altes Auto im Stall hätte, es würde wohl den Weg noch machen können, und wenn der Herr Doktor (er gab ihm diesen Titel) einen Augenblick warten wollte, dann könnte er ihn hinbringen.
Eine Viertelstunde später stand der fauchende und zischende alte Ford-Wagen vor der Tür. Daniel stieg ein, er nahm vorsichtigerweise seine Aktentasche in die Hand, während das Gepäck hinten verstaut wurde. Dann ging die Fahrt los. Die hohen Räder des „Ford" waren in dem sandigen Gelände sehr brauchbar, sie bogen von der Chaussee ab, kamen auf einen Ackerweg und gelangten bald an das Haus des Schuster Harjes, wo Angela wohnte.
Diederich Geffken ließ seine unmelodische Hupe so laut ertönen, daß sich ein Fenster in der ersten Etage öffnete und eine energische Stimme um Ruhe bat.
Es war die Stimme Angelas, die gerade einen Patienten in ihrem Sprechzimmer untersuchte. Sie hatte Daniel nicht bemerkt und schloß das Fenster sofort wieder.
Daniel stand nun mit seinen Koffern und seiner Aktentasche vor der Haustür und drückte auf den Knopf der Arztglocke. Ein Bauernmädchen kam die Treppe hinunter gepoltert, es war Gesine, die Magd, und fragte mit sehr einfältiger Stimme, ob der Herr zur Sprechstunde käme.
„Nein", sagte Daniel, nahm seine Handtasche und ging die Treppe hinauf. Der blöde dreinschauenden Gesine befahl er, das übrige Gepäck hinaufzutragen.
Er hörte, wie Gesine mit Angela sprach, und einige Augenblicke später öffnete sich die Tür, und Angela stand vor Daniel.

Als Angela mit Daniel durch den Garten ging und ihm alles zeigte und erklärte, da dachte sie: Warum ist er eigentlich gekommen? Wir kennen uns doch gar nicht. Sie war beunruhigt und etwas nervös, sie sagte:
„Wo wohnen Sie eigentlich, Herr Erdmann?"
Daniel sah sie von der Seite an:
„Vielleicht hier."
Angela erschrak, sie fühlte, daß ihre Einsamkeit bedroht war; laut sagte sie:

„Der Schuster Hartjes hat aber nichts frei."
„Es wird in der Nachbarschaft schon ein Zimmer für mich geben", sagte Daniel, dann klopfte er auf seine Aktentasche, die er bisher noch nicht aus der Hand gelassen hatte: „Das Drama muß hier fertiggestellt werden ... Angela."
Angela bemühte sich, ihre Abneigung nicht zu zeigen, sie fand den ganzen Burschen aufdringlich und unangenehm.
„Das wird ja eine Zeitlang dauern, Herr Erdmann, dann ziehen Sie wohl am besten ins Hotel ‚Stadt Bremen'."
Daniel Erdmann schien das zu überhören, er besah sich das ganze Haus, und schließlich sprach er auch mit dem Schuster, dem er eine Summe bot, die ansehnlich genug war, um Harjes zu veranlassen, ihm seine Wohnstube einzuräumen.
So zog Daniel Erdmann in das Haus ein, in dem Angela ihr freies, eigenes Leben geführt hatte. Er tat es mit der Kraft und der Rücksichtslosigkeit eines Eroberers, aber Angelas Entschluß wurde immer stärker, auf keinen Fall ihre Freiheit aufzugeben. Komme was da wolle.

Daniel Erdmann zog in das Wohnzimmer des Schusters Harjes ein; man konnte es kaum noch Wohnzimmer nennen, denn nach einiger Zeit hatte Erdmann alles verändert.
Es waren für ihn Ballen und Kisten angekommen, von irgendwoher, die von Erdmann sorgfältig ausgepackt wurden. Und dann lagen große Teppiche auf dem Boden, hingen an den Wänden. Die Bauernfenster waren mit seidenen, geblümten Vorhängen verkleidet, und ein eben solcher Vorhang teilte das Zimmer in zwei ungleiche Teile. In dem kleineren Teil stand das Bauernbett, aber es war völlig übermalt und kaum wiederzuerkennen. An dem einen Fenster stand ein großer Tisch und vor ihm ein Armlehnstuhl.
Die eine Wand des Zimmers war mit Photographien bedeckt, es waren ausschließlich Portraits von weiblichen Wesen, die in den verschiedensten Sprachen quer über die Bilder Widmungen geschrieben hatten. Aber auf jedem Bild sah man deutlich den Namen: Daniel.
Im Vordergrund des Zimmers stand ein runder Tisch, an der Seite war eine Chaiselongue mit farbig gestreiften Kissen. Die Hauptwand wurde von einem Gemälde beherrscht, das ein wogendes Kornfeld darstellte. Stark umrandete Wolken zogen darüber hin, und Sonnenstrahlen machten das Ganze zu einem dramatischen Ereignis. Wenn man Daniel fragte:
„Wer hat das Bild gemalt?"
So antwortete er:
„Ich selbst."

Aber er gab sich keineswegs als Maler aus, er hatte einen Beruf, der eine Ähnlichkeit mit dem des Schriftstellers hatte, aber er konnte ebenso gut ein Versicherungsagent sein oder sonst etwas.
Es vergingen zwei Wochen, bis Angela Zeit fand, das Zimmer zu besichtigen. Es war ziemlich spät am Abend, das Zimmer war matt erleuchtet, eine Tischlampe, die einen grünen Glasschirm hatte, beleuchtete das Ganze. Angela hatte keine große Lust sich hinzusetzen, sie sagte:
„Ich bin müde, ich möchte hinaufgehen und versuchen, ein wenig zu ruhen. Ich habe nicht so ein bequemes Leben wie Sie."
„Ich schlafe keine Nacht, Angela, ich sitze an meinem Tisch und arbeite, arbeite wie ein Verzweifelter, denn das Drama muß fertig werden."
Angela sah ein dickes Manuskript auf dem Tisch liegen und glaubte ihm, aber dann ging er plötzlich hinaus, um, wie er sagte, eine Flasche Wein zu holen, da öffnete Angela, fast ohne es zu wollen, das Manuskript und sah, daß es nur leere Blätter enthielt.
Angela und Daniel wurden im Ort als Freunde bezeichnet, aber dies war völlig verkehrt, denn es gab niemanden, vor dem Angela sich verschlossener zeigte als vor Daniel Erdmann.
Aber Daniel nahm jede Bemerkung bezüglich seiner Freundschaft mit Angela lächelnd hin, er bestritt sie nie.

Sie war viel zu beschäftigt, viel zu angestrengt mit ihrer täglichen Arbeit als Ärztin und der nächtlichen Beanspruchung durch das Klingeln in der Nacht, das sie in die fernen Moordörfer rief, sie war viel zu angestrengt, als daß sie dem Geschwätz, das über sie und Daniel in Umlauf war, irgendeinen Wert beigemessen hätte.
Was für Gründe Daniel hatte, das Leben der jungen Ärztin zu beunruhigen, kam nie heraus. Es war seine Natur, die Existenz anderer zu verwirren, er verwendete alle Energie darauf, das Ziel zu erreichen, die Lebenswege anderer Menschen zu durchkreuzen. Wovon er lebte, mit was er seine tägliche Existenz bezahlte, wurde nie klar. Er war Stammgast im „Café Worpswede", hatte dort in Benno Ladenburg einen Menschen gefunden, der seinen Erzählungen Glauben schenkte.
Daniel legte übrigens keinen Wert darauf, von irgendjemand verstanden zu werden. Am wenigsten von Ladenburg, den er begönnerte und gleichzeitig verachtete.
Die Menschenverachtung in Daniel war es, die ihn dazu befähigte, mit allen Personen, die seinen Lebensweg kreuzten, fertigzuwerden. Man könnte ihn größenwahnsinnig nennen, diesen Daniel, aber damit würde man wenig aussagen. Er war nur besessen von der eigenen Kraft, beileibe nicht Muskel-

kraft, wenn er auch ein starker Kerl war, aber der des Geistes, die ihm größer zu sein dünkte als die der übrigen Menschen.
Es gibt Menschen, deren Lebenswege aus dem Dunkel kommen, sie haben irgendwo einen Vater und eine Mutter, aber die sind weit von ihnen entfernt, nicht nur räumlich, sondern auch geistig.
Wenn Daniel etwa zu Ladenburg sagte:
„Man muß den Schwindel des Daseins ganz durchschaut haben, um ihn meistern zu können, um damit spielen zu können wie ein Jongleur", wenn er das sagte, so meinte er nichts damit. Er warf Worte hin wie Bälle, er verschoß die Munition seiner Geistesgaben ins Blinde. Doch war er kein Verschwender, im Gegenteil, er geizte mit allem was er hatte und streute seine Weisheiten sehr spärlich aus.
An dem heutigen Abend kam Elisabeth, eine junge Malerin, ins „Café Worpswede" und saß bescheiden in der Ecke, um ihren Kaffee zu trinken. Nicht, daß Elisabeth irgendwelche Reize besessen hätte, die für Daniel anziehend gewesen wären, aber er war so geartet, daß ein jedes neue Gesicht, ein jeder neue Mensch für ihn Objekt war, mit dem er sich abgeben mußte.
Daniel sagte zu Ladenburg:
„Hol' die Kleine doch her."
Doch Ladenburg zögerte, er war abgeneigt zu irgendwelchen „Schlepperdiensten", er war nicht dumm genug, um nicht zu ahnen, daß in Daniels Begehrlichkeit nichts weiter lag als Eitelkeit. Er sagte:
„Geh du doch rüber, wenn du willst, ich bin nicht dazu da."
Daniel erhob sich, und dann saß er mit Elisabeth zusammen, die er flüchtig kannte, aber der er geradewegs Dinge sagte, die geistreich sein sollten und eigentlich nur frech waren.
Das war seine Taktik, die immer siegte. Auch diesmal.
Elisabeth lebte bei einem Maler namens Kaspar Wunderlich, dessen Name sehr bekannt war. Er gehörte zu den Entdeckern des Moordörfchens, das er als Künstlerkolonie umschuf.
Elisabeth half seiner Frau Johanna die Wirtschaft zu führen und hatte dafür freies Essen und Wohnung.
Elisabeth war von Natur aus das, was man ein Geschöpf nennt, das zum Dienen geboren ist. Ihre Verehrung für den Maler war grenzenlos, aber da dieser unsichtbar blieb, so half sie seiner Frau, die tägliche Last zu tragen.
Das war Elisabeths Art, ihre Bewunderung in eine Tat umzusetzen, die zweckvoll war und dem anderen half.
Ein solches Geschöpf mußte für Daniel nicht nur fremd, sondern auch wenig anziehend sein. Das war das Merkwürdige an ihm, daß er, der die

Menschen tyrannisieren und beherrschen wollte, dienende Wesen verachtete.
Aber an diesem Abend war es ihm gleich, denn er brauchte Gesellschaft. Er benötigte immer ein Publikum, vor dem er sich produzieren konnte. Er kümmerte sich nicht darum, ob es eine Person war oder zehn Menschen.
Die Figur Daniel Erdmanns ist am besten mit der eines Schauspielers zu vergleichen. Es gibt solche Menschen, die zu reich sind, als daß sie allein existieren, aber zu selbstsüchtig, als daß sie mit anderen Personen zusammen leben könnten. Er wußte genau Bescheid, wie es um seinen Reichtum bestellt war. Er war ein Typ, der die Kunst der Verstellung so weit treiben konnte, daß er am Ende selbst daran glaubte.
Es war nur Zufall, daß er an diesem Abend mit Elisabeth zusammentraf, daß er ihr Geschichten und Anekdoten erzählte und schließlich nur noch von sich selbst sprach.
Es geschah an diesem Abend, daß Elisabeth beinahe überzeugt worden wäre, daß Daniel Erdmanns Ansichten richtig seien.
Aber da gab es einen Menschen, der plötzlich in das Café hineinschneite.
Es war Henry Hatje. Niemand konnte ihm anmerken, daß er diesen Daniel Erdmann verabscheute. Im Gegenteil, Henry äußerte tobende Freude beim Anblick von Daniel und Elisabeth.
Anders war es mit Daniel, er war von gemessener Freundlichkeit zu dem Maler und betonte durchaus, daß er sich für gescheiter und geistig höher stehender hielt.
Als Henry an den Tisch kam, sagte Daniel:
„Na, jetzt müssen wir wohl das Thema wechseln ...“
„Aber nein doch, ich plaudere recht gern über die Liebe“, sagte Henry und machte dazu ein teuflisch grinsendes Gesicht.
Dann eilte er zu dem Flügel und spielte, gröhlte mit seinem krächzenden Tenor:
„Die Liebe, die Liebe ... Gott lasse uns die Liebe, das ist das einzige, was uns bleibt.“
Ladenburg begrüßte die Anwesenheit Henrys, denn sie brachte „Stimmung“ ins Lokal, und das ist allen Wirten recht. Das spreizige und rechthaberische Wesen Daniels war auch etwas, das Benno durchaus zuwider war.
Nun kamen immer mehr Gäste, Künstler mit ihren Damen, Fremde und auch Einheimische, die sich einmal das Leben und Treiben des Künstlervölkchens ansehen wollten.
Das Geschäft blühte.
Henry Hatje hatte längst seine Uhrketten auf die Saiten des Flügels gelegt, eine orchestrionartige Musik ertönte. Man tanzte.

Zum Erstaunen Bennos tanzte Daniel Erdmann mit der kleinen Elisabeth, er tanzte einen gemäßigten Foxtrott, in sehr beherrschten Tanz-Rhythmen. Daniel Erdmann spielte im Augenblick die Rolle des „feinen Herrn", der sich herabließ, an einer Volksbelustigung teilzunehmen.
Innerlich aber war er kalt, und sein Lächeln war leer wie sein Herz. Doch Elisabeth war sehr beeindruckt von Daniel.
Sie fragte etwas atemlos nach dem Tanzen:
„Warum kommen Sie nicht einmal Sonntagnachmittag zu Wunderlichs? Das würde Ihnen sicher gefallen."
Daniel schüttelte nur den Kopf, er sagte:
„Wo denken Sie hin, Elisabeth, ich bin ein stark beschäftigter Mensch und kenne keinen freien Sonntagnachmittag."

22. Kapitel

Der Mut zu sich selbst

Kaspar Wunderlich war aus dem Kriege heimgekehrt, und alles war für ihn verändert. Damals, 1914, war er als Freiwilliger hinausgezogen, denn er hatte das Gefühl, und er sagte es auch: „Jetzt wird nicht geredet, jetzt wird gehandelt."

Wie viele mit ihm, erlebte er den Krieg nicht als die Geburtsstunde der Nation, sondern als ihren Niedergang. Was an die Oberfläche kam, waren die Gewalten des Geldes und der Rücksichtslosigkeit, die Macht der Ausbeutung triumphierte, und Deutschland siegte sich zu Tode.

Damals war es, daß der Feldwebel Kaspar Wunderlich klar erkannte, daß es die Kleinen und die Kleinsten sind, die mit ihrem Blut und ihrem Leben zu bezahlen hatten.

Die Geschäfte blühten, die Kriegsindustrie beherrschte das Volk der Dichter und Denker, die Lüge der Heeresberichte zerbrach eines Tages, und eine Wahrheit kam ans Licht, die eigentlich die ganze Menschheit, und besonders die deutsche, schamrot hätte machen sollen.

Als Kaspar Wunderlich heimkam schrieb man 1918, und eine Republik hatte nicht den Mut, ihre Lebensfähigkeit zu behaupten und wurde gleichsam tot geboren.

Nicht, daß Kaspar in irgendeiner Partei das Heil sah, aber er, der früher romantische, zeitlose Bilder gemalt hatte, konnte die Schrecken des Krieges und die aufgerissenen Augen der Sterbenden, das Klagegeschrei der Verwundeten nicht vergessen.

Kaspar Wunderlich kehrte zurück, und alle seine Freunde waren verwundert über ihn, denn er, der aristokratisch zurückgezogen lebende Künstler, hatte sich in einen Menschen verwandelt, der einfach sein und sich in nichts von den anderen unterscheiden wollte.

Seine Frau Johanna, die ihn bisher verstanden, die im Mittelpunkt seines Schaffens gestanden hatte, deren reines, klares Gesicht in allen Bildern des Kaspar Wunderlich leuchtete, diese Frau war es, die ihren heimgekehrten Mann nicht mehr begriff.

Und Kaspar war allein, aber nicht lange, es hielt ihn nicht in dem kleinen Moordorf, er reiste in die Städte, er suchte Verbindungen mit den Arbeitern

und Ausgebeuteten, denn er glaubte, daß die Stunde gekommen sei, in der das Wort sich erfüllen müsse, von dem die Bibel spricht.
Er schrieb einen Aufruf mit dem Titel: „Das Manifest der Liebe", ließ ihn drucken und verteilte ihn überall, wo er hinreiste.
Die Zeit damals war reif für Propheten und Wundertäter, die Menschen waren hungrig nach Worten und dürsteten nach der Gerechtigkeit.
Und Kaspar Wunderlich sprach in Versammlungen, er war gekleidet wie ein Priester, in einen schmucklosen, selbstgewebten Leinenanzug, das braun gebrannte, schmale Gesicht trug nun einen weißen Haarschopf, und er, den sie früher den „Aristokraten" nannten, versuchte der Bruder aller Menschen zu werden.
Er hatte nur einen Text für seine Ansprachen, es war die Bergpredigt. Und er konnte sich nicht genug tun, sie zu verkünden und auszulegen, aber wenn ein Priester oder Pfarrer sich ihm nahte, dann öffnete er die Lippen nur zum Spotten. Er wollte nichts mit ihm zu tun haben, aber auch nichts mit einer Partei.
Als die kommunistische Vereinigung sich ihm näherte, sagte er:
„Es gibt nur einen religiösen Kommunismus, und den werde ich verwirklichen, aber ihr seid gottlos."

So war aus Kaspar Wunderlich ein Mensch geworden, der nicht in die beruhigte und eitle Atmosphäre des Künstler-Dörfchens paßte. Gewiß, man hatte noch Achtung vor ihm, aber man machte sich doch lustig über seine Ideen, und manchen gab es wohl, der ihn einen alten Narren schalt.
Als Daniel Erdmann das Haus des Malers Wunderlich betrat, da war eine Gesellschaft von schlecht angezogenen Bauern und Arbeitern aus der Umgegend und den Vorstädten Bremens versammelt, die den Worten des Malers lauschte.
Kaspars Gesicht glühte vor innerer Erregung und Freude, er sagte:
„Ich besitze nichts, alles dies gehört euch, nehmt es, denn es ist nicht mein Eigentum."
Nach dieser Ansprache gab es eine ziemliche Verwirrung, denn die Anwesenden nahmen die Worte des Malers wörtlich. Sie besahen sich das ganze Haus, den Garten, das Haus des Gärtners, die Stallungen und alles, was der Besitz des Malers Kaspar Wunderlich war.
Johanna ging in ihr Zimmer und wußte nicht, was zu machen sei, in diesem Augenblick war es Daniel Erdmann, der mit dem Instinkt des rücksichtslosen Menschen die Gelegenheit witterte, zu helfen und gleichzeitig sich zu bereichern. Er war es, der zu der verwirrten Frau ging und seine tätige Hilfe anbot, er sagte:

„Verfügen Sie über mich, Frau Johanna, Sie kennen mich nicht, aber ich versichere Ihnen, daß ich dieses Unrecht, das Ihnen geschieht, nicht zulassen werde."
Man kann sich nicht wundern, daß Frau Johanna mehr als zufrieden war, daß hier ungerufen jemand vor ihr stand, der ihr helfen wollte. Denn sie war völlig allein.
Die ganze Zeit stand gegen sie, diese merkwürdige Zeit nach dem Kriege, in der ein Fanatiker und ein Heiliger mehr Rechte hatte als der einfache Bürger. Das Schimpfwort in dieser Zeit hieß „bürgerlich", und es wurde angewandt, wenn man Menschen treffen wollte, die sich dem Fortschritt widersetzten.
Daniel Erdmann erbot sich nun, mit dem Maler Wunderlich eine Aussprache herbeizuführen. Johanna gab ihm die Vollmacht dazu, denn sie hatte sonst keinen Freund mehr, der zu ihr hielt. Alle diese Menschen, denen sie früher nahezustehen glaubte, hatten die Partei des Malers genommen, dessen Ideen sie zwar nicht billigten, aber ihm auch nicht das Recht absprachen, seinen eigenen Weg zu gehen.
Die Aussprache zwischen Wunderlich und Erdmann fand am folgenden Abend statt, und zwar in der großen Diele des Hauses, das der Maler für seine Frau und sich gebaut hatte.
Sie war im Stil einer Worpsweder Bauerndiele, war reich verziert mit Ornamenten, geschmückt mit Bildern. In der Mitte der Diele stand ein langer, schwerer Tisch, und um ihn herum waren hochlehnige Armstühle. Auf dem Tisch stand eine große Messingschale, in der Früchte lagen; von der Decke hing ein vielarmiger, silberner Leuchter, so wie sie in alten Kirchen gebräuchlich waren.
Erdmann sah auf die reiche und vornehme Pracht, er sagte zu dem Maler: „Und all dies haben Sie nun diesen Menschen geschenkt, die nichts damit anfangen können."
Kaspar Wunderlich aber blickte den Frager etwas spöttisch an und sagte: „Sie können auch daran teilhaben, Herr Erdmann, nur müssen Sie sich dazu entschließen, das Leben eines Werktätigen zu führen."
„Wer sagt Ihnen, daß ich nicht werktätig bin, ich bin an meinem Werk tätig, aber es ist mein Eigentum, wie mein Leben."
„Gott ist der Herr Ihres Lebens, Sie besitzen noch nicht einmal Ihren Körper."
Daniel setzte sich und versuchte, das Gespräch in praktische Bahnen zu lenken:
„Sie nehmen also Ihr Eigentum und verschenken es, und Ihre Frau gehört nicht zu den Beschenkten, trotzdem es ihr genau so gehört wie Ihnen."
„Gehört hat", sagte der Maler und wiederholte: „gehört hat".

Es entstand eine Pause, in der Daniel sich überlegte, wie er dem Maler beikommen könnte. In diesem Augenblick kam Elisabeth in die Diele, sie fragte, „ob sie Kaffee bringen sollte“, aber der Maler schüttelte den Kopf. Er sagte:
„Sie sollen uns nicht mehr bedienen, Elisabeth, wenn ich etwas benötige, dann hole ich es mir selbst.“

Das Gespräch zwischen Kaspar und Daniel war charakteristisch für beide. Sie sprachen aneinander vorbei; denn Kaspars Art zu sprechen war die eines Redners vor großen Volksmengen, seine Worte waren vielleicht empfunden, aber sie klangen phrasenhaft und leer. Und Daniel hatte die Angewohnheit, eindringlich zu sprechen. Es war die Seite seines Wesens, die ihm die wertvollste schien, mit etwas erhobener Stimme zu reden, aber seine Worte trafen nicht das, was der andere gesagt hatte.
Das gibt es viel in der Welt, dies Aneinander-vorbei-Reden, wo ein jeder nur seine eigenen Worte vernimmt und nicht die des anderen.
Der Menschenfreund und Träger der Liebe, der Maler Kaspar Wunderlich, mußte sich an diesem Abend von Daniel Erdmann sagen lassen, daß er roh und lieblos seiner Frau gegenüber gehandelt hätte.
Kaspar ertrug es mit jenem Lächeln, das er vom Kriege heimgebracht hatte, das duldende und leidende Lächeln eines Menschen, der sich bereit fühlt, für seine Überzeugung zu sterben.
Daniel hingegen, der vom Leben Gewitzte, Daniel Erdmann glaubte mit seinem wohlklingenden Gerede den Maler erledigen zu können.
Aber es gelang ihm nicht.
Auch in diesem Gespräch war es wie oft in der Weltgeschichte, ein jeder fühlte sich als Sieger, weil er auf seinem Standpunkt beharrte.
Für Kaspar war es leichter als für Erdmann, denn seine Mission schien unpersönlich zu sein und war doch unegoistisch. Und wenn er weh tun mußte, so tat er es, weil Gott ihm befohlen hatte, seinen Weg zu gehen, ohne wanken und zögern.
Johanna, die bei diesem Gespräch anwesend war, blieb stumm, trotzdem sie diejenige war, die den Mittelpunkt aller Reden bildete.
Kaspar hatte alles überwunden: Frau, Eigentum, Besitz und am Ende sich selbst. Er fühlte sich wie einer, der seine zögernden, schüchternen Schritte auf einem Wege versuchte, der der Weg aller Menschen sein sollte. Es war kein Platz für Johanna da, es war nichts mehr von dem berühmten und ehrgeizigen Künstler Kaspar Wunderlich vorhanden.
Ein lebendiger Soldat war heimgekehrt und begriff erst dann, daß er tot war.

Und der vor ihm saß, Daniel Erdmann, war ein Mensch, der kein anderes Interesse hatte, als den besten Platz im Leben zu erobern.
Wenn Johanna auf diese beiden Männer sah, deren Gespräch sich um sie drehte, um ihr Wohlergehen und ihre Zukunft, so fühlte sie sich mehr als Zuschauer als die Hauptbeteiligte.
Johanna war ihrem Manne längst entfremdet, sie konnte die Entwicklung oder, besser gesagt, die Wandlung des Malers vom genießenden Künstler zum büßenden Propheten nicht mitmachen.
Sie hatte einfach kein Verständnis dafür, daß jemand so blind gegen sich selbst sein konnte. Wenn sie Daniel Erdmann betrachtete, so empfand sie nichts weiter bei seinem Anblick als ein Staunen darüber, daß er sie so wichtig nahm.
Sie war arglos genug, um nicht zu ahnen, daß dieses eifrige Sich-Einsetzen Daniels nichts weiter war als Eitelkeit und die Sucht, ihr zu gefallen.
Daß er des Lohnes sicher war, ahnte sie nicht.
Doch Daniel hatte daran keinen Zweifel. Er fing den Maler Wunderlich in seinen eigenen Argumenten:
„Gut, gehen Sie Ihren eigenen Weg, um die Menschen zur Liebe zu bringen, aber vergessen Sie nicht, daß Sie dabei Ihre Frau opfern."
„Meine Frau", sagte Wunderlich und sah Johanna an, als ob sie ein Geist sei, er wiederholte: „Meine Frau? Wer ist das? Die Frau, die mit mir achtzehn Jahre lang gelebt hat, die all das Gute und Glanzvolle meines Lebens mitgenossen hat? Das nennen Sie meine Frau?"
Johanna mischte sich nun in das Gespräch und sagte:
„Ich habe achtzehn Jahre in deinem Schatten gelebt, Kaspar, ich war dein Modell, ich war die Staffage deines Lebens, aber der Inhalt war ich nie. Denn der warst du selbst, Kaspar, du lebst nur für dich, und was du jetzt deine Güte nennst, ist nichts weiter als deine Selbstsucht. Ich glaube dir nicht, daß du dich gewandelt hast, ich glaube deinen Worten nicht, aber ich sehe, daß du mit deinen Taten rücksichtslos über mich hinwegschreitest. Du machst mich zum Bettler, Kaspar, du beraubst den Menschen, der mit dir lebte, um die Menschheit zu beschenken. Du bist ein Schauspieler deiner selbst, das bist du für mich."
In ihr war der Entschluß gereift, für sich und ihre Kinder ein Leben aufzubauen, das ihr Gewähr bieten konnte, den Launen ihres Gemahls zu entgehen. In Johanna war sehr viel von ihren bäuerlichen Vorfahren, sie hatten ihr die Kraft vererbt, Entschlüsse zu fassen, Entscheidungen zu treffen, wann es ihnen richtig zu sein dünkte.
Das Wortgefecht zwischen Daniel Erdmann und Kaspar Wunderlich steigerte sich immer mehr zu einem Gestrüpp von Worten, mit denen Johanna nichts anfangen konnte.

Sie erhob sich, verließ den Raum und ging in den Garten, um etwas frische Luft zu schöpfen. Sie stand an dem Rasenwall, der den Garten abschloß, blickte hinunter auf die dunkle, geheimnisvolle Heide und sah über sich den Himmel, sternenlos und wolkig.
Sie fühlte, daß Daniel neben ihr stand, daß er ihre Hand faßte, fest, wie eben ein Mann eine Frau anfaßt, die er begehrt.
„Darum taten Sie alles das, Herr Erdmann?"
Daniel schüttelte den Kopf, aber er ließ ihre Hand nicht los, sagte:
„Ich tat es nicht ... darum, wie Sie eben bemerkten. Ich mußte es nur tun, um den Egoismus, der sich mit idealistischen Phrasen verhärtet, zu bekämpfen. Ich bin Realist, Frau Johanna, ich sehe die Dinge vor mir genau so wie sie sind, nicht, wie ich sie wünsche zu sehen. So sehe ich auch Sie, Johanna, Sie sind eine Frau, Sie sind zu irdisch, um sich in den idealistischen Spielereien Ihres Mannes zu verirren. Warum ich Ihnen half? Ich weiß es nicht. Ich liebe es nicht, wenn erwachsene Menschen sich selbst zum Lügner machen. Und das ist der Grund, weshalb ich Ihre Partei nahm, das und nichts anderes."
Johanna sah ihn an, sie sah, wie sein Mund schmal war und sein Gesicht klar und jung, sie umfaßte ihn, sie legte sich in seinen Arm, sie küßte ihn.

23. Kapitel

Idealist wider Willen

Daniel Erdmann war in Worpswede wenig zu sehen, er war wie verschwunden, niemand hatte ihn erblickt, aber da kam der Maler Kaspar Wunderlich und sagte mit seiner verhalten-ironischen Stimme:
„Ich habe heute in Bremen die ‚neue Regierung' gesehen, dieser Daniel Erdmann, der zielbewußte junge Mann, ist auch dabei. Man hat ihm den Posten eines ‚Volksbeauftragten für Kultur' gegeben. Nun kann's ja schön werden. Ich freu mich schon darauf, bis der ‚neue Herr der deutschen Kultur' hier bei uns erscheint und uns vorschreibt, wie und was wir zu arbeiten haben."
Es gab eine heftige Debatte über die Berechtigung dieser Regierung, die sich „Räte-Republik" nannte und genau dem entsprach, was in den kommunistischen Flugschriften darüber zu lesen war.
Kaspar Wunderlich, der sich von jeder rein politischen Tätigkeit fern hielt, stand der Regierung mit größtem Mißtrauen gegenüber.
Als Johanna die Nachricht erhielt, erschrak sie, aber am selben Nachmittag fuhr sie nach Bremen, wo es ihr auch gelang, im Rathaus in das Zimmer des „Volkskommissars" Erdmann zu kommen.
Daniel saß an einem großen Schreibtisch, um ihn herum standen teils bewaffnete, teils unbewaffnete junge Leute. Als Erdmann Johanna erblickte, stand er auf:
„Ich begrüße Sie, Genossin, ich kann Ihre Mitarbeit gut brauchen."
Johanna aber wehrte ab, sagte:
„Ich tauge nicht für eine politische Arbeit, ich hasse die Politik."
„Die Politik ist etwas, das man für sich gestalten muß", sagte der Volkskommissar zu Johanna, und dann fuhr er fort: „Sehen Sie, mein Programm wartet auf mich. Ich habe endlich die Aufgabe gefunden, auf die ich solange gewartet habe."
Johanna saß ihm gegenüber, sie sah sein Gesicht, das, im Gegensatz zu seinen pathetischen Worten, ausdruckslos und gleichmäßig erschien. Sie dachte: Er schauspielert, er spielt eine Rolle, und er glaubt sogar, daß ich sie ihm glaube. Aber er ist eigentlich nur ein Schmieren-Komödiant. Laut sagte sie:

„Ich wäre gespannt, Herr Volkskommissar, von Ihnen zu erfahren, wie Sie sich die Aufgaben der Kunst und Kultur vorstellen. Sollen wir in der Malerkolonie etwa damit beginnen? Mein Mann hat es ja längst in die Tat umgesetzt, und Sie haben sich dagegen aufgelehnt."
Daniel strich sich mit der Hand über die Stirn, blickte Johanna an, sein Mund verzog sich zu einem etwas spöttischen Lächeln, er sagte:
„Das ist nur individuelles Getue, Ihr Mann spielt den Kommunisten, aber er ist es nicht. Er ist und bleibt der Aristokrat, der Sohn aus vornehmem Bürgerhause. Das ist der Unterschied zwischen ihm und uns. Wir wollen ..."
Und nun kam eine Rede, bei der Johanna überhaupt nicht zuhörte, sie interessierte das nicht, sie sah aus dem Fenster, auf den belebten Marktplatz, auf dem sich eine Menge um einen Redner versammelte, der wild gestikulierte.
Daniel Erdmann sprach und sprach, er bemerkte nicht, daß Johanna völlig geistesabwesend geworden war, ihm war das Reden eine Angewohnheit, die er lieb gewonnen hatte.
Johanna drehte den Kopf zu ihm und sagte:
„Ihre Zukunft, Daniel, ist nun völlig verändert. Sie werden sicherlich Karriere machen wollen, und wir armen, bescheidenen Leute ..."
Erdmann lachte sie aus, stand auf, umfaßte sie und machte den Versuch, sie zu küssen.
Aber Johanna wehrte ab. Sie sagte:
„Herr Volkskommissar, die Kultur, die Sie hier zu vertreten haben, hat nichts mit dem zu tun, was einmal zwischen uns war. Zu komisch, daß Sie sich für das Privateigentum eingesetzt haben und nun der Vertreter einer Macht sind, die es bekämpft."
Daniel ereiferte sich, er sagte, daß seine persönlichen Beziehungen nicht das Geringste mit seiner offiziellen Tätigkeit zu tun hätten, daß sie im Irrtum wäre.
In diesem Augenblick kamen mehrere Leute in das Zimmer, die von Daniel Erdmann Auskunft und irgendwelche Befehle erwarteten.
Merkwürdig, dachte Johanna, wie schnell sich ein Mann verwandeln kann. Jetzt ist er wieder ganz der Leiter einer Bewegung, die scheinbar gesiegt hat. Aber für wielange?
Johanna verabschiedete sich, ging die Treppen hinunter. Auf der Straße herrschte das übliche wochentägliche Gedränge, das nicht ungewöhnlich war, auch keine Spur von einer „Volksbewegung" oder „Regierung" war zu bemerken.
Sie wunderte sich etwas. Aber sie beeilte sich, den Bahnhof zu erreichen, um nach Hause zu fahren.

Johanna Wunderlich bewohnte später ein kleines Haus für sich selbst und ihre drei Kinder, das weit unten, von der Landstraße entfernt, gelegen war. Es war ein altertümliches Haus mit Strohdach, das völlig umgebaut worden war, so daß von dem ursprünglichen Bauernhaus nichts mehr zu sehen war als die Dielentür.

Johanna hatte Zeit genug, über sich und ihre Lage nachzudenken. In ihr war etwas aufgewühlt worden, etwas, das ihr vorher fremd gewesen war. Sie hatte sich ein ruhiges und beschauliches Dasein gewünscht, hatte sich sogar darauf gefreut, daß ein Mensch wie Daniel Erdmann manchmal zu ihr kommen würde, aber es war alles verändert.

Erdmanns Wesen erschien Johanna unwahr und verzerrt zu sein, aber sie fühlte sich hilflos und konnte nichts dagegen tun. Sie war die Frau des Malers Wunderlich gewesen, nun war sie plötzlich niemand mehr.

Wenn sie an Menschen dachte, so erschienen sie ihr wie Schatten, auch ihr eigener Mann, der Vater ihrer drei Kinder, war ein wesenloses Gebilde geworden, das da droben auf dem Berge in ihrem alten gemeinsamen Hause ein Dasein führte, das sie niemals begreifen würde.

Und Erdmann, von dem sie geglaubt hatte, daß er geradlinig und klarsichtig wäre, erschien ihr wie ein Schattenbild.

Sie verstand die Männer überhaupt nicht.

Alle diese Rollen, die sie spielen mußten, für die sie nicht geboren waren, schienen ihr rätselhaft zu sein. Etwas mußte sie treiben, etwas Dämonisches vielleicht, aber sie selbst, Johanna, war dieselbe geblieben wie immer, sie war die Lehrertochter hier aus der Gegend, die nichts weiter wollte, als ein sinnvolles, erträgliches Dasein zu Ende führen.

24. Kapitel

Wetterleuchten

Die Gerüchte schwirrten im Orte, daß die weißen Garden des Generals Gerstenberg die Räte-Republik der Stadt Bremen zerstört hätten. Das Schicksal der „Volksbeauftragten" und aller derjenigen, die diese Regierung gestützt hatten, war unbekannt.
Angela fuhr an diesem Morgen auf ihrem Fahrrad die Dorfstraße hinunter, wo sie einen Patienten zu besuchen hatte. Plötzlich stand der Maler Wunderlich vor ihr, sagte:
„Die Reaktion marschiert, und wir sind hier alle untätig."
Angela, die vom Rade gesprungen war, sah ihn an:
„Wir können doch nichts tun, Herr Wunderlich, unser kleines Dörfchen hier, wollen Sie das etwa eine Macht nennen?"
„Wenn nicht jeder einzelne fühlt, daß er eine Macht für sich selbst ist, wenn nicht jeder begreift, daß alles dieses gegen ihn gerichtet ist, dieses Wüten der Reaktion, dann ist uns allen nicht zu helfen."
Kaspar Wunderlich setzte seinen Weg fort und war bald verschwunden. Angela sah ihm nach, sie fühlte ein Mitgefühl für ihn, ein menschliches, wenn sie auch politisch völlig im Unklaren war, auf welcher Seite sie eigentlich hätte stehen sollen.
Als sie ihren Patientenbesuch erledigt hatte, fuhr sie zum Bahnhof hinunter, sprach mit Diederich Geffken ein paar Worte.
Er sagte:
„Jetzt haben sie uns ebenso klein, wie sie uns früher gehabt haben, Fräulein Doktor. Ich habe diese Republik nie richtig gefunden, aber das Schauspiel von marschierenden Truppen, die auf Zivilisten schießen ... nee ... wissen Sie, das kann ich auf den Tod nicht leiden."
Plötzlich sah sie, daß Johanna Wunderlich auf dem Bahnsteig stand, sie hatte einen kleinen Koffer in der Hand, ihr Gesicht war blaß und angespannt, sie machte einen sehr nervösen und unsicheren Eindruck.
Angela ging auf sie zu, sagte:
„Ich rate Ihnen, bestimmt nicht nach Bremen zu fahren. Dort geht alles drunter und drüber. Und helfen können Sie dort niemandem, auch nicht Ihrem Freund Erdmann."

„Was wissen Sie von meinen Ideen, Fräulein Doktor, ich muß schon tun, was ich für richtig halte. Und Daniel Erdmann ist ebenso Ihr Freund wie meiner, aber Sie denken ja nur an sich."
In diesem Augenblick fuhr der Zug in den Bahnhof, Johanna stieg ein.
Angela stand auf dem Bahnsteig, drehte sich herum, bestieg ihr Fahrrad und fuhr nach Hause. Dort warteten schon Patienten auf sie, sie war so geartet, daß sie ihre Beschäftigung als Ärztin nicht wichtiger nahm als ihre Arbeit im Garten. Im Gegenteil, sie hatte sich am Ende der Chaussee ein Grundstück gekauft, das sie planmäßig bearbeitete. Bienenstöcke hatte sie aufgestellt, Umzäunungen für Hühner waren da, nur das Wohnhaus fehlte noch. Dazu hatte sie kein Geld.
Ihre Patienten gehörten alle zur Krankenkasse und wurden daher sehr summarisch von ihr behandelt; es waren ja auch immer dieselben Leiden. Wenn von diesen Dorfbewohnern irgendjemand zum Arzt ging, dann war es etwas Landläufiges, eine Verletzung oder ein Furunkel, eine verschleppte Erkältung. Es war selten etwas, das sie nicht selbst behandeln konnte. Diese Art von Patienten schickte sie zu den Spezialisten in Bremen und sah meistens nichts wieder von ihnen.
Der Beruf eines Arztes war nicht so, daß man hier in der einfachen Umgebung irgendeine Kunst zeigen konnte. Es war alles groblinig und gerade, einfach und primitiv wie die Natur selbst. Die Menschen in ihren Hütten hatten kaum Zeit, den Arzt zu besuchen, sie wurden alt und krank, und dann starben sie. Der Ablauf des Lebens dieser Menschen war ohne jede Kompliziertheit. Eine scharfäugige und wißbegierige Frau, wie Angela, war hier in dem Moordorf fehl am Platz. Was nützten ihr die Freude an der medizinischen Technik, das Wissen, das sie aus den medizinischen Zeitschriften zog, die neuen Entdeckungen in der Welt, die Forschung und endlich die Wissenschaft? Was nützten sie ihr? Sie war ein Doktor geworden, eine Art von „Handwerker der Heilwissenschaft", und sie wußte genau, daß sie mit jedem Jahre einfacher wurde und immer mehr verbauerte.
Es ereignete sich, daß sie zu einem Bauernhaus im Moor gerufen wurde, es geschah meist nachts, da saß der alte Vater im Lehnstuhl, bewegungslos und ruhig. Die Bäuerin, ebenfalls eine alte Frau, hantierte am Herd.
Angela fragte, wo der Kranke sei, die Bäuerin deutete auf den alten Mann im Lehnstuhl.
Nach wenigen Augenblicken konnte sie feststellen, daß der alte Mann tot war. Der Tod mußte schon einige Stunden vorher eingetreten sein.
Sie teilte es der Bäuerin mit.
Da gab es kein Wehgeschrei, keine Sentimentalität, kein Jammern, nur die schlichte Feststellung:
„So ... hei is dot."

Auf Angelas Vorhaltung, daß sie es doch früher hätte bemerken sollen, sagte die Bäuerin kopfschüttelnd:
„Wissen Sie, Fräulein Doktor, er war immer 'n beeten stille."
So lebten die Menschen, so starben sie, unbemerkt und beinahe unbeweint. Für Angela war es wie die Begegnung mit der ursprünglichen und grausamen Natur, die auch nichts weiter kennt als Geburt und Tod.
Oftmals kam ein Kind zur Welt, nachdem Angela ihre Instrumente auf dem Herd im Kochkessel ausgekocht hatte. Ein Kind war da, ein neuer Mensch, ein Bewohner des Landes, der leben oder sterben würde, wie der Zufall oder das Schicksal es wollte. Die Einfachheit dieser Lebensuhr war es, die Angela zutiefst begriff. Nichts von irgendeinem geistigen oder seelischen Leben war in diesen Kreaturen. Sie beanspruchten nur die Hilfe, daß man ihre äußeren Schmerzen oder Gebrechen heilte. Angela fühlte, daß der ärztliche Beruf, wie sie ihn hier ausübte, nur einen geringen Teil ihres Wesens ausfüllen konnte.
Um so größer war ihr Interesse, daß das Grundstück, auf dem der Garten wuchs, die Bienenstöcke summten, die Hühner gackerten, daß dies ihr eigentliches Lebensfeld wäre.
An diesem Abend im März fiel ihr mit einem Male ein, daß ja ihr Geburtstag sei. Sie hatte ihn vergessen; sie dachte wenig an sich und nahm die Beschäftigung mit ihrem eigenen „Ich" nicht ernst.
Doch als sie in ihre Wohnung bei Schuster Harjes kam, da fand sie einen Topf mit Blumen auf dem Tisch, einen großen „Klaben", jenes mit Korinthen durchsetzte Weißbrot, das die Spezialität dieser Gegend bildete.
Angela war gerührt, sie holte das Ehepaar Harjes in ihr Zimmer, bedankte sich überschwenglich, dann holte sie eine Flasche Wein, es war noch eine aus ihren alten Beständen, ein Beaujolais, und trank mit dem Ehepaar zur Feier ihres Geburtstages.
Nach dem Trinken fiel Angela ein, daß sie noch gar nichts genossen hatte. Sie wurde plötzlich von einer solch bleiernen Müdigkeit befallen, daß sie nur ein Stückchen des Klabens dick mit Butter bestrich und ihn aß. Dann trank sie für sich ein großes Glas des roten Weines und schlief im Sitzen einfach ein.
Es war morgens drei Uhr, als Angela ihre Arztglocke hörte, sie rief hinunter und sah ein blitzendes Fahrrad.
Ein Mann stand daneben; er rief etwas Unverständliches zu ihr hinauf.
Als sie hinunterging, bemerkte sie plötzlich, daß Daniel Erdmann vor ihr stand. Sie musterte ihn erstaunt, ja, ein wenig ablehnend und herrisch. Er faßte ihre Hand:
„Sie müssen mich verstecken, Angela, ich werde verfolgt, die Republik ist zerschlagen."

Angela entzog ihm ihre Hand, machte ein unfreundliches Gesicht, als sie sagte:
„Was haben Sie sich auch in alles hineinzumischen, Daniel. Sie verstehen nichts von Politik, und nun haben die Ereignisse Sie erwischt. Und bei mir wollen Sie sich verstecken? Darf ich Sie fragen, wäre es nicht das Richtigste, Sie gingen zu Johanna?"
Daniel bestand darauf, mit ihr in den ersten Stock zu gehen, wo er sich im Wohnzimmer auf den Stuhl setzte und zu erklären versuchte.
„Mein Kopf ist auf allen Plakaten in der Stadt Bremen zu sehen. Das Dümmste wäre es, wenn ich zu Johanna ginge. Sehen Sie das ein?"
Angela nickte, aber sie empfand keine große Lust, sich für das politische Abenteuer Erdmanns in Ungelegenheiten zu bringen. Sie sagte:
„Man hat Sie vom Bahnhof zu mir fahren sehen, und Sie sind so naiv, daß Sie glauben, hier wäre eine Sicherheit. Sie hätten in ein anderes Dorf gehen müssen; ich schlage Ihnen vor, daß Sie Ihr Fahrrad nehmen und so schnell wie möglich damit nach Fischerhude fahren. Aber Sie müssen vorsichtig sein. Vorsichtiger als bisher. Ich denke gar nicht daran, Ihretwegen in Dinge verwickelt zu werden, die mich nichts angehen."
Daniel verschwendete noch viele Worte, um Angela zu beweisen, daß er hier am sichersten aufgehoben wäre. Er sagte:
„Wer weiß denn schließlich etwas von mir? Daß ich einmal hier ein Zimmer hatte, haben die Leute längst vergessen. Ich bin auf der Flucht, Angela, auf der Flucht, wissen Sie, was das heißt?"
Angela beschäftigte sich damit, einige Brote herzurichten, Kaffee zu bereiten, sie nahm den Ausbruch Erdmanns nicht tragisch.
Für sie war der Fall erledigt. Sie war so geartet, daß sie zwar für eine Idee, für eine sie überzeugende Idee alles riskiert hätte, aber Erdmanns selbstsicheres, skrupelloses Spekulieren mit politischen Möglichkeiten war ihrem Wesen zuwider.
Sie erinnerte sich eines Menschen, dem sie nur selten begegnet war, dieser Mensch lebte seiner Idee; trotzdem er aus reichem Hause war, wirkte er als Arbeiter in der Fabrik, und es war keine Pose. Diesem Menschen war sie begegnet, sie schätzte an ihm seine kindliche Art zu lachen und seine Angewohnheit, in der schwersten und unsichersten Zeit seines Lebens Märchenbücher zu lesen. Er pflegte dann zu sagen:
„Ich suche die höhere Wahrheit und bin gewiß, sie im Märchen zu finden."
Dieser reine, wundervolle Mensch hatte einen Schritt getan, der Partei gehorchend, trotzdem er selbst die Sinnlosigkeit seines Tuns eingesehen hatte. Dieser eine Mensch war es, gegen den Daniel Erdmann ein jämmerlicher, politisch ehrgeiziger Streber war.

Aber dieser eine Mensch war tot, er war 1919 in München erschossen worden und nahm seinen Tod so gelassen hin, daß seine Mörder ihn schlecht trafen.
Er hieß Eugen Leviné.
Angela konnte in Erdmann nichts anderes sehen als den ehrgeizigen Menschen, der nun, da er sich verspekuliert hatte, um Mitleid bat.
Aber sie blieb hart.
Erdmann mußte, nachdem er seinen Kaffee getrunken hatte, das Haus verlassen und fuhr mit seinem Rade fort. Freilich fuhr er nicht nach Fischerhude, sondern besuchte seine angebetete Johanna. Aber wie es der Zufall wollte, es dauerte nur eine kurze Weile, bis die Motorräder mit Uniformierten durch die Dorfstraße knatterten.
Daniel Erdmann wurde verhaftet, Johanna mußte mit ihm gehen, wurde aber nach einem Tage entlassen.

Als Kaspar Wunderlich von den Ereignissen in Bremen erfuhr, empfand er zwar keine Genugtuung über den Sieg der „Weißen", aber für ihn, den reinen, parteilosen Kommunisten, war es nur ein Beweis mehr, daß die Machenschaften der Politiker zum Ruin führen mußten.
Er hatte Pech. Man war in Bremen nicht gerade gut auf Leute zu sprechen, die in irgendeiner Hinsicht die kommunistische Bewegung gut hießen.
Es wehte ein ausgesprochen reaktionärer Wind dort, die Soldaten der Armee Gerstenberg waren zwar abgezogen, aber die Hanseaten fühlten sich doch in ihrem Glauben an „Ruhe und Ordnung" bestätigt.
Wie gesagt, Kaspar Wunderlich hatte Pech, denn nach einem sehr idealistischen Vortrag über „Liebe und Kommunismus" wurde er von der Bremer Polizei verhaftet.
Für Johanna war es eine bittere Zeit; ihr Freund Erdmann hatte seine zweimonatige Gefängnisstrafe angetreten, und ihr früherer Mann Kaspar Wunderlich weilte an demselben Orte, für kürzere Zeit zwar, aber als Gefangener.
Die Gefühle einer Frau sind schwer darzustellen, wenn sie zu einem Gemisch von Mitleid und Liebe gezwungen werden.
So ging es Johanna.
Für sie war Daniel der Held und Kaspar der Narr.
Den ersten bewunderte sie, aber sie konnte ihr Mitleid für Kaspar, der ihr recht übel mitgespielt hatte, nicht ganz unterdrücken.
So fuhr sie eines Tages nach Oslebshausen, wo sich das große Staatsgefängnis befand. Sie konnte einige kurze Minuten mit Daniel Erdmann verbringen, steckte ihm auch Zigaretten und Schokolade zu, aber seine Art schien

ihr so herablassend und gnädig zu sein, daß sie vor Liebe und Enttäuschung beinahe weinen mußte.
Anders war es mit ihrem Besuch bei Kaspar. Er hatte nur zwei Wochen Haft bekommen und war nahe daran, diese „gastliche Stätte" zu verlassen. Er benutzte die kurze Zeit des Wiedersehens dazu, um Johanna einen eindringlichen Vortrag darüber zu halten, daß das Unrecht, das ihm widerfahren sei, nur geringfügig und unwichtig gewesen war. Er sagte:
„Solange wir alle nicht begreifen, daß der einzelne die Pflicht hat, ein Beispiel zu sein, ein Symbol für die reine Ethik des Kommunismus, solange werden alle diese Dinge geschehen."
Kaspar war von einer allgemeinen Freundlichkeit, er erkundigte sich sogar nach dem Befinden der Kinder, aber er sagte nichts von seinen Plänen.
Als Johanna den Zug in Oslebshausen bestieg, hatte sie das Gefühl, mit geistig Erkrankten gesprochen zu haben. Das machte sie keineswegs froh.
Sie erlebte, als sie zu Hause war, das tägliche Einerlei des Landlebens.

Angela war in diesen Tagen sehr damit beschäftigt, den allgemeinen Gesundheitszustand ihres Bezirks zu heben. Sie sprach in den Versammlungen des „Ärzte-Vereins" in Osterholz-Scharmbeck, aber trotz des Beifalls hatte sie das Gefühl, daß diese älteren Kollegen gänzlich uninteressiert waren, in sozial-medizinischer Weise irgendetwas zu unternehmen.
Für sie war die Erscheinung eines Mannes wie die des sogenannten „Heilkünstlers" Kuno Wiedemeyer in Westerwede durchaus ein Anlaß, es ihren Kollegen klar zu machen, daß es Pflicht und Aufgabe jeden Arztes wäre, solche Quacksalber in der Gegend unmöglich zu machen.
Man sagte ihr:
„Das sind die typischen Nachkriegserscheinungen, die Bauern, die da zu ihm laufen und sich seine Teepackungen holen, sind selbst zu dumm, zum Arzt zu gehen."
Angela konnte sich mit Entgegnungen dieser Art nicht zufriedengeben, denn Kuno Wiedemeyer hatte Hunderte von Patienten, von denen sie genau wußte, daß sie bei diesem Schwindler einfach um Geld und Gesundheit geprellt wurden. Sie sagte:
„Sie haben eine merkwürdige Auffassung von den ethischen Aufgaben eines Arztes, meine Herren Kollegen, für mich ist es nicht nur die medizinische Wissenschaft, die ich durch Menschen wie Wiedemeyer gefährdet sehe, sondern ich sehe voraus, daß der gesundheitliche Tiefstand erschreckend werden wird."
Da erhob sich Dr. Lorenz aus Ritterhude, ein älterer vollbärtiger Landdoktor, so wie man ihn sich vorstellt, bieder und leicht versoffen, er sagte:

„Junge Dame, pardon, ich meine, Fräulein Kollega, ich verstehe ja Ihren Zorn, aber sehen Sie mal, dieser Wiedemeyer sammelt harmlose Blätter in Wäldern und an Wegrändern, trocknet sie und vermahlt sie zu einer Art ‚Teestaub'. Ich kenne die Packungen, es sind harmlose Sachen, man bekommt höchstens Durchfall davon, aber schweigen Sie mir von ‚Tiefstand' des Gesundheitswesens, das sind alles bloße Worte, an die wir Alten nicht recht glauben."
Angelas Kampf war aussichtslos, sie fand keinen Bundesgenossen, nicht einmal der Dezernent für das Gesundheitswesen im Landratsamt konnte ihr in irgendeiner Weise beistehen. Er sagte nur:
„Dieser Wiedemeyer ist im Grunde ein harmloser Mensch. Er ist billig, seine Mittel sind harmlos, seine Patienten gläubig, und er zahlt seine Steuern pünktlich. Also was sollen wir da tun?" Dies war das Bild, das sich der jungen Ärztin bot, gegen das anzukämpfen ihre Macht zu schwach war. Sie hatte nicht die Abgeklärtheit oder, besser gesagt, die Resignation der Alten, die Erscheinungen wie Wiedemeyer gar nicht ernst nahmen.
Es dauerte übrigens nicht lange, bis Wiedemeyer, nachdem er mit seinen „billigen Teepaketen" viel Geld verdient hatte, etwas Kriminelles beging, das seine Tätigkeit beendete.
Aber als Angela hier vor ihren Kollegen stand und mit dem Feuereifer und dem Schwung ihrer Jugend gegen das kämpfte, das ihr verabscheuungswürdig erschien, da war sie es allein, die ohne jeden Bundesgenossen den Versuch unternahm, die „Händler aus dem Tempel zu treiben".
In solchen Augenblicken sehnte sich Angela oft danach, wieder in Berlin zu sein, ihretwegen als die Assistentin von Altherr, aber entrückt von dem Stumpfsinn der verkalkten Ärzte, die nichts weiter im Sinn hatten, als ihren Lebensabend so friedlich wie möglich zu gestalten.
Der Kampf Angelas gegen die Tradition, die sie Schlamperei nannte, erschreckte die Kollegen. Eine Ärztin war um diese Zeit überhaupt etwas Ungewöhnliches. Und nun diese noch, diese kämpfende, rechthaberische und wirklich nicht dumme junge Ärztin, was sollte man mit der beginnen?
Eines Abends meinte der alte Dr. Boettjer, als er Angela traf:
„Sie begeben sich da auf eine gefährliche Bahn, Frau Kollega. Wir haben hier in dieser Gegend langjährige Bräuche, wir sind zwar den Neuerungen nicht abgeneigt, aber wir können sie ebenso entbehren. Was Sie an Hygiene und moderner Wohlfahrt vortragen, ist uns alten Ärzten hier nichts weiter als eine Störung unseres hergebrachten Daseins. Was versprechen Sie sich davon, Frau Kollega?"
„Ich verspreche mir nichts, aber ich kann nicht an den Errungenschaften der neuen Zeit vorübergehen, wie sie es tun. Es gibt Einrichtungen und neue Mittel, von denen sie hier keine Ahnung haben. Ich sehe das am stärksten

bei der Geburtshilfe. Die jeweilige Hebamme tut so, als ob ich als Arzt völlig überflüssig sei ..."
„Sie werden zugeben, Frau Kollega, daß die Vermehrung der Bevölkerung nichts zu wünschen übrig läßt."
„Und die Sterblichkeit? Das Kindbettfieber, das es in den Großstädten überhaupt nicht mehr gibt? Sie tun hier alle so, als ob es nie einen Semmelweis oder Robert Koch gegeben hätte. Ich kann das nicht mehr mit ansehen, Herr Kollege, ich muß meinen Weg gehen, und ich werde die Behörden zu Hilfe nehmen, um die Verbesserungen, die ich für nötig halte, durchzusetzen."
Dr. Boettjer blieb vor seinem Hause stehen, er sah die junge Ärztin an und sagte:
„Ja, unser Herr Landrat, Frau Kollega, ist so fortschrittlich wie Sie; aber er ist kaum beliebt. Kennen Sie ihn denn?"
Angela sagte, daß sie ihn einmal besucht hätte, eine Art Pflichtbesuch, sie hätte einen sehr guten Eindruck von ihm.
„Ein Landrat hat auch mehr Feinde als Freunde, besonders wenn er für Neuerungen ist", meinte sie.
Dr. Boettjer ging in sein Haus, sagte „Gute Nacht".
Angela fühlte wenig Lust nach Hause zu gehen, so entschloß sie sich, den Berg hinauf ins Café zu wandern.
Dort schlug ihr die Luft der Ausgelassenheit entgegen, denn Henry Hatje saß schon am Flügel und hämmerte seine beliebten Schlagermelodien, die er paraphrasierte. Ketten auf dem Flügel veränderten sein Spiel zu dem eines Orchestrions. Angela machte es großen Spaß. Nach der spießbürgerlichen Muffigkeit ihres beruflichen Disputes, nach all dem Geraufe mit den Ewig-Gestrigen freute es sie doppelt, in diese Atmosphäre der lärmenden Leichtigkeit zu kommen.
Sie stellte sich an den Flügel und unterhielt sich mit Henry, der sein verschlagenes Lächeln zu einer Art Grimasse verzog und in karikierender Weise sagte:
„Oh, Fräulein Doktor, welch eine Ehre ..., und jetzt spiele ich für Sie alle neuesten Schlager, soeben aus Amerika eingetroffen."
Henry Hatje benötigte keineswegs irgendwelche Noten. Er hatte alles im Kopf, Musik, Gedichte, Gemälde, alles, was ihn bewegte und beschäftigte, war in seinem Gehirn vergraben.
So spielte er fehlerhaft und mit Schwung die „Rhapsody in Blue" von George Gershwin. Er sang dazu, eine Sprache, die ein negerhaftes Englisch vortäuschte, aber in Wirklichkeit Hamburger Platt war.
Angela amüsierte sich köstlich, sie saß an einem Tisch mit anderen Künstlern, der Wirt Benno Ladenburg setzte sich auch dazu und gab in seiner

halbgebildeten Art politische Weisheiten zum Besten, die aber niemand ernst nahm.
Es war nicht leicht in diesen Tagen, um das Schicksal der Bremer Räte-Republik herumzuschweigen, Benno Ladenburg äußerte auch ungeniert seine Sympathien.
Aber die anderen Maler waren gänzlich uninteressiert. Angela war es, die sagte:
„Künstler eignen sich nicht dazu, Politik zu spielen. Ihr seht das an Daniel Erdmann. Er sitzt nun in Bremen, und wenn er rauskommt?"
Benno Ladenburg sagte grimmig:
„Und wenn ihn niemand aufnimmt, in meinem Hause ist Platz für ihn. Ihr könnt sagen was Ihr wollt!"
Es gab ein heftiges Durcheinandergerede, es fielen Worte wie „Salon-Bolschewisten" und ähnliches, und schließlich sah sich Angela gezwungen, das Café zu verlassen.
Nur Henry Hatje ließ sich durch nichts stören, er spielte seine Jazz-melodien, gemischt mit Sentimentalitäten aus Schlagern, dazwischen gröhlte er in seinem komischen Englisch-Deutsch eigene Lieder und hörte so abrupt auf wie er begonnen hatte.
Angela war nun zu Hause. Sie fühlte Müdigkeit und Unlust in sich, plötzlich empfand sie das ganze Gewirr des heutigen Tages wie eine Last. Sie ging hinauf in ihr Zimmer, nahm irgendein Buch in die Hand, ihre Gedanken waren weit fort, sie blätterte und war doch nicht befriedigt.
Es war spät in der Nacht, nach ein Uhr, als ein Bauer sie zu einer Entbindung rief. Halb bewußtlos holte Angela ihr Fahrrad, an dem ihre Instrumententasche hing, fuhr mit ihm über die schlechten, ausgefahrenen Wege. Es erschien ihr alles wie ausgelöscht zu sein, sie nahm alle Kraft zusammen, um sich auf ihre Arbeit zu konzentrieren.
Es gelangt ihr, nur in allem was sie tat, was sie dachte, spürte sie in sich die Frage: Bin ich eigentlich glücklich?

25. Kapitel

Die Maske fällt

Als die Haftzeit Daniel Erdmanns vorbei war, als er das Gefängnis in Oslebshausen verlassen konnte, da war für ihn eigentlich nur noch Johanna da, die irgendeinen Anteil an seinem Geschick hätte nehmen können.
Er fühlte sich wie am Anfang seiner Laufbahn; die Notwendigkeit, von vorn anzufangen, erschien ihm schwer zu sein, aber nicht unüberwindlich.
Johanna war es, die ihn am Gefängnistor erwartete, sie war mit einem Auto gekommen, das sie nun beide nach Bremen brachte.
„Hast du dir irgendwelche Vorstellungen gemacht, wie dein Leben nun ablaufen soll?“ fragte Johanna.
Erdmann, der mit Genuß eine Zigarette rauchte, sah sie an, es war im „Essighaus“ in Bremen, sie hatten gut gegessen und französischen Rotwein getrunken, Erdmann war gut gelaunt, als er sagte:
„Mir ist nur eines klar, Johanna, daß ich nicht mehr zurück in das Moordorf gehe. Wenigstens für die ersten Monate. Ich habe keine Lust, mich mit jedem auseinandersetzen zu müssen, warum ich dieses oder jenes gemacht habe. Ich gehe nach Berlin, dort sind alle Möglichkeiten für mich.“
Johanna verbarg ihre Enttäuschung nicht, sie hatte gehofft, daß Erdmann sein Leben nun in ihrem Hause verbringen würde. An die Art des Berufes freilich hatte sie nicht gedacht, für sie war er ein Mensch, der in allen Situationen des Lebens tätig sein konnte. So traf sie seine Antwort sehr. Aber sie sagte nichts.
Als der Zug aus der Halle des Bremer Bahnhofs fuhr, stand Erdmann am Fenster, lächelte wie ein abreisender Fürst, etwas huldvoll und gnädig, ohne jede persönliche Regung.
In Johanna hätte nun das Natürliche geschehen können, das sich in allen Frauen auslöst, jene Verwandlung von Liebe zu Haß, die so nahe verwandt sind.
Johanna war zu einfach, um ihn zu begreifen, sie konnte nicht verstehen, daß ein Mensch, der genau wußte, daß eine Frau nur auf ihn gewartet hatte, davongehen konnte in eine völlig ungewisse Zukunft. Was aus ihr werden würde, schien gleichgültig zu sein.

Sie hatte die Kunst nicht gelernt, einen Mann festzuhalten. Es ist keine schwere Kunst für eine Frau, die klug genug ist, ihre Kraft gebrauchen zu können. Aber Johanna war zu einfach. Für sie war die Beziehung zu Erdmann beendet, als der Zug nicht mehr zu sehen war.
Dabei war Erdmann, als er nach Berlin fuhr, gar nicht so sicher, daß dieser Schritt notwendig wäre. Ein Wort von Johanna hätte vielleicht genügt, um ihn zurückzurufen.
Aber das Wort wurde nicht ausgesprochen, es war nichts von ihr zu ihm gegangen, nichts, das ihn in seinen Beschlüssen hätte bestimmen können.
Als Daniel in Berlin ankam, fuhr er zuerst in das „Hotel am Zoo", in dem er sich ein gutes Zimmer aussuchte. Wie er das bezahlen würde, war ihm unklar. Es war ihm auch gleichgültig.
Daniel Erdmann hatte die Sicherheit eines Mannes, dem nichts mißlingen konnte, weil er an sich glaubte. Er war besessen von sich selbst, er war erfüllt von der Richtigkeit seines kleinsten Schrittes. Er verstand die Menschen nicht, die Überlegungen anstellten, Berechnungen sogar, nach denen sie ihre Handlungen einrichteten.
Daniel Erdmanns Natur war triebhaft, er meisterte den Augenblick ohne zu überlegen.
So fuhr er hinaus nach Dahlem, wo in einer der schönsten Villen jemand war, den er zu irgendwelchen Manipulationen gebrauchen wollte.
Es war ein Kaufmann, er hieß Siegmund Weinzierl und stammte aus Bayern. Dieser war von Erdmann ausersehen, für seine nächste Zukunft zu sorgen, eine Zukunft, die keineswegs kärglich oder mager ausfallen sollte.
Dieser Weinzierl war ein Kunstkenner, er sammelte alte Gemälde, Gobelins, Plastiken, mit denen er sein Haus vollgestopft hatte.
Etwas anderes gab es noch, aber davon wußte Erdmann nichts.
Es war das Wichtigste im Hause Weinzierl und sollte bedeutend werden und ausschlaggebend für das weitere Leben Daniel Erdmanns.
Es war Clementine, die fünfundreißigjährige Frau des älteren Siegmund, die in den Räumen der Dahlemer Villa ein prinzessinnenhaftes Leben führte. Clementine war das Kind ihrer Zeit; es bedeutet, daß sie ihre angeborene Vorliebe für Dinge des auserlesenen Geschmacks befriedigen konnte, es bedeutet gleichzeitig, daß sie ihrem Hang, sich mit Religiösem oder Künstlerischem zu beschäftigen, nachgehen konnte.
Die Nachkriegszeit gab der Frau das Recht auf das eigene Leben, man könnte es so formulieren, daß die Niederlage eigentlich ein Werk der Männer gewesen sei.
Als Entschädigung nun triumphierten die Frauen. Man könnte es so nennen, aber es würde nicht korrekt sein, besonders nicht in dem Fall Clementine, der ein besonderer war.

Daß sie den sinnlich-behäbigen Siegmund Weinzierl heiratete, war eine Laune, die sie niemals bereute.
Das Haus, das anbetend der Ehegatte baute, war weitschweifig und luxuriös. Es war der richtige Rahmen für die zarte Clementine, deren Herkunft niemand ganz erraten konnte; sie selbst erzählte darüber verschiedene Versionen.
Und Siegmund war verschwiegen.
Als Daniel Erdmann das prächtige Haus betrat, da wurde er gleich von dem Schwung der Großartigkeit der Anlage betroffen. Und als er Clementine gegenübertrat, die ein schwarzsamtenes, eng anliegendes Kleid trug, eine fast chinesische Frisur hatte und einen bräunlichen Teint, da konnte Daniel nichts anderes tun als staunen.
Er erholte sich rasch, er kletterte immer auf die nächsten Sprossen seiner eigenen Möglichkeiten. Es war seine Begabung, faszinierend zu wirken und die Wirkung auszukosten. Er tat es bewußt, skrupellos und hatte die Sicherheit eines Menschen, der an seine Erfolge glaubt.
Clementine sah das Schauspiel, das er ihr darbot, mit Staunen. Aus dem Staunen wurde Interesse, und daraus wuchs langsam das, was Daniel beabsichtigte: förderndes Verständnis.
Er war nicht dumm genug, als daß er ein Ziel blindwütig hätte erreichen wollen, er spürte, daß der reiche Weinzierl den Wünschen seiner Frau willfährig und hörig war, und alle Johannas der Welt konnten nichts dagegen tun, gegen das leise und ausdrucksvolle Lächeln Clementines.
Der Mittag im Hause Weinzierl verlief genauso, wie ihn Daniel geplant hatte. Nach einer zögernden Annahme der Einladung wurde daraus ein Gelage, das selbst für Siegmund Weinzierl ungewöhnlich war. Er vertrug eine Menge, aber dieser Herr Erdmann mit seiner unübertrefflichen Beredsamkeit trank ihn im wahrsten Sinne des Wortes unter den Tisch. Nur Clementine nippte an den Weinen, sie beobachtete die beiden Männer, in ihren Augen war der Triumph deutlich, den sie empfand, daß es Erdmann gelungen war, den sicheren und trinkfesten Siegmund zur Strecke zu bringen.
Es war ein dämmriger Nachmittag, als Clementine und Erdmann zusammen im Zimmer saßen, oben vor den großen Fenstern, vor denen die Bäume ihre Äste im Sturm hin und her schüttelten.
Es war Daniel nicht anzumerken, daß er einen Tropfen Alkohol genossen hatte, sein Blick war klar, seine Hand zitterte nicht, und Clementine sah den grünen Smaragdring, von dem sie ihre Blicke nicht lassen konnte.
Als Daniel Erdmann sagte: „Ich war acht Wochen im Gefängnis, ich war Volkskommissar der Bremer Räte-Republik“, da staunte Clementine über die lächelnde Ruhe, mit der er das sagte.

Sie hatte radikale Menschen, Umstürzler und Revolutionäre anders kennengelernt: nicht so geschmeidig und biegsam, nicht so wendig im Gespräch und im bürgerlichsten Sinne „anständig". Aber Erdmann machte keinen Hehl aus seiner Überzeugung. Er sagte:
„Es ist ein bürgerliches Vorurteil, zu glauben, daß wir Kommunisten das schlechte Leben propagieren, im Gegenteil, unser Ziel ist es, daß es überhaupt nur ein gutes Leben gibt."
„Ihr politischer Kommunismus scheint sich sehr den bürgerlichen Verhältnissen angepaßt zu haben, Herr Erdmann", sagte Clementine, etwas spöttisch vielleicht, aber durchaus überzeugend und überlegt.
Erdmann brachte es nicht aus der Ruhe, seine Antwort war:
„Das bürgerliche Leben existiert gar nicht mehr, Frau Clementine. Sie leben von den Resten einer musealen Vergangenheit, die längst überwunden ist. Aber ich genieße die Reste, sowie man eben auch die Trümmer von Pompeji genießt, ohne daraus das Ideal einer zu bauenden Stadt zu machen."
Clementine sah das Gesicht Erdmanns unbewegt, höflich lächelnd, sie dachte: Wann werde ich in ihm das entdecken, was schließlich in jedem Mann ist: die Gier und die Freude am sinnlichen Rausch.
Aber sie sagte: „Die Reste sind noch sehr zahlreich, Herr Erdmann, sie werden Jahrhunderte benötigen, um sie zu entfernen. Und vorläufig richten Sie sich in den Ruinen ein, so gut es geht, und genießen, nicht wahr, Herr Erdmann?"
Daniel Erdmann wußte an diesem Nachmittag, daß das „Haus Weinzierl" für ihn das werden sollte, das er sich immer erträumt hatte. Und Clementine war eine überraschende Bereicherung dieses kärglichen Daseins, das er führen mußte.
Jawohl, Erdmann nannte sein Dasein kärglich, er sprach es nicht aus, aber er sagte es zu sich selbst, er hatte Stunden, in denen er sein Leben in der Armseligkeit sah, wie es eigentlich war. Sein Ehrgeiz ging dahin, aus dieser Armut herauszukommen, er hatte nicht das Zeug dazu, ein Torfbauer zu werden oder gar ein Ehemann, der für seine Familie zu sorgen hat und glaubt, daß dies der Sinn seines Seins ist.
Erdmann fühlte in sich das Zeug zu anderen Dingen, die Zeit um ihn herum schrie nach ihm. Selbst das Fehlschlagen seines politischen Beginnens war für ihn erhebender gewesen als der große Stillstand, der kommen würde, wenn er sein Tätigsein verlieren würde.
Er saß mit Clementine in der Loge des Theaters, von ferne hörte er die prunkvolle, schönklingende Puccini-Musik. Für ihn war es nur ein Mittel, um dieser Frau näherzukommen. Er haßte Musik leidenschaftlich, er nannte sie die „Überbetonung des Gefühls".
Und je wirkungsvoller um so schlechter.

Puccini war für ihn ein Lügner, denn die Menschen schwelgten in der Verlogenheit dieser Klänge, die ihre eigentlichen Wünsche zudeckte und betäubte. Erdmann wollte Klarheit. Wachheit, das sichere Sehen des furchtlosen Auges, das Leben ohne Angst, das Leben ohne Selbstbetrug, das erschien ihm notwendig zu sein für alles, was er vorhatte.
Als die Musik aufrauschte, legte er die Hand auf die Clementines; sie ließ es geschehen. Er hätte in diesem Augenblick auch morden können oder rauben oder eine Liebesszene aufführen, es wäre ihm egal gewesen, dies Handauflegen war für ihn nur eine Geste, die bedeuten sollte, daß er sein Ziel kannte.
Anderen Tags hatte er jene Unterredung, die für ihn der Zweck dieser Berliner Reise gewesen war. Siegmund Weinzierl wurde überzeugt, daß es für ihn keine bessere Kapitalanlage geben würde, als ein verfallenes Gebäude mit einem großen Gelände in Worpswede zu erwerben.
Es kostete Erdmann keinerlei Mühe, den wohlhabenden Mann davon zu überzeugen, daß in dieser Zeit der Geldentwertung es das Beste wäre, Grundbesitz sein eigen zu nennen. Erdmann entwickelte bestimmte Pläne, die lange vorher überdacht waren, er entwarf ein Etablissement, ein Hotel größten Stils, das die Fremdenattraktion des Ortes werden würde.
Es war einem Mann wie Siegmund Weinzierl ganz gleichgültig, in was für ein Unternehmen er sein Geld steckte. Seine Wohlhabenheit war mit den Jahren gewachsen, und seine Beziehungen zum Ausland, sein Handelsverkehr über die Grenzen Deutschlands hinaus, ermöglichten ihm so großzügig zu sein, daß Daniel Erdmann begeistert aufsprang und in seiner herrischen, aber diesmal zustimmenden Art sagte:
„Sie sind der rechte Mann, Leute wie Sie können wir brauchen. Setzen Sie mich als Geschäftsführer des Ganzen ein, Sie werden keine Sorge mehr haben."
In diesem Augenblick kam Clementine die Treppe herunter, sah die beiden Männer in einer gewissen erregten Unterhaltung, sie empfand das Schauspiel, als ob es eine Huldigung für sie wäre. Sie verstand nichts von Geschäften; der Reichtum war für sie nur ein Mittel, um ihre eigene Wirkung zu vergrößern.
Den Widerspruch, daß der kommunistische Erdmann die Interessen der Besitzenden sozusagen entgegen den Prinzipien des Sozialismus wahrnahm, nahm Clementine als klaren Beweis dafür, daß Erdmann ein Mensch sei, der in allen Sätteln gerecht wäre.
Clementine liebte nicht Männer, deren Lebenswillen von Prinzipien geleitet wurde. Ihr war es egal, ob das Prinzip ethisch oder unethisch war. Sie liebte die Menschen des Augenblicks, der Impulsivität; sie liebte auch den Widerspruch, sie sagte oft:

„Im Paradoxen liegt die größte Weisheit. Manche schelten es eine Spielerei, aber es ist ein Jonglieren mit dem Geist, und ein Geist, der starr und unelastisch ist, hat keine Berechtigung."
So war Clementine, und Erdmann empfand ihre Art wie eine Bestätigung seiner eigenen Lebensgesetze.
„Nur im Genuß liegt die Fähigkeit, die Gesetzmäßigkeit zu studieren. Nur der Denkende ist genußfähig, der Spießer hat nicht einmal dazu Talent."
So sprach Erdmann, als er mit Clementine auf der Terrasse des schönen Hauses saß, als der Springbrunnen rauschte und die Sonne ihnen heiß und sengend auf den Kopf schien. Sie paßten zueinander, das heißt nicht, daß sie füreinander geschaffen waren. Ihre Begegnung war eine zufällige, aber sie verstanden es beide, den Zufall zu benutzen.

Als Erdmann nach dem kleinen Moordorf Worpswede zurückkehrte, war der erste Mensch, den er traf, die junge Ärztin.
Sie gehörte zu den Menschen, vor denen er eine gewisse Scheu hatte. Eine widerspruchsvolle Tatsache, gewiß, aber die unerschütterlichen klaren Augen Angelas waren es, die die Lüge Erdmanns durchschauten. Und sein Leben kannte nur dies: Erfolg um jeden Preis, Lüge war für ihn ein bürgerliches Vorurteil, er war ein Anbeter des Erfolges, wie selten einer. Und die junge Ärztin kannte Daniel Erdmann zu gut, als daß sie sich täuschen ließ. So hörte sie, ohne ihr Gesicht zu verziehen, die Tiraden an, mit denen Daniel seine Berliner Erfolge schilderte.
Er trug eine lederne Reisetasche in der Hand, hatte seine Reisedecke über die Schulter geworfen und machte den Eindruck eines flotten und verwegenen Burschen. Aber Angela sah in ihm die Jämmerlichkeit seiner Existenz, die sich überall entwickelte, wo er mühelos, ja, kostenlos existieren konnte.
Er ging an diesem Abend zu Johannas Wohnung, er erschien in ihrem Hause, und sie, die ihn nicht erwartet hatte, begrüßte ihn mit mehr als freundlicher Herzlichkeit.
Es war für Daniel eine schöne Aufgabe, die Pläne zu entwickeln, auszuarbeiten, die für den Ausbau des verfallenen Grundstücks notwendig waren; er hatte keinerlei Hemmungen, die Menschen für sich dienstbar zu machen, ob es ein Knecht war oder sonst jemand. Er ließ das Grundstück saubermachen, herrichten, dann verfiel er auf die ihm grandios erscheinende Idee, den Edelkommunisten Kaspar Wunderlich für die Ausschmückung des geplanten Hotels mit heranzuziehen.
Es war eine seltsame Unterredung zwischen den beiden, aber schließlich benötigte Wunderlich Geld für seine Kommunistenfreunde, und schließlich

war er ein bekannter Künstler, der innendekorative Sachen gefällig und mit Geschmack entwerfen konnte.
Zuerst lehnte Wunderlich jede Mitarbeit ab; er sagte:
„Nie wirst du mich dazu bekommen, daß ich für diese kapitalistische Ausbeutung meine künstlerische Kraft zur Verfügung stelle."
Aber dann bewies Erdmann, daß kein Kompromiß nötig sei, im Gegenteil, er zeigte dem Maler, daß er auf den großen Flächen des neu zu erbauenden Hauses Gelegenheit haben würde, seine Ideen in Form zu bringen.
Daniel hatte die nötige Überredungskunst, um Kaspar Wunderlich schließlich zu einem Entwurf zu bewegen. Er sagte:
„Jeder Strich wird bezahlt, jeder Entwurf ist Gold wert. Niemand verlangt von dir etwas umsonst. Und schließlich widerspricht das doch nicht deinen Ideen. Wir müssen den Kapitalismus dazu benutzen, für unsere Zwecke dienstbar zu werden. Hier hast du die Gelegenheit zu zeigen, was du kannst."
Und Kaspar Wunderlich entwarf Bilder, die märchenhaft und phantastisch waren, aber in sich eine Glückseligkeit trugen, die für ihn das Ideal der neuen Menschheit darstellte. Er entwarf Landschaften, Gebirgszüge, Menschengruppen, die Fahnen schwangen, Musik spielte irgendwo, und das Ganze war in heiterste, lebendigste Farbigkeit getaucht.
Denn Kaspar Wunderlich war ein großer Künstler, das wußte Daniel, und es war der Grund, weswegen er so eindringlich ihm zuriet, den Entwurf so gründlich wie möglich auszuführen.
Johanna staunte; sie sah den Mann, mit dem sie jahrelang zusammengelebt hatte, begeistert und erfüllt von Ideen, die seine eigenen waren. Sie sagte nichts, sie lächelte nur, wie das ihre Art war.
Es dauerte noch einige Monate, bis die Handwerker das nötige Material zum Neubau zur Hand hatten. Und immer war Daniel Erdmann anfeuernd und belebend dabei.
Er, den irgend jemand einmal einen „faulen Strick" genannt hatte, war der Unermüdlichste von allen. Er überwachte den Tischler, die Zimmerleute, er veranlaßte, daß Kaspar Wunderlich phantastische Hecken und Springbrunnen entwarf, er war es, Daniel Erdmann, der alles aus dem Boden zu stampfen schien, das Lebendige und das Tote.
„Du bist eigentlich ein Künstler", sagte Johanna eines Tages zu ihm. Daniel lächelte geschmeichelt und sagte:
„Ich kann alles was ich will. Und mein Wille ist ohne Grenzen."
Nach einigen Monaten kam Herr Siegmund Weinzierl aus Berlin gefahren, um den Bau und die Gartenanlage zu besichtigen. Es war der große Horchwagen, der allgemeines Aufsehen im Dorf erregte, und die Kinder belästigten den vornehmtuenden Chauffeur, als dieser sich nach dem Weg erkundi-

gen wollte. Man bemerkte in dem Wagen außer dem jovial blickenden Herrn noch eine vornehm angezogene Dame, es war Clementine.
Es war alles in allem eine große Sensation für das Dorf.
Erdmann befand sich gerade auf dem Grundstück, als der Wagen heranbrauste. Er hatte eine kurze Hose an, ein Hemd mit halben Ärmeln, auf dem Kopf so etwas wie eine Arbeitermütze. Er machte durchaus den Eindruck eines tätigen Menschen.
Weinzierl bewegte sich mit äußerstem Mißtrauen den Weg entlang, der gerade an diesem Tage fertiggeworden war. Clementine dagegen gebärdete sich wie ein junges Mädchen, sie winkte und rief zu Daniel hinüber und versteckte keineswegs ihre große Freude, ihn wiederzusehen.
Der Brief, der die Ankunft des Ehepaares hätte melden sollen, kam zu spät. So war die Ankunft eine wirkliche Überraschung, und Daniel Erdmann liebte es keineswegs, von Tatsachen überrascht zu werden. Aber er war gewandt genug, um es nicht merken zu lassen.
Er führte das Paar durch den Garten und die schon fertiggestellten Teile des Hauses, im Hauptsaal war der Maler Kaspar Wunderlich gerade damit beschäftigt, seine Wandgemälde anzubringen.
Siegmund Weinzierl brummte so etwas, das Befriedigung ausdrücken konnte. Aber es war nicht genau festzustellen. Clementine gebrauchte das Wort „interessant" so oft, daß Daniel Erdmann geradezu nervös wurde.
Vor den Gemälden des Malers Wunderlich ereignete es sich, daß Weinzierl in all dem Märchenhaften plötzlich eine Gruppe Menschen entdeckte, die eine rote Fahne trugen. Stirnrunzelnd, fragend äußerte sich der Kaufmann: „Können die denn keine andere Fahne tragen als gerade eine rote?"
Kaspar Wunderlich, der trotz seines Malkittels und seines unfrisierten Kopfes wirklich „interessant" aussah, sagte:
„Das ist die Fahne der Zukunft, Herr Weinzierl ..., und die Jugend kann schlecht etwas anderes vor sich hertragen ..."
Wäre in diesem Augenblick nicht plötzlich Johanna aufgetreten, unvermutet und rasch, mit ihren schnellen Schritten durch den Garten laufend, direkt auf Daniel zu, der nicht wußte, wie er ihr beibringen sollte, daß er nicht zu sprechen sei, wäre dieses Ereignis nicht eingetreten, der Maler Wunderlich hätte sicherlich einen längeren Vortrag über Politik und Kunst gehalten.
Johanna hatte ihr einfaches blaues Kleid angezogen, das nur mit einem kleinen weißen Kragen verziert war, sie trug ihr blondes Haar in wohlgeordneten Flechten kranzförmig um den Kopf, sie sah jünger aus als sie war, sie atmete Frische und Unmittelbarkeit aus.
Neben Daniel stand die fremde Dame in ihrem dunkelgrauen Reisekostüm. Johanna begriff sofort, wer sie sei. Sie fühlte im selben Augenblick, daß diese Frau ihr schaden würde wo immer sie konnte.

Daniel Erdmann stand ruhig da, er hatte seinen Arbeitsanzug nicht gewechselt, aber es schien Johanna, als ob er in Regionen gerückt sei, zu denen sie keinen Zutritt hatte.
Sie fühlte den festen Händedruck Clementines, sie sah ihren lächelnden Mund, schön geformte Zähne, sehr schwarzes Haar unter der Reisemütze hervorblicken, sie umfaßte Clementine mit einem Blick, sie erwiderte den Händedruck zurückhaltend und scheu, wie das ihre Art war. Dann kam Weinzierl; er verbreitete sofort eine Atmosphäre der freundlichen, aufmunternden Zuversicht um sich, von ihm ging eine Sicherheit aus, die seinem Temperament entsprach. Er lobte in seinem fränkischen Deutsch die Anlage des Gartens, die Schönheit des Hauses und sagte betont:
„Ihr Mann, Frau Wunderlich, ist ein wirklich großer Künstler, nur hat er politische Marotten, aber ...“, er lachte freundlich, „die Künstler sind ja alle etwas verschroben. Man darf sie nicht ernst nehmen, nicht wahr, Frau Wunderlich?“
Es war eine Situation, die nicht besonders behaglich zu sein schien, denn Johanna wußte kaum, was sie zu antworten hatte, sie sagte:
„Künstler ... sind ja auch eine Art von Menschen, für die man als Frau sorgen muß. Aber ich lebe nicht mehr mit Kaspar Wunderlich zusammen, er hat seine Politik, seine Kommune, die bevölkert unser früheres Heim. Ich bin allein.“
Als sie das sagte, sah Daniel Erdmann zu Boden, er vermied es, in dieses Gespräch hineingezogen zu werden. Als er sich aufrichtete, sagte er:
„Jetzt wollen wir unseren Gästen zuerst einmal Kaffee vorsetzen, nicht wahr, Frau Johanna?“
Clementine merkte sofort, daß sich hier ein Schauspiel entwickelte, in dem sie wahrscheinlich eine nicht unbedeutende Rolle zu spielen hatte; sie schien amüsiert, nahm Johannas Arm und sagte:
„Wir Frauen müssen wohl erst vorangehen, denn es scheint ja nicht zu wohnlich im Hause eingerichtet zu sein.“
Doch Erdmann wurde erregt, als er sagte:
„Es ist alles hergerichtet, Frau Clementine, wir können alle zusammen gehen.“
Und dann saßen sie auf der Terrasse des Hauses, Herr Weinzierl, Daniel Erdmann, Clementine und Johanna.
Plötzlich kam ein seltsames Tier aus dem Gebüsch hervor, es war ein Pfau, der schlug ein Rad und zeigte sich von seiner schönsten Seite.
„Haben Sie das auch arrangiert?“ fragte Clementine.
Erdmann nickte, sehr gut gelaunt:
„Ich bin hier für alles verantwortlich, für das Schlechte und für das Gute, und das Schlechte hoffen wir mit der Zeit loszuwerden.“

Nach einiger Zeit erschien der Maler Wunderlich, er hatte noch seinen Malerkittel an, er war wie entrückt in seiner Welt der Farben, er sah nicht recht, was die Anwesenden taten und hörte auch nicht ihr Gespräch, er hatte seine üblichen Zustände, die Johanna so gut kannte.
Weinzierl sah den Maler an, der aussah, als ob er jeden Augenblick zusammenbrechen würde, aber Clementine legte die Hand auf die des Gatten und sagte leise:
„Laß ihn ... das ist so bei Künstlern ... Es geht vorüber."
Es war still um den Tisch geworden, der Springbrunnen rauschte, von irgendwoher kam das Geblök einer Kuh, der Maler Wunderlich starrte vor sich hin, er sah durch alle hindurch, er war in seiner Welt. Vielleicht war es die eigentliche, die wirkliche, die nichts Irdisches an sich hatte.
Clementine beobachtete Johanna, die etwas zusammengeduckt auf ihrem Platz saß, wie lauernd und abwartend. Weinzierl schnaufte hörbar, nur Erdmann saß ruhig da, sog an seiner Zigarette und blies den Rauch durch die Nase.

26. Kapitel

Das illuminierte Kartenhaus

Wenn Angela mit ihrem Fahrrad durch das Dorf fuhr, begegnete ihr oft Daniel Erdmann in Begleitung von Frau Clementine. Es war für sie völlig klar, daß Daniel hier für sich selbst eine Möglichkeit gefunden hatte, wo er seinen Ehrgeiz nach Anerkennung und Zustimmung zufriedenstellen konnte. Sie begrüßte das Paar mit jener liebenswürdigen Zurückhaltung, dem unmerklichen Lächeln, von dem man nicht sagen konnte, ob es Spott oder Zustimmung bedeutete.

Der Kaufmann Weinzierl war längst nach Berlin zurückgefahren, er hatte versprochen, zur Einweihung des neuen Hotels, des Etablissements, zurückzukehren, aber es stand nicht fest, wann diese stattfinden würde.

Die Mark befand sich im Sinken, wurde wertloser mit jedem Tag, und die Säcke voll Papiergeld, die man mit sich herumschleppte, waren nur ein Zeichen dafür, wie wertlos all diese Geldscheine geworden waren. Angela ließ sich von ihren Bauern nur noch in Naturalien bezahlen, die Krankenkasse schickte ihr zwar bares Geld ins Haus, aber bis es ankam, war der nominelle Wert längst geschwunden.

Angela lebte angestrengt und mühsam arbeitend, während Erdmann und Clementine den Eindruck von Genießern machten, für die der Wert des Geldes keine Rolle spielt.

Es gab Stockungen im Vollenden des Baues, denn die Zahlungen wurden so wertlos, daß der Tischlermeister Oelfken sich weigerte, das Gebälk für das kleinere Haus fertigzustellen, da er kein Material bekommen konnte.

In dieser Anarchie der Geldentwertung war der Besitzende, der Grund und Boden oder Lebensmittel hatte, der Herr und König.

Aber Clementine verfügte ja über Geldmittel, die eine ausländische Währung trugen und war so leicht in der Lage, die zaudernden Handwerker zufriedenzustellen. Es war das Jahr 1923, in dem der deutsche Staat nicht nur an seiner Geldpolitik, sondern auch infolge eines Umsturzversuches beinahe zu Fall gebracht wurde.

Es waren die ersten Novembertage, genau gesagt der 9. November, als die Zeitungen verkündeten, daß ein Parteiführer in München, der den Namen Hitler trug, die Macht an sich gerissen hätte. Hier in dem Moordorf war es

keine besondere Wichtigkeit, zumal der Putsch in einem Tage niedergeschlagen wurde.
Aber dann kam jenes Ereignis, das den ganzen Zauber des Papiergeldes in nichts verwandelte, es wurde die Rentenmark geschaffen und dadurch die Mark stabilisiert. An dem Gemeindehaus des Moordorfes und an der Sparkasse waren große Plakate befestigt, auf denen geschrieben stand:
„Wer hat die Rentenmark gemacht,
der Demokrat, der Dr. Schacht."
In all dem Wirrwarr, der Unruhe und Zerrissenheit der Zeit wuchs das Etablissement zu seiner Vollendung empor. Das Haus mit seinen weitausladenden Flügeln schien dazu geschaffen, den Vergnügungen und Zerstreuungen der Menschen zu dienen. Es wurde ein kunstvoller Bau, der Mittelteil war noch wie der Rest eines Bauernhauses geblieben, aber die Seitenflügel liefen in spielerischen Schnörkeln aus, die der Maler Wunderlich erdacht hatte. Das war so seine Art, ein geradezu barockes und revolutionäres Gebäude.
Am Eingang waren die Garagen in schwungvollen Bogen untergebracht, und es geschah, daß man sogar einen Namen für das Etablissement fand.
Er kam aus Clementines Mund, die nachlässig und in ihrem wiegenden Gang quer durch das Gelände ging, das Widerspruchsvolle des Gebäudes sah, das eigentlich seltsam wirkte. Heroismus und Spielerei zugleich, das war ganz nach Clementines Geschmack, und sie sagte plötzlich:
„Wenn dieser Arkaden-Hof nicht in diesem verlassenen Erdenwinkel stehen würde, dann wäre er sicher der Mittelpunkt des Lebensgenusses."
In den darauffolgenden Tagen war Daniel Erdmann wenig in dem Etablissement zu sehen. Er vernachlässigte alle; von Johanna ganz zu schweigen, die er überhaupt in den letzten Wochen sträflich beiseite geschoben hatte. Er kümmerte sich nicht mehr um die Vollendung des Baues, und Clementine begann sich zu langweilen.
Aber wie ein Blitz kam Daniel unvermutet zu irgendeiner Tageszeit angefahren, dann sagte er:
„Ich laufe herum, ich fahre umher, ich trompete den Namen ‚Arkaden-Hof' in alle Ohren. Es gibt keine Presse im ganzen Land, die ich nicht mit Annoncen überschütte. Und über allem steht deine Erfindung ... deine Entdeckung ... dein Name: ‚Arkaden-Hof'."
Er murmelte noch etwas, daß die Presse bald käme, um das Etablissement zu besichtigen, aber er verschwand so schnell wie er gekommen war.
In den Zeiten seiner kurzen Anwesenheit trank er Weingläser voll Cognac, rauchte Zigaretten so viel wie nie zuvor, machte den Eindruck eines Menschen, der von einem unbekannten Willen gepeitscht wird.
Und Daniel Erdmann kannte nur eins: den Erfolg zu erzwingen.

Er ließ den Maler Wunderlich zarte Zeichnungen entwerfen für Einladungskarten, aber es mußte im Nu geschehen, er fuhr mit seinem Wagen in die Druckereien, er war besessen von seiner Idee, den Erfolg, trotz der Ungunst der Zeit, zu erzwingen.
Einmal kam Siegmund Weinzierl mit seinem Auto daher, sah seine Frau etwas verstört und besorgt dasitzen, fragte verwundert:
„Wo ist denn Daniel Erdmann?"
„Ich sah ihn nicht, niemand sieht ihn, das Hotel wird in wenigen Tagen eröffnet, das ist der Grund seiner Abwesenheit, weiter weiß ich nichts."
Weinzierl hatte vor, mit Erdmann Geschäftliches zu besprechen, denn die Situation der stabilisierten Mark war durchaus nicht günstig für ein Etablissement wie dieses hier. Aber es war unmöglich, in diesen Tagen Daniel Erdmann zu erreichen, er war einfach nicht zu sprechen.
Eines Morgens kam er mit einigen Herren in seinem Auto vorgefahren, es waren Herren von der Presse, denen er das Unternehmen ausführlich zeigen wollte. Er verstand es ausgezeichnet, die Herren so zu führen, daß sie einen genauen Überblick über das Haus bekamen; es war fast alles fertig in den Räumen, das wenige, das noch zu tun war, deutete Daniel ihnen mit erläuternden Handbewegungen an.
Die Situation des ganzen Grundstücks, seine unvergleichliche Lage, von den Birkenalleen umrahmt, gab trotz des rauhen Novemberwetters ein malerisches Bild.
Sogar Frau Clementine hütete sich an diesem Tage, sichtbar zu werden. Sie blieb in ihrem Raum, sie wußte genau, daß sehr viel auf dem Spiele stand, daß das Ganze erfolgreich wurde.
Erdmann ließ ein Frühstück in dem Hauptsaal auftragen, wo das Gemälde des Malers Wunderlich in seiner barock-revolutionären Art den Raum beherrschte.
Einmal schien es, als ob einer der Redakteure etwas zu dem Bild sagen wollte, aber Daniel wußte es zu verhindern. Ihm lag daran, das Ganze so solide und fundiert wie möglich vorzuführen.
Er hatte einen kurzen Bericht vorbereitet, den er wie improvisiert sprach. Als die Herren fortfuhren, hatte Erdmann den Eindruck, daß er eine Schlacht gewonnen hätte. Ein wenig ironisch dachte er nach über das Wort „Schlacht", als er da in seinem Büro saß.
Daniel Erdmann hatte sein eigenes Büro, so wie er es sich erträumt hatte. Frau Clementine hatte dafür gesorgt, daß alles Nötige für ihn vorhanden war. Da stand auf dem Schreibtisch das Telefon, ein großes Gemälde des Malers Wunderlich zierte die Rückwand, ein bequemer Armsessel war vor dem Diplomatenschreibtisch, und Daniel Erdmann fühlte sich wie nie zuvor.

Früher waren seine Träume höher hinausgegangen, er hatte sich als Minister oder Präsident irgendeines Staates gesehen, und nun war er Direktor eines Etablissements und Hotels in einem Moordorf geworden.
Aber Clementine war da, sie leuchtete durch alle Räume, die Säle waren festlich dekoriert und geschmückt, selbst die revolutionären Bilder des Malers Wunderlich wirkten harmlos und zahm. Kerzen standen auf jedem Tisch, der Weinkeller war gefüllt, genügend Cognac und Likör waren vorhanden, die Köche warteten in ihren weißen Uniformen, Kellner waren da, Zimmermädchen und Bediente.

27. Kapitel

Einweihung

Am Tage der Einweihung erhielt der Direktor des Etablissements, also Daniel Erdmann, einen Brief der Sparkasse in Lilienthal, daß sie es sehr gerne hätte, wenn er in den nächsten Tagen vorbeikommen würde. Grund: Zurückzahlung der Hypothek.

Es war Erdmanns besondere Tat gewesen, daß er einen Teil des zum Umbau benötigten Geldes selbst aufgetrieben hatte. Es war seine Absicht, dem Geldgeber Weinzierl zu zeigen, daß er auch dazu in der Lage sei.

Aber Erdmann störte es wenig, denn der wichtigste Tag lag vor ihm und versprach schön zu werden. Die Bestellungen waren zahlreich, alle Tische besetzt, das Orchester war das beste, das er auftreiben konnte, und über allem wölbte sich ein blaßblauer Himmel, in dem die Novembersonne zaghaft sichtbar war. Die Ereignisse des Tages begannen sehr frühzeitig; Daniel befand sich in seinem Büro, er studierte die Pläne, es schien alles auf das Beste vorbereitet zu sein.

Frau Clementine verließ ihr Zimmer nur zum Mittagessen, sie hielt sich sehr zurück, sie war einfach nicht vorhanden, so wollte sie es. Und Daniel respektierte das.

Johanna war, wie in den letzten Wochen, aus seinem Leben fast ganz entschwunden. Was sie dachte und tat, kümmerte ihn nicht. Er war ein Mensch, der seinen Willen durchsetzen mußte, und wenn ihm jemand nicht nützlich war, vergaß er ihn.

Es war mittags zwei Uhr, als das große Auto des Herrn Siegmund Weinzierl vorfuhr. Er hatte an diesem Tage nichts besseres zu tun als seiner Frau ein wenig den Hof zu machen, mit seinem Hund zu spielen und so zu tun, als ob ihn die Sache nichts anginge.

Die Sache!

Es war das Etablissement, der „Arkaden-Hof“, es war das Werk, für das Daniel Erdmann gearbeitet und gezittert hatte. Es mußte gelingen, trotz der ungünstigen Zeitumstände den Sieg davonzutragen.

Weinzierl begrüßte Erdmann flüchtig, dann ging er mit seiner Frau ein wenig spazieren. Als sie die Straße zum Ausgang des Grundstücks entlanggingen, sah ihnen Erdmann nach, er dachte:

‚Ein ungleiches Paar, aber vielleicht sind sie sich irgendwie ähnlich ... Sie eine verwöhnte und spielerische Frau, er ein zäh arbeitender und sich durch nichts beirren lassender Mann.‘
Erdmann stand an seinem Fenster, als er dies dachte. Er wußte es genau, daß Clementine ihn liebte, und er konnte auch das sein: der Liebhaber dieser Frau, der Liebende Johannas, die ganz Welt lag ihm zu Füßen. In Daniel wuchs das Bewußtsein, daß die Dinge hier nur Staffage wären, um sein eigenes Leben deutlicher hervorzuheben.
Als es dämmerte und die Lichter aufflammten, die das Grundstück erleuchteten, kamen die ersten Gäste. Man konnte sehen, wie neugierig sie waren, diese Menschen aus dem Künstlerdorf, für die die Eröffnung des Etablissements „Arkaden-Hof“ eine Sensation bildete.
Daniel begrüßte sie, er war sehr zurückhaltend und durchaus „direktorial“. Unter den Gästen befanden sich auch Henry Hatje und seltsamerweise die junge Ärztin Angela zusammen mit der Malerin Elisabeth.
In der Ecke des großen Saales befand sich ein runder Tisch, der gleichsam zum „Künstlertisch“ gemacht wurde, so hatte es Daniel im Sinn.
„Mächtig fein hier“, sagte Henry Hatje und sah vorsichtig im Saal herum. Vor dem Bild des Malers Wunderlich kniff er ein Auge zusammen, machte ein maliziöses Gesicht, und wenn in diesem Augenblick nicht das Orchester angefangen hätte zu spielen, dann wäre sicherlich aus seinem Munde eine Kritik gekommen, die nicht sehr schmeichelhaft ausgefallen wäre.
Angela und Elisabeth saßen am Tisch, die Ärztin sagte wenig, wie das ihre Art war, und Elisabeth machte ein neugierig-erstauntes Gesicht.
Und dann kamen immer mehr Gäste. Sogar einige Maler aus Fischerhude, die sich sofort an den „Künstlertisch“ begaben. Die anderen waren Bremer Bürger, denen man anmerkte, daß sie sich sehr viel von der Eröffnung des Etablissements versprachen.
Zur großen Überraschung erschien plötzlich in einem dunklen samtenen Kleid, das ihr gut stand, mit einer schmalen goldenen Kette um den Hals, Johanna Wunderlich. Sie lächelte und gab sich so natürlich, wie das ihre Art war, aber sie bemerkte, daß an den Nebentischen, wo das Publikum aus Bremen saß, getuschelt und geflüstert wurde.
Besonders die Frau des Senators Stoevesandt war es, die recht ungeniert ihre Lorgnette auf Johanna richtete, es hätte wenig gefehlt, daß Johanna aufgesprungen wäre und die ihr bekannte Frau des Senators begrüßt hätte, aber da kamen plötzlich Siegmund Weinzierl und seine Gemahlin Clementine in den Saal, beide um sich einen Hauch von Weltstadt und Fremde verbreitend, sie setzten sich an einen reservierten Tisch.
Nach einer halben Stunde etwa, die Musik spielte stimmungsvolle und tänzerische Weisen, ging Daniel Erdmann durch den Saal, er hatte einen

Smoking an und trug eine weiße Blume im Knopfloch, sein Lächeln war maskenhaft, er verbeugte sich vor den Gästen, er behandelte alle gleich, die Künstler wie die Bürger, er fühlte sich als Mittelpunkt.
Die Frau des Senators sagte etwas zu laut zu ihrem Gatten:
„Der sieht ja famos aus!"
Aber es schien, daß über die Herkunft und den Lebenslauf des Direktors etwas geflüstert wurde, das der bremischen Sitte und Gepflogenheit nicht genehm war. Denn schließlich war Daniel Erdmann der Sohn eines Briefträgers. So war die gute Gesellschaft beschaffen: Sie kam in die Künstlerkolonie, um sich diese merkwürdige Gesellschaft von gezähmten Tieren in der Nähe anzusehen, sie kaufte auch ihre Bilder. Es war ihre Gewohnheit, den Künstler als einen Menschen zu nehmen, der außerhalb jeder Gesellschaftsordnung steht. Man nahm Daniel Erdmann nicht so sehr übel, daß er einmal ein Radikaler, ein Kommunist, gewesen war, als daß er, aus unteren Volksschichten stammend, sich nach oben arbeiten wollte. All' diese gut angezogenen Herren und Damen hatten ihren Sittencodex so gut im Kopf wie die Genealogie der Bewohner ihrer Vaterstadt.
Die Eröffnung des Etablissements „Arkaden-Hof" bedeutete für sie eine prickelnde Sensation; wenn auch an diesem ersten Abend, an dem es zeremoniell herging, die Ehepaare der guten Gesellschaft zusammensaßen, so war es doch die Absicht der meisten Männer, auszukundschaften, wie die Möglichkeiten für sie bestanden, wenn sie einmal des Sonntags ihr eheliches Leben vergessen wollten.
So waren die Beziehungen Worpswedes und der Hansestadt, es war ein Mäzenatentum, nicht ohne egoistische Ziele.
Wein wurde reichlich getrunken, die Likör- und Cognacflaschen standen auf den Tischen, die Kellner waren beschäftigt, die Speisen zu servieren. Die Kabarettistin, die in einem Bremer Kabarett aufgetreten war, sang einen Schlager, den man weiter nicht beachtete, aber kannte und mitsummte.
Weinzierl saß mit seiner Frau Clementine zusammen, er war sehr einsilbig, aber sie legte kein Gewicht auf Unterhaltung.
Frau Clementine äugte mit ihrer Lorgnette meist zu dem Künstlertisch, zu dem sie sich mehr hingezogen fühlte. Sie hatte sie ja alle kennengelernt, sie wußte nicht, wie sie über sie dachten, aber sie hatte in Henry Hatje einen Künstler entdeckt, wie sie ihn in Berlin nicht kannte.
Als das Orchester begann, Tanzmelodien zu spielen und das Publikum sich langsam dazu entschloß, die Tanzfläche, die sich in der Mitte des Saales befand, zu benutzen, kam plötzlich Henry Hatje in seinem komischen Anzug, der weit davon entfernt war, gesellschaftsfähig zu sein, auf Clementine zu und sagte, ohne sich zu verbeugen:
„Wollen wir mal?"

Clementine erhob sich, Weinzierl, gar nicht gefragt, so als ob er nicht vorhanden wäre, ließ sich eine neue Flasche Wein kommen.
Henry und Clementine beherrschten den Tanzraum; er hatte eine eigenwillige Art, eine persönliche Note, die Tanzrhythmen auszunutzen und ließ seiner Partnerin dabei kaum Luft zum Atmen.
Während die anderen Damen und Herren, die feinen Leute der Bremer Gesellschaft, gesittet und vornehm den Tanz absolvierten, walkte Henry Hatje mit Clementine in seiner losstürmenden Art quer durch den Saal.
Sie mußte sich an einer Säule festhalten, verschnaufen, um zu sagen:
„Das ist ja kein Tanzen, was Sie tun, das ist wohl Gebrauch bei wilden Völkerstämmen, aber nicht bei uns."
Henry Hatje sah sie an, sprach zu ihr wie zu einem kleinen Kinde:
„Hat Sie das angestrengt? Tut mir leid. Aber ich kann nicht anders. Sehen Sie, der Tanz ist für mich derselbe Ausdruck wie Malerei, Musik und Schauspielerei."
„Also Schauspieler sind Sie auch?" fragte Clementine.
Hatje nickte, er sagte etwas von „persönlicher Ausdruckskunst", von „neuem Bühnenstil" und ähnlichem. Clementine begriff sofort, daß hier jemand vor ihr stand, der zu allem Ungewöhnlichen geeignet sei. Und das liebte sie. Sie haßte den Trott des Alltags, sie ekelte sich vor dem, was die anderen Menschen „Einerlei des Lebens" nannten.
Sie nahm Hatje zu dem Tisch, an dem Weinzierl gerade die zweite Flasche geleert hatte. Nun kam die dritte auf den Tisch, und Hatje bewies, daß er auch das vermochte; er trank ein Glas in einem Zug. Selbst der schläfrige Weinzierl sagte:
„Donnerwetter!"
Nur einer war an diesem Abend nicht zu sehen, das war Daniel Erdmann. Eigentlich vermißte ihn nur Frau Clementine. Aber ihre Empfindungen waren nicht so stark, daß sie darüber hätte beunruhigt werden können.
Daniel saß in seinem Büro, ließ sich die Bestellzettel vom Oberkellner hereinbringen und schrieb die Zahlen in ein Buch. Er schien befriedigt zu sein, denn die Einnahmen und Umsätze entsprachen den Erwartungen. Trotz der Geldknappheit schienen die Bremer Kaufleute noch flüssige Mittel genug zu besitzen, um ihrem Vergnügen nachzugehen.
Daniel hörte von ferne die Laute der Musik der Jazzkapelle, er hörte das Stampfen von Schritten, manchmal sogar eine Art Gesang, ihn kümmerte das nicht. Er war beschäftigt, den Gewinn des Abends genau zu errechnen.
Als er beinahe damit fertig war, öffnete sich die Tür, die zum Garten führte, und Kaspar Wunderlich, der Maler, trat ein. Zuerst bemerkte ihn Daniel nicht, dann aber räusperte sich der Maler, so daß Daniel aufblicken mußte.

Er sagte im Ton eines sehr beschäftigten Geschäftsmannes:
„Hast du noch irgendwelche Forderungen an uns, oder was ist der Zweck deines Besuches?"
Kaspar Wunderlich setzte sich auf einen Stuhl, er hatte den Mantel zurückgeschlagen, sein Kopf war von den ungekämmten grauen Haaren umweht; er verzog sein Gesicht zu einer beinahe liebevollen Ironie, sagte:
„Ich habe keine Forderungen mehr, Daniel, ich habe nur den Wunsch gehabt, das einmal zu sehen, was du ‚Geschäft' nennst. Es scheint dich zu befriedigen. Wenn man bedenkt, daß du der Vertreter der Räte-Republik warst, du erlaubst schon, daß ich mich etwas wundere."
Daniel legte den Bleistift aus der Hand, setzte sich aufrecht an seinen Tisch, sah den Maler an:
„Was ist das für ein Unterschied, Kaspar, ich kann keinen bemerken. Ich tue meine Pflicht hier für die Allgemeinheit, wie ich sie damals tat."
„Nur ist die Allgemeinheit, wie du so schön sagst, jetzt eben die Bourgeoisie oder die gute Gesellschaft, der du einst entgegengetreten bist."
„Du bist selbst ein Sohn dieser Bourgeoisie, stammst aus dieser guten Gesellschaft, du bist ..."
„Entartet ..., das willst du doch sagen, Daniel, ja, ich bin entartet. Ich bin genau so ‚entartet' wie Jesus Christus, als er die Wechsler und Händler aus dem Tempel trieb. Das war seine revolutionäre Tat, denn für nichts anderes wurde er später gekreuzigt. Ich bin nicht Christus, ich bin viel weniger, aber ich sehe mit Vergnügen, mit zweifelhaftem Vergnügen, wie die Vertreter einer politischen Partei so schnell ... umlernen können."
Daniel antwortete nichts, Kaspar knöpfte langsam seinen Mantel wieder zu, er stand auf, ging an den Tisch, an dem Daniel saß, sagte:
„In dem Leben eines jeden Menschen gibt es zwei Stationen. Die eine heißt Damaskus, die andere Golgatha. Dein Damaskus hast du hinter dir, Daniel ... Jetzt warte ich auf dein Golgatha. Aber es braucht ja nicht immer in der Kreuzigung zu enden, du kannst dich auch an den warmen Öfen der kapitalistischen Ordnung langsam zu Tode rösten. Du gibst klein bei, Daniel, du gibst dich eben auf."
Daniel zündete sich eine Zigarette an, er hatte seine Fassung wiedergewonnen, fragte den Maler:
„Und warum hast du für dieses Etablissement, das doch von Anfang an eine rein bürgerliche Angelegenheit war, Bilder gemalt? Und hast dich dafür bezahlen lassen. Gewiß, das war dein gutes Recht, aber wirf nicht anderen Menschen vor, daß sie ihr Brot auf ihre Weise verdienen, die nun mal nicht die deine ist."
Kaspar blieb ruhig.
Er sagte mit leiser Stimme ohne jede Betonung:

„Ich habe in diesen Bildern Dinge gemalt, die keine bürgerliche Gesellschaft schön finden kann. Warst nicht du es, Daniel, der mich fragte, warum die Gruppen von Menschen, die ich gemalt habe, rote Fahnen in den Händen hätten? Vielleicht warst du es. Jedenfalls habe ich in meinen Bildern eine Zukunft zu gestalten versucht, zu der du keinen Zutritt mehr hast. Es gibt keine Stacheldrähte um diese Zukunft, Daniel, aber Menschen wie du, die nichts weiter wollen als sich selbst und ihre Macht, die haben keinen Zutritt zu der Zukunft, die morgen oder in hundert Jahren beginnen kann. Das eine möchte ich dir noch sagen, Daniel, man muß dazu bereit sein, man darf nicht seine eigentliche Aufgabe vergessen, wie du es getan hast, man kann nicht von seinem Sessel aus in jene Zukunft gehen. Da gibt es keinen Weg."
Daniel Erdmann fühlte die unliebsame Störung dieses Besuches so sehr, daß er beinahe seine Selbstbeherrschung verlor. Wäre nicht in diesem Moment der Oberkellner mit den neuen Abrechnungen zu ihm gekommen, er hätte dem Maler Wunderlich die richtige Antwort gegeben.
So mußte es unterbleiben.
Aber Erdmann fühlte in diesem Augenblick die sogenannte Wahrheit und Ehrlichkeit des Malers als so gekünstelt, daß er sich nicht enthalten konnte zu sagen:
„Und sobald man in diese Zukunft geht, vergißt man seine Pflicht gegenüber Frau und Kindern, nicht wahr? Deine neuen Menschen haben Pflichten nur der Allgemeinheit gegenüber, nicht der eigenen Familie. Wenn ich nicht mein Möglichstes getan hätte, um für Johanna zu retten, was möglich war, so wäre deine Frau heute im Armenhaus. Schweig mir von der Zukunft, Kaspar, sie ist auf Lüge und Phantasterei aufgebaut. Wir arbeiten hier, ich schäme mich nicht, es zu sagen, ich arbeite, um dieses Hotel lukrativ zu machen. Nenne es bürgerlich, wenn du willst, aber ich kann mich nicht mehr an Phrasen berauschen, die in Wirklichkeit nur Worte sind und nichts bedeuten."
Kaspar wandte sich an der Tür um, er schüttelte den Kopf und sagte:
„Jeder Mensch muß wohl seinen eigenen Weg gehen, Daniel, aber verlange nicht, daß man ihn bewundert. Du warst früher einmal jemand, der eine Möglichkeit hatte, jetzt aber sehe ich nichts für dich als das Leben eines Bürgers. Und das heißt für mich nicht Leben, sondern Tod. Denk' an mich, Daniel, du hast mit dem Kommunismus gespielt, wie du es heute mit dem Kapitalismus tust, du wirst dir die Finger verbrennen, mehr noch, es wird dich aufzehren. Gute Nacht."
Der Maler ging aus der Tür, Daniel stand einen Augenblick an seinem Tisch wie einer, der eine unangenehme und unbequeme Nachricht erfahren hat. Er hörte das Orchester stärker als vorher, das Tanzen wurde wilder, und

dann kam ein Geräusch, das ihm so bekannte Geräusch des Flügels, auf den der Maler Hatje seine Uhrketten gelegt hatte.
Daniel lachte, in diesem Augenblick öffnete sich die Tür hinter ihm, es war nicht der Oberkellner, der da stand, es war Clementine.
Sie flog auf ihn zu, er umfaßte sie, sie hielten sich in den Armen.

28. Kapitel

Der tönerne Koloß

Man muß sich einmal vorstellen, wie die Ereignisse in dem Moordorf sich auswirkten. Es gab Künstler und Bauern, der Bürger im eigentlichen Sinne fehlte, mit Ausnahme des Lehrers, des Apothekers, des Pfarrers und des Arztes.

Angela, die junge Ärztin, war gleichsam zwischen den Schichten der Bevölkerung tätig; man rechnete sie nicht zu den Künstlern, aber kaum zu den Bürgern und gar nicht zu den Bauern. Sie lebte dahin, nahm Anteil, soweit es ihr Beruf erlaubte, sie war ein Freund in den Kreisen der Künstler sowie bei den Bürgern geachtet. Die Bauern hatten eine etwas zweifelhafte Stellung zu einer Frau, die als Arzt tätig war. Aber mit dem Älterwerden des Dr. Boettjer änderte sich ihr anfängliches Mißtrauen, sie holten Angela zu den Entbindungen wie zu den Krankheiten.

Man muß sich darüber klar werden, daß das Kranksein für einen Bauern überhaupt eine Sache ist, die er sich nicht leisten kann. Man lebte, man arbeitete, und dann starb man.

Man sagte, wenn ein Alter dem Ende sich näherte:

„Er wird winterweich."

Die Beschäftigung Angelas wuchs mit der Zeit, sie hatte Mühe, sich um ihren Garten und ihr Land zu bekümmern, sie war ein wenig ärgerlich darüber, denn im Grunde wurde sie sich klar, daß ihr eigentliches Wesen mehr der Bauernarbeit zuneigte als der ärztlichen Beschäftigung.

Pflanzen, Düngen, Wachsen-Lassen, die Frucht ernten ..., das waren Dinge, die Angela zutiefst erlebte. Was bedeuten die Fortschritte der Medizin, die Erkenntnisse der ärztlichen Wissenschaft, die Heilerfolge, die doch den Tod nicht aufheben konnten? Was bedeutete das alles gegen die unendliche Freude des Erntens?

Angela las viel in medizinischen Zeitschriften, sie erkannte die Bemühungen der Wissenschaft, die Bestrebungen, die darauf zielten, den Menschen gesünder zu machen, ihm das Alter erträglicher zu gestalten.

Einmal sagte sie, es war zu einem Kollegen, der sie besuchte:

„Wir werden es noch so weit bringen, daß alle Menschen das Alter erleben, in dem sie krebskrank werden können."

„Um so besser für die Wissenschaft," meinte der Arzt ironisch, aber Angela sagte:
„Sie werden mich vielleicht für einen untüchtigen Arzt halten, aber ich versichere Ihnen, daß die medizinische Wissenschaft keinen Fortschritt seit Hippokrates gemacht hat. Es sind gewisse Dinge eingetreten, die das Kranksein erleichtern, aber die Erkenntnisse sind nicht größer geworden. Das Mittel gegen Krebs wird eines Tages gefunden sein, und dann wird ein anderer Zerstörer entdeckt werden, dem der nächste jahrhundertlange Kampf gilt."
Viel lieber als mit Ärzten unterhielt sich Angela mit den Bauern. Sie sprach vom Wetter, vom Schaden und Nutzen des Nebels, vom Segen des Schneefalles, über die Kunst der Bewässerung im Frühling, über die Intensivierung der Düngemittel, sie konnte mit Bauern und Landwirten über dieses Thema ebenso gut sprechen wie mit Tierzüchtern über die vierbeinigen Lebewesen. Das wurde bei ihr immer stärker, das Hingezogensein zum Lebendigen, zum Ursprünglichen und nicht Verdorbenen.
Dabei war sie kein Verächter der Menschheit, das wäre falsch, wenn man sie so bezeichnen würde. Aber mit jedem Alter erlebte sie die Grenzen der menschlichen Klugheit und Ausdauer, die Beschränktheit des Wissens und die Abhängigkeit fast aller Menschen von den jeweiligen Umständen.
Ein Mensch wie Angela, die bereit zur Freundschaft war, konnte doch schwer Freunde erwerben. Denn ihr war die Gabe nicht verliehen, die Fähigkeit zu heucheln. Sie sagte auch keine Schmeicheleien, sie verabscheute Menschen, die dazu fähig waren. Daß sie einen Mann wie Henry Hatje im Grunde gern hatte, nicht als Mann, sondern als Künstler, lag daran, daß er eine so bestrickende Art hatte zu lügen. Sie glaubte ihm kein Wort, das gab ihr die Sicherheit mit ihm umzugehen, mit ihm zu plaudern und manchmal vergnügt zu sein. Aber er blieb ihr fern wie der Mond, er konnte ihr Inneres nicht berühren, denn in seiner Gegenwart war sie verschlossen und zusammengezogen wie ein Igel.
Daniel Erdmann gegenüber war sie von einer vorsichtigen Zurückhaltung. Sie war öfters Gast im „Arkaden-Hof", aber vermied es, in ein privates Gespräch mit Daniel zu kommen.
Eines abends sagte er zu ihr, es geschah, daß nur Wenige im Restaurant anwesend waren:
„Haben Sie eigentlich etwas gegen mich, Angela?"
Angela hatte die Fähigkeit, ihr Gesicht völlig ausdruckslos zu machen. Weder Zustimmung noch Ablehnung war aus ihm zu lesen; sie sah an Daniel vorbei und sagte:
„Sie sind ein beschäftigter Mann, Daniel, ich bin eine beschäftigte Ärztin, ich habe keine Zeit, über meine Gefühle nachzudenken und weiß auch nicht

über meine Zuneigungen und Abneigungen Bescheid. Soll ich Ihnen den Grund sagen? Ich bin mir selbst nicht interessant genug, es gibt Dinge, die mich interessieren, meine Patienten, mein Garten und meine Tiere ... Das ist mein Leben."
Daniel Erdmann spielte Angela gegenüber immer einen Menschen, der die augenblickliche Beschäftigung als eine Pflicht betrachtete, die er nicht um seinetwegen erfüllte. Er wußte genau, daß Angela ihm nicht glaubte, aber er sagte wiederholt:
„Der ganze Ort müßte mir dankbar sein, daß ich dies hier geschaffen habe. Statt dessen zieht der Dorfklatsch über mich her, wirft mir meine, wie soll ich sagen ...", er zögerte etwas.
Angela sah in spöttisch an, sie machte ihre klugen und durchdringenden Augen, als sie sagte:
„Sprechen Sie sich nur aus, Daniel, ich wahre Berufsgeheimnisse, auch wenn sie mir außerhalb meiner Sprechstunde vorgetragen werden."
Daniel wußte im Augenblick nicht recht, was er sagen sollte, aber er fuhr fort:
„... Es ist nett von Ihnen, Angela, daß Sie mich sofort verstanden haben. Ich habe gewisse Verpflichtungen den Geldgebern gegenüber, die sich nicht immer von gewissen Dingen trennen lassen."
Angela nickte, es war ihr sehr unverbindliches Nicken, aus dem niemand schlau werden konnte.
„Aus diesen Verpflichtungen, Angela, entstehen oft Dinge, die man nicht so sicher in der Hand hat. Aber eines müssen Sie mir glauben, ich habe immer das allgemeine Wohl im Auge gehabt, nie meinen eigenen Vorteil. Es war gewiß kein Vergnügen für mich, mit den Geldleuten und Gläubigern zu verhandeln."
Angela stand auf, sie sah auf ihre Uhr und stellte fest, daß es viel zu spät für eine beschäftigte Frau sei. Da kam Henry Hatje angestürmt und rief:
„Angela ... Doktorin, Menschenskind, jetzt dürfen Sie noch nicht gehen!"
Angela lächelte ihn an wie sie das immer tat, sehr zögernd, aber bestimmt und unaufdringlich. Man konnte sie nicht daran hindern fortzugehen, weder Daniel noch Hatje.
Sie entschwand, und Daniel hatte das unangenehme Gefühl, daß er keinen besonders großartigen Eindruck auf sie gemacht hatte. Das wurmte ihn; immer wollte er das Bewußtsein haben, seinen Willen in irgendeiner Form dem anderen aufzuzwingen.
Aber Angela, die Ärztin, sie war für ihn unangreifbar.
Er ging mit Henry Hatje an den Künstlertisch, ließ eine Flasche Wein kommen und erklärte, daß er nun heute abend den Gastgeber spielen

würde. Da bemerkte er die fragenden und schüchternen Augen Elisabeths auf sich gerichtet, die am Tisch saß und an einem Likör nippte.
Das war auch eine Frau, die seinem Wesen nicht entsprach, er haßte alle diese undurchsichtigen und selbstsicheren Geschöpfe. Für ihn war die Frau nichts weiter als der Spiegel, in dem er seine eigene Größe und Willenskraft bewundern konnte.
Und Angela wie Elisabeth waren völlig ungeeignet dazu.
Daniel trank an diesem Abend mehr als sonst; seit der Abreise Clementines hatte er sich wieder den Dingen zugewandt, die ihn am meisten beschäftigten.
Und etwas interessierte ihn am meisten: das war er selbst, nichts anderes.
Was konnte die kleine arme Johanna dagegen tun? Sie wartete, sie wartete unten in dem Hause, das eigentlich bestimmt war, ihr Leben mit dem Daniels zu vereinigen. Aber auch Johanna war nicht so geartet, daß sie Daniels Wünschen willenlos gehorchte. Sie hatte den Starrsinn der Bauern dieser Erde, den Eigensinn der natürlichen und beschränkten Menschen, die nichts tun können, was ihrem Wesen widerspricht.
Die Flaschen wurden nicht gezählt, Henry Hatje und Daniel tranken um die Wette, es kam der und jener, plötzlich sagte Hatje:
„Jetzt ist sie weg."
Er meinte damit Elisabeth, die von niemandem beachtet wurde, weil sie darauf kein Gewicht legte.

Das Leben Daniel Erdmanns wurde nun mit Dingen ausgefüllt, die er vorher kaum gekannt hatte.
Ein Brief von Siegmund Weinzierl kündigte ihm an, daß der reiche Mann in Berlin es sich nicht länger leisten könne, an einem solchen Unternehmen beteiligt zu sein.
Der Brief war freundschaftlich und nett, aber die Wahrheit war bitter. Denn die Zurückziehung des Weinzierlschen Kapitals bedeutete des Ende des „Arkaden-Hofs".
Gewiß, da gab es noch Hypotheken, man konnte vielleicht auch neue Geldgeber finden, aber Daniel war nicht in der Verfassung, seine volle Kraft dafür einzusetzen, daß er einem Bremer Kaufmann gegenüber die nötige Energie hätte aufbringen können. Er sah sich auf sich allein angewiesen, und das war wenig genug.
Eine Verringerung der Ausgaben war kaum zu erzielen, denn das Etablissement erforderte einen Etat, der eine gewisse Großzügigkeit voraussetzte.
Die Abende und Nächte, die Gesellschaften und Tanzfeste, die Belustigungen und Feuerwerke, die Daniel ersann, brachten den Gästen aus Bremen

genug Sensation und dem Haus Geld, aber es war zu wenig, um davon ein fälliges Kapital zurückzuzahlen.
Er konnte sich selbst beherrschen, er spielte den lächelnd Sorglosen, er ritt auf seinem Reitpferd jeden Morgen ins Dorf hinunter und über die Wiesen, so daß ein jeder sah, daß sich nichts, auch gar nichts an der Stabilität geändert hätte. Er verwandte seine ganze Energie darauf, das Ansehen des „Arkaden-Hofs" zu vergrößern, aber niemand wußte, woher er das Geld nahm, denn die Einnahmen ergaben keinen Überschuß.
Da kam eines Abends, als er müde und wie zerbrochen vom angestrengten Tage in seinem Büro saß, Johanna zu ihm, die er monatelang vernachlässigt hatte. Sie war nicht übelnehmerisch, sie machte ihm keine Vorwürfe, sie war so ruhig und gleichmäßig und heiter, wie er sie kannte, aber ihre Augen sahen sofort, daß Daniel von Sorgen gemartert wurde, sie sah das an kleinen Dingen, so wie er seine Hand bewegte, die Zigarette anzündete, wie er sich plötzlich über den Kopf fuhr und wie er das eine oder andere Wort in seltsamer Weise betonte. Johanna fühlte es, aber sie wußte nicht, wie man ihm hätte helfen können.
Es war ein seltsamer Abend, die beiden Menschen saßen sich gegenüber, sie konnten einander nicht helfen. Daniel wußte, daß Johanna nun einige Webstühle gekauft hatte, auf denen sie eine neuartige und doch altertümliche Bauernkunst versuchte. Er sah ihre verarbeiteten Hände, so wie sie seine nervösen Finger erblickte. Aber sie saßen sich hilflos gegenüber, ihr Gespräch war konventionell und nichtssagend, und beide wußten, daß die Zeit des Zusammenlebens endgültig vorüber sei.
„Ich hoffe, du kommst am nächsten Dienstag zu unserem Sommerfest, Johanna", sagte Daniel und strich ihr sogar mit der Hand über den blonden Scheitel; sie senkte das Haupt, sagte irgendetwas undeutlich, das sie selbst nicht verstand.
Und dann sprudelte aus Daniels Mund so viel Ungereimtes, Phantastisches heraus, daß Johanna ihn verwundert ansah.
„Du hast viel vor. Hoffentlich übersteigt es nicht deine Kräfte."
„Was meinst du damit?" fragte er heftig, mit ungeduldiger Stimme, „was meinst du damit?"
„Ich meinte nur, daß du dir körperlich zuviel zumutest. Schließlich sind wir zerbrechliche Menschen, man kann keinen Bogen überspannen."
Daniel sah sie an, seine Augen blickten durch sie hindurch, als er sagte:
„Nichts wird mich zerbrechen, ich bin kein Bogen, ich bin eine sehr wetterfeste Säule. Man zerschellt an mir, aber ich bleibe stehen."
Johanna sagte nichts, sie wandte sich zum Gehen, als sie an der Tür war, sagte sie:
„Natürlich komme ich auf dein Fest, hab' keine Angst."

Es war ein heißer Tag im Juni, als das Fest im „Arkaden-Hof" stattfinden sollte. Schon tagelang vorher schmückte man die Säle reichhaltig aus, überall war Daniel Erdmann dabei, daß alles richtig und nach seinen Ideen ausgeführt wurde.
Am Morgen hatte Daniel einen unangenehmen Besuch. Es war der Direktor der Sparkasse in Lilienthal, der die Angelegenheit der Hypothek mit ihm besprechen wollte.
Daniel versuchte sein Bestes, den bäuerlich wirkenden, aber schlauen Direktor zu überzeugen, daß er keine Angst haben müsse, seine Hypothek nicht bald zurückzubekommen. Er sagte:
„Unser Unternehmen wird täglich solider. Das heutige Fest, zu dem ich Sie übrigens herzlich einlade, wird den Grundstein legen zu einer neuen, gewinnbringenden und sicheren Zukunft. Es war ja bis heute alles nur Vorbereitung, Herr Direktor, Sie müssen das verstehen."
Direktor Möller konnte sich der Beredsamkeit Erdmanns nicht entziehen, er verzichtete sogar darauf, die vor ihm liegenden Bücher genauer zu studieren.
Dieser Vabanquespieler Erdmann hatte alles auf die Karte gesetzt, die am heutigen Tage der Trumpf sein sollte.
Die Pläne Daniels waren fest und schlau geschmiedet. Der Umsatz an diesem Tage sollte alles in den Schatten stellen, was bis heute gewesen war. Dieser Direktor Möller vor ihm, der etwas weinerliche und vorwurfsvolle Brief Siegmund Weinzierls, alles dies und viel mehr noch trugen dazu bei, den Willen Erdmanns nur zu stärken. Der Gewinn dieses Abends mußte so schlagend sein, daß die Existenz, seine Existenz, für alle Zeiten gesichert war.
Er gehörte zu den Menschen, die weit davon entfernt waren, sich selbst Illusionen zu machen. Er hatte in sich den Willen alles zu benutzen was nur möglich war, alles seinen Zwecken dienstbar zu machen.
So war es auch mit diesem Hause, mit dem Etablissement, dessen Direktor er war, es war für ihn nur ein Rahmen, der ihn im Grunde nichts weiter anging.
Daß er an diesem Tage besonders aufgeregt war, erschien selbstverständlich zu sein. Es war nicht Verantwortungsgefühl, es war mehr der Wunsch, den „Leuten" einmal zu zeigen, mit wem sie es eigentlich zu tun hatten.
Die Künstler sollten sich in einer Theateraufführung produzieren, Daniel hatte verschiedenen Proben beigewohnt, und dann hatte er auch einen Kabarettdirektor aus Bremen aufgefordert, der ihm versprochen hatte, mit seinen besten Künstlern zu erscheinen.
Es war fünf Uhr nachmittags, als überflüssigerweise Johanna erschien und sich nach seinem Befinden erkundigte. In ihr war eine gewisse Unruhe, eine

Besorgnis, daß sich etwas ereignen könnte, das Daniel Schaden zufügen würde.
Als sie den forciert lustig und strahlenden Direktor Erdmann sah, wie er seinen Angestellten Vorschriften machte, Vorträge hielt, wie er überall zugleich sein wollte mit übersprudelnder Energie, da sank ihre Besorgnis in nichts zusammen.
Für sie war Daniel ein fremder Mensch geworden, nur die Erinnerung an ihn war es, die ihr manchmal nachts in Gedanken oder Träumen erschien. Aber wenn sie ihn vor sich sah, vibrierend und schwungvoll, voll Elastizität, dann wurde er ein fremder Mensch, den sie nicht verstand.
Johanna war eine Frau, die für ihren Geliebten alles hätte tun können, aber dieses Entgleiten, dieses Verschwinden, das alles schien ihr wie ein Theater zu sein, in dem sie Zuschauer war.
Daniel war von übergroßer Freundlichkeit zu ihr, obwohl er sie über alle Berge wünschte. Aber er, dessen Dasein früher nur von lügenhaften Sekunden durchblitzt war, lebte jetzt ganz in den Spinnenfäden einer unwahren Existenz.
Wenn man es so sagen könnte, er war sich selbst abhanden gekommen.
Und er wußte es nicht, vielleicht ahnte er es manchmal, aber er ging den Weg, den abschüssigen Pfad hinab, der in ein unbekanntes Dunkel führte, in einen Himmel oder in eine Hölle.
Um sechs Uhr fuhren die ersten Bremer Gäste vor, es war alles für sie vorbereitet, die Kellner und Bedienten sorgten dafür, daß sie ihren Platz schnell fanden, daß sie sofort etwas zu trinken bekamen, daß die Musik spielte, während der Himmel sich langsam verdunkelte.
Erdmann saß in seinem Büro, er blätterte gedankenlos in den Büchern, nahm die braune Aktentasche, zu der er den Schlüssel bei sich trug, schloß sie auf und studierte die Police der Versicherungsgesellschaft. Er faltete sie zusammen und steckte sie in die innere Tasche seines Rockes.
Dann verließ er den Raum.
Er hatte seinen dunkelblauen Anzug angezogen, zu dem er eine etwas zu lebhafte rötliche Krawatte trug, aber das Hemd war blütenweiß und schimmerte seidig. Daniel ging durch den Garten, begrüßte seine Gäste, besonders die, deren Stand und Beruf ihm wichtig erschienen.
Der Künstlertisch war diesmal in die äußerste Ecke gerückt, denn in dem Eingang zum Restaurant sollte sich das Künstlerspiel darbieten, das zu diesem Sommerfest geschrieben war.
Natürlich war Henry Hatje der Verfasser, er spielte auch die Hauptrolle und war der Regisseur. Zwischen ihm und Erdmann bestand eine merkwürdige Art von Beziehung; sie mißtrauten einander, aber das hinderte sie nicht, jovial zu tun und sich mit burschikosen Redensarten zu bewerfen.

Auch Angela erschien, in Begleitung ihrer Freundin Elisabeth. Die junge Ärztin sah an diesem Abend sehr vorteilhaft aus, das mußte selbst Daniel feststellen, trotzdem er ihre Herbheit nicht besonders liebte.
Angela war gelöster als sonst, sie hatte eine kindliche Freude an den Blumen, dem Springbrunnen, der Beleuchtung und dem Ganzen, das für das Sommerfest vorbereitet war.
Der Maler Wunderlich erschien in seiner gewohnten, betont einfachen Tracht, aber sein gut geschnittener Kopf mit dem weißen Haar wirkte zeitlos und aristokratisch.
Von Johanna war nichts zu sehen. Daniel hatte andere Sorgen, er sah unten auf der Landstraße, wie die Autos sich stauten, er sah die Menschen aussteigen, sah sie in den Garten treten, und dann gab er das Zeichen zum Beginn der Beleuchtung.
Das Haus war mit kleinen Glühbirnen geschmückt worden, die die seltsame Kontur besser zur Geltung brachten.
Als Daniel den Kiesweg hinunterschritt, der durch den Garten führte, sah er, daß der schon fast dunkle Himmel am Horizont von Blitzen beleuchtet wurde.
Er blieb einen Augenblick stehen, dachte nach.
Er ging schnell ins Haus, stieg eine Treppe empor, die nur für die Angestellten zu benutzen war, gelangte an eine niedrige Tür, aus der Licht schimmerte. Er klopfte kurz an, trat ein.
Niemand hatte ihn da gesehen, niemand bemerkte, daß Direktor Erdmann in das Zimmer des Gärtnerburschen gegangen war; und das war gut so.
Auf dem Rasen war eine Tanzfläche errichtet, auf der die Paare im Rhythmus der Jazzmusik sich bewegten. Das Fest hatte begonnen, die Stimmung der Gäste wurde lebhaft.
Plötzlich verstummte das Orchester, denn in der Tür zum Restaurant erschien als Pierrot verkleidet Henry Hatje, er streckte beide Arme aus und sagte seinen Prolog auf.
Es war ein tolles Gemisch aus Zitaten und sich überstürzenden hymnischen Worten. Die Musik begann leise zu spielen, Hatje sprach gerade sehr blumige und dithyrambische Verse.
Die Mitspieler stammten zum größten Teil von den Kabarettbühnen Bremens. Sie sangen Couplets, trugen Gedichte vor, aber hatten große Mühe, gegen die vordringliche Art Hatjes aufzukommen. Er dominierte, und seine geniale Art überdeckte die routinierte Künstlerschaft der anderen. Henry Hatje war zwar der Regisseur, aber er war mehr als das, er war der Initiator eines jeden Einfalls. Er scheute sich nicht, manchmal an die Tische zu gehen, um irgendwo ein Glas Wein zu trinken. Er tat es mit jener Grazie, die weit davon entfernt war, altmodisch zu wirken.

Das Fest wogte hin und her; die Tanzmusik spielte, das Kabarett schickte seine Künstler zum Produzieren vor, dann saß Henry Hatje plötzlich am Flügel des Orchesters, dirigierte das Ganze, gestikulierte und manipulierte.
Die braven Bremer Bürger, die zahlreich versammelt waren, lernten eine Art von Künstlertum kennen, das sie nie vorher gekannt hatten. Es war ein wenig erschreckend für sie, es war stürmisch ohne Zucht, aber es strömte jene Wildheit aus, die der gute Bürger der Hansestadt erwartete, wenn er seine Abenteuer in dem Künstlerdorf unternahm.
Der „Arkaden-Hof" erfüllte seine Aufgabe in glänzender Weise.
Es war jetzt so festlich, daß die Gäste sich dem Zauber des Gebotenen nicht entziehen konnten; die gepflegten Weine und das ausgesuchte Essen, die künstlerischen Darbietungen, das alles in einer Moorlandschaft, wirkten wie ein Zauber auf die Bremer Gäste, deren pflichtenreiches Leben drüben in der Stadt lag.
Daß die Zeit fortschritt, bemerkte niemand. Wenigstens keiner von den Gästen. Aber Daniel Erdmann saß in seinem Büro, hatte seine Armbanduhr auf den Tisch gelegt und stellte fest, daß es nun elf Uhr fünfundzwanzig geworden war.
Da setzte plötzlich ein Wind ein, es war ein Gewittersturm, der die Wolken durcheinandertrieb, Regen begann zu fallen, und die Gäste, die auf den ungeschützten Stellen im Garten saßen, beeilten sich, ins Restaurant zu gelangen.
Es war alles schnell erledigt, der Regen rauschte nun auf die durstige, vertrocknete Grünfläche des Gartens, aber die Gäste waren in Sicherheit.
Einige meinten wohl, daß es besser wäre, bei diesem Wetter so schnell wie möglich nach Hause zu fahren, aber sie fanden kein Gehör. Der Tanz wurde im Restaurationssaal fortgesetzt. Kabarettisten verteilten sich, die Tür nach draußen wurde geschlossen, und niemand kümmerte sich mehr um den Wettersturz.
Nur Daniel Erdmann war es, der das nahende Gewitter bemerkte, der den Donner grollen hörte, der die Blitze lohen sah. Sein Gesicht war unbeweglich, er hatte vor sich eine Flasche Cognac und eine Schachtel Zigaretten.
Er war auf den Punkt gelangt, den er erreichen wollte.
Um elf Uhr fünfundvierzig blitzte es, und der Donner folgte sofort.
Selbst die tanzenden, trinkenden und sich vergnügenden Gäste wurden einen Augenblick aufmerksam.
Aber dann ging das Fest weiter, Henry Hatje saß mit seiner Klampfe auf dem Flügel und sang ein plattdeutsches Lied, das derb und deftig war, das alle höchst amüsierte, von dem sie den Reim kannten, den sie mitsingen konnten.

Es war elf Uhr fünfzig, als plötzlich das Licht im Haus erlosch, ein Schlag erfolgte, der so stark war, daß das Fest mit einem Ruck abbrach.
Und dann gellte eine Stimme, man wußte nicht wer es war, ob es ein Kellner, ein Angestellter, eine Frau oder sonst wer gewesen war, die: „Feuer!" rief.
Die eine Seite des Daches schoß wie eine Feuergarbe in die Lüfte, es brach eine Panik aus, man raffte die Tischtücher zusammen, stürmte die Garderoben, die sich aber genau unter dem brennenden Dach befanden, und dann stand Daniel Erdmann im Saal, ruhig und gelassen. Er tat sein Möglichstes, aber nichts half.
Eine Panik war ausgebrochen, Henry Hatje sammelte die Noten zusammen und trug sie in den regennassen Garten hinaus, jemand rief ihm zu: „Du bist wohl verrückt, die Noten zu retten!"
Dann hörte man das Tuten des Feuerhorns, das die Bewohner des Dorfes zu ihrer Pflicht rief. Es dauerte noch fünf Minuten, bis die Feuerwehr auf der Besitzung erschien, den Außenzaun niederriß, um mit ihren Wagen an das Wasser zu gelangen.
Inzwischen war das Haus hell erleuchtet, es war ein grausiger Anblick, im Restaurationssaal brannten die Wände, die Gäste waren in die Garagen gelaufen, man hörte dort das Anwerfen der Motoren.
Nun kamen von allen Seiten die Wagen der Feuerwehr angefahren. Es war ein aussichtsloser Kampf, denn das Feuer fraß sich mit jeder Sekunde tiefer in das Gebäude hinein.
Daniel Erdmanns Anzug war völlig verschmutzt, sein Kopf rußig, seine Hände bluteten. Er versuchte, die kostbaren Möbel, die Gobelins und Vorhänge zu retten, aber es war ein auswegsloser Versuch. Die Menschen, die im „Arkaden-Hof" angestellt waren, hatten Mühe, ihre Habe aus den Zimmern zu holen; nur wenigen gelang es.
Es war Mitternacht, als das Feuer so übermächtig wurde, daß der Spritzenhauptmann zu Erdmann sagte:
„Da ist nun alles umsonst, Herr Erdmann, wir können kein Wasser mehr aus den Kanälen bekommen, der Druck reicht nicht aus", und dann stand Wachtmeister Wilkens im Helm und Pelerine plötzlich im Saal, es schien, als ob er sich zutraute, dem Feuer durch seine versoffene Unteroffiziersstimme beizukommen.
Er ging zu Erdmann, der zwischen der Tür und dem brennenden Restaurant stand, sagte:
„Ist das Blitzschlag gewesen, Herr Erdmann?"
Daniel sah ihn an, seine Lippen blieben fast geschlossen, als er sagte: „Natürlich, Herr Wachtmeister ..., denken Sie etwa, ich hätte den Kasten angezündet?"

Und Wachtmeister Wilkens schrieb in seinem großen Notizbuch etwas nieder, einen Entwurf gleichsam zu einem Rapport, den er der Gendarmeriebehörde machen mußte.
Plötzlich sah Erdmann den Maler Wunderlich durch den brennenden Raum laufen, er schrie etwas hinter ihm her, der Maler wandte sich um und sagte:
„Vielleicht kann die Wand mit meinem Bild gerettet werden?"
Daniel machte nur eine hoffnungslose Handbewegung.
Unerwartet stand Johanna neben ihm, sie hatte ein Tuch um den Kopf, sah aus wie eine Bauersfrau, sie umklammerte seinen Arm, sagte:
„Ist dir etwas passiert, Daniel? Ich möchte dir den Schmutz abwaschen."
Und dann hatte sie ein feuchtes Tuch zur Hand, mit dem sie dem willenlosen Erdmann das Gesicht reinigte, sie hatte auch Verbandsstoff bei sich, um die Wunden an den Händen zu verbinden, dann stand Angela da, die junge Ärztin sagte:
„Ich werde Ihnen eine Injektion machen, Daniel."
Und als das Feuer beinahe am Verlöschen war, das Haus völlig verkohlt und zusammengestürzt erschien, sah man plötzlich die junge Malerin Elisabeth, wie sie eine Rolle Gemälde unter dem Arm wegtrug. Der Wachtmeister rief hinter ihr her:
„Was haben Sie denn da?"
Sie antwortete mit einem Lächeln, das nicht mehr mit den Dingen dieses Abends in irgendeinem Zusammenhang stand, es war das Lächeln eines triumphierenden und siegreichen Menschen, sie sagte:
„Ich habe die Bilder des Kaspar Wunderlich von der Wand gelöst, ich habe sie zusammengerollt. Sie sind gerettet."
Daniel saß inmitten der Verwüstung, die Menschen um ihn herum schienen für ihn nicht mehr vorhanden zu sein, er fragte nur noch:
„Können Sie mir einen starken Kaffee brauen?"
Irgend jemand brachte ihn; es war der Koch, sein weißes, strahlendes Kostüm war beschmutzt und zerknittert, er war es, der zu Daniel sagte:
„Wo ist denn der Gärtner Piet?"
Daniel trank die heiße Tasse Kaffee in einen Zug hinunter, stand auf, sagte:
„Was?" Dann machte er eine zufällige Bewegung an seine linke Brust und fühlte ein Papier in seiner Tasche.

29. Kapitel

Die Zeit geht weiter

Das Ereignis des Brandes war längst vergessen; auf der Stelle des „Arkaden-Hofs“ stand nun ein Bauernhaus, das irgend jemandem gehörte.
Die Zeit war über die Menschen hinweggegangen, hatte sie weder veredelt noch verändert.
Es ist ein alter Aberglaube, daß Menschen durch die Erfahrung etwas lernen.
In Wirklichkeit ist es ganz anders.
Angela war dieselbe geblieben, aber da sie sich nun im 38. Lebensjahr befand, fühlte sie, wie die Jahre an ihr eine Veränderung hervorgerufen hatten. Ihr Wesen war das gleiche, trotz der ländlichen Kleidung, die sie nun trug, war ihr Herz unverändert. Es war wie sie selbst sagte:
„Das Herz wird älter, aber nicht kälter.“
Der Enthusiasmus ihrer Jugendjahre hatte sich in einen Skeptizismus verwandelt, der aber vor jeder Blume, vor jedem neugeborenen Tierchen, vor jedem Wunder der Schöpfung zerschmolz.
Sie war dieselbe Angela geblieben, ihr Wesen wandte sich den Pflanzen und Tieren zu, wenn sie auch in ihrer Tätigkeit als Ärztin immer mehr bekannt wurde. Sie bewohnte nun ein eigenes Haus, dort, wo die untere und obere Dorfstraße sich trafen. Es war nach ihren Angaben gebaut in gemäßigter Modernität, mit drei Räumen unten, zwei Räumen in der ersten Etage und einem Zimmerchen im Dachgeschoß. Es lag inmitten von Hühnerställen, Bienenkörben, Obstbäumen und Sträuchern.
Sie war eine unermüdliche Gärtnerin, sie pflanzte und hackte, sie begoß und entfernte das Unkraut, sie tat alles selbst. Eine gewisse Schrulligkeit war über sie gekommen, die aber zu ihr paßte. Sie war nicht altjüngferlich, eher burschikos.
„Ich habe keine Zeit, Menschen zu sehen. Sie interessieren mich auch nicht. Patienten sind eine notwendige Erscheinung, und Freunde? Ich weiß kaum, ob ich welche habe.“
So redete sie, so sprach sie zu zufälligen Bekannten, sie tat es ohne Bitterkeit und Ironie. Die Natürlichkeit ihres Wesens trat immer mehr hervor. Sie bekümmerte es nicht, wenn irgend jemand Anstoß daran nahm oder es

anders wünschte. Ihre Leidenschaft war das Pflanzen, Graben, das Tierezüchten und -pflegen. Doch etwas war in ihr, das durch nichts zerstört werden konnte.

Es war die Musik.

Sie hatte sich einen alten Flügel verschafft, auf dem spielte sie, weder schlecht noch gut, sie spielte für sich selbst, und wenn irgend jemand zuhören wollte, dann schlug sie den Klavierdeckel zu und sagte:

„Ich treibe Musik nur für mein eigenes Vergnügen, meine Finger sind ungeübt, aber ich höre die Töne und Harmonien. Ich werde irritiert, wenn jemand zuhört."

Manchmal sagte sie noch: „Es kommt mir irgendwie indiskret vor, wenn jemand sich auf dem Klavier austobt."

Die Malerin Elisabeth, die stille und sanftäugige Person, die manchmal zu Angela kam, sagte:

„Sie meinen wohl Henry Hatje?"

Angela schüttelte den Kopf, sagte:

„Ach, der. Er ist ein Schauspieler und Komödiant, ob er am Klavier sitzt und tobt oder seine Bilder malt, die beinahe gut sind, wenn sie nicht so verlogen gekonnt wären."

Elisabeth meinte, daß Hatje sehr viel Technik besäße, sie seufzte etwas, denn sie meinte, daß ihr Können zu nichts ausreiche.

„Meine Bilder sind ohne Schwung, niemand bemerkt sie, sie sind eigentlich wie ich selbst."

Wenn Elisabeth so melancholisch sprach, dann konnte es geschehen, daß Angela eine Flasche Wein aus ihrem Keller holte und die kleine Malerin zwang, mit ihr zu trinken. Etwas Gebäck war immer vorhanden.

Angelas Leben war erfüllt von ihrem Beruf, dem ärztlichen, aber im Grunde war sie eine besessene Dienerin und Anbeterin der Erde und ihrer Kreaturen.

Aber wer merkte das schon?

Drei Jahre waren es her, seitdem der Brand im „Arkaden-Hof" das kleine Dorf zum Mittelpunkt der Neugierde und Sensation gemacht hatte.

Drei Jahre waren es, seit Daniel Erdmann verschwunden war, irgendwohin.

Man hörte etwas von einem Versicherungsschwindel, manche sagten sogar, daß er im Gefängnis säße. Aber Genaues war nicht herauszubekommen.

Johanna Wunderlich lebte still und erregte kein Aufsehen. Sie verfertigte auf ihren Webstühlen Arbeiten, die in den Kunstausstellungen des Ortes zum Verkauf angeboten wurden. Sie hatte auch Schülerinnen, irgendwelche Geschöpfe aus Bremen oder Hamburg, die zwar die Technik Johannas erlernen konnten, aber niemals ihren Geschmack erwarben.

So war alles still und ohne Aufregung geworden; die Torfwagen knarrten nachts über die Chausseen nach Bremen hin wie eh und je. Drunten am Fluß, auf der Hamme, sah man die dunklen Segel der Boote, die mit Torf beladen waren und nach der Weser zufuhren.
Der Sturm der Jahre hatte sich gelegt, es war still in Worpswede. Man sah manchmal Fremde, aber sie saßen meist im „Café Worpswede“, in dem immer noch Benno Ladenburg den Wirt spielte, aber es gab wirklich nichts Besonderes zu erleben.
Die Menschen waren älter geworden, wie überall. Die Zeit der Geldüberschwemmung, der Inflation, war längst vergessen. Man mühte sich in jedem Beruf und war froh, wenn man sein Leben sichern konnte.
Die Künstler des Ortes waren zum Teil weggezogen, sie lebten in den Großstädten, man hörte nicht viel mehr von ihnen. Es kamen junge Männer und Frauen, die glaubten, in der unveränderlichen Schönheit der Moorlandschaft ihren eigenen Stil zu finden.
Aber auch sie gingen und kamen, es war eine merkwürdige flackernde Zeit, die der Kunst nicht zuträglich war.
Eines Tages kam eine Frau nach Worpswede, die einen durchaus sportlichen, ja männlichen Eindruck machte. Nicht, weil sie auf einem Pferd die Bremer Chaussee entlanggeritten kam, sondern ihre ganze Erscheinung wirkte fremdartig und in einem gewissen Sinn reizvoll. Sie sah Angela, wie sie in ihrem Garten arbeitete, bewunderte den Fleiß und die Emsigkeit und begann ein Gespräch mit ihr.
„Wissen Sie, wo ich eine Unterkunft finden könnte? Für mein Pferd natürlich auch?“
Angela sah sie an, hörte ihre harte, rollende und etwas singende Stimme, begriff, daß sie eine Frau vor sich hatte, deren Forschheit nicht gekünstelt war.
Sie liebte so etwas.
„Sie können Ihr Pferd bei mir unterstellen, und da oben habe ich ein Fremdenzimmer“, Angela deutete auf die kleine Kammer unter dem Dach.
„Aber das geht doch nicht, Frau Doktor.“
Die Fremde sagte es und machte dazu ein so liebenswürdiges Gesicht, daß Angela es angenehm empfand.
„Ich bin übrigens Fräulein Doktor, wenn Sie es genauer wissen wollen.“
Es dauerte nicht lange, bis das Pferd im Schuppen untergebracht war. Angela saß mit ihrem Gast auf der rückwärtigen Terrasse, sie tranken Kaffee und plauderten; Angela bemerkte mit etwas Mißbilligung, daß die Fremde ohne Unterbrechung rauchte. Aber sie sagte nichts.
Malvine genoß mit Behagen die Stunde mit Angela, sie erzählte lebhaft, gestenreich und machte sehr sarkastische Bemerkungen dazu.

Es schien, daß sie sich über die meisten Menschen lustig machte. Sie fragte: „Und Sie arbeiten hier, Fräulein Doktor, Sie verarzten die Patienten, pflanzen, jäten, begießen, Sie züchten Hühner und anderes Getier und ...", sie drückte plötzlich ihre Zigarette aus, sagte: „Sie müssen eigentlich glücklich dabei sein oder nicht?"

Angela sah Malvine an. Sie liebte es nicht, auf direkte Fragen gleich zu antworten.

Aber sie war beunruhigt.

Der Gedanke des Glücklichseins war ihr gerade in Vergessenheit geraten; sie erinnerte sich nicht, den Glückszustand empfunden zu haben. Vielleicht damals, als sie zum ersten Male die „Eroica" im Münchner „Odeon" gehört hatte, als unter Felix Mottl die Sinfonie erklang, die ihr den Weg in eine neue Welt eröffnet hatte.

Das Glück des Auf-der-Welt-Seins wurde ihr eigentlich bewußt, wenn sie im Garten arbeitete, wenn sie ihre Tiere sah oder wenn sie des abends Zeit hatte, Musik zu spielen.

Das Zusammensein mit Hermann war eine Vorstufe zu einem Glücksgefühl gewesen. Nach dieser Stufe, die zu nichts führte, ereignete sich nichts Glückhaftes mehr.

Angela sah Malvine, die saß ruhig und gelöst da; sie sah ihren gemmenhaft geschnittenen Kopf, die ausdrucksvolle kleine Nase, die Augen, die nichts, auch gar nichts verrieten.

Angela fühlte ein seltsames Herzklopfen, sie dachte: Werde ich nun in meiner Einsamkeit gestört?

Alles in ihr wehrte sich, aber sie wußte zugleich, daß sie wehrlos war.

Die Tage und Monate schwanden dahin, während Angela wie von einer neuen Kraft beseelt war. Malvine war immer noch Gast im Hause, Angela konnte sich ein Leben ohne sie kaum mehr vorstellen.

Etwas ereignete sich, es bestand darin, daß aus der sicheren und selbständigen Angela ein nachgiebiges und frauliches Geschöpf wurde. Zwar dominierte noch ihr Wille, es geschah alles ohne große Gesten, ohne Bestimmtheit, aber wenn sie einen Widerspruch fühlte, gab sie nach.

Angela nahm ihre Freundin zu allen Ereignissen mit, die unter den Künstlern stattfanden. Da war ein Fest im „Café Worpswede", bei dem Henry Hatje brillierte. Der Künstlertisch war spärlich besucht, denn die Zeit der Feste war eigentlich vorüber.

Das Gespenst der Not, des Nicht-Verdienens, ging unter den Künstlern um. Sie hatten keinen Sinn mehr dafür, gute Laune zu produzieren, denn sie war ihnen abhanden gekommen.

Nur Henry Hatje konnte keine Zeit etwas anhaben. Irgendwo war er verheiratet, irgendwo war er verliebt, und seine tobende Existenz hinterließ viele Spuren in manchem Leben.
Als Malvine ihn kennenlernte, hatte sie vom ersten Augenblick an einen unsympathischen Eindruck. Sie war aber zu schlau, um es zuzugestehen, doch Henry Hatje fühlte es genau, und als er mit Angela tanzte, machte er einige hämische Bemerkungen über diese fremde „Person".
Angela lächelte nur, für sie war Malvine längst keine fremde Person mehr, sie war der Mensch, mit dem sie lebte. Aber der verrückte und tolle Hatje konnte mit Frauen von Qualität ja nichts anfangen; Angela wußte von seinen Liebschaften, sie kannte die Bauerndirnen, die Malerinnen, die Städterinnen, alle die, vor denen Henry Hatje sich produzierte. Sie kannte auch die Wirkung seiner sehr persönlichen Kleidung, er trug den ewig ungewaschenen Sweater, den Angela schon seit Jahren an ihm gesehen hatte. Es war ein wirkliches Zeichen von Freundschaft, wenn er Angelas Wunsch erfüllte und ihn ablegte. Aber die Ärztin und der Maler standen zusammen wie alte Kriegskameraden, sie sagten sich gegenseitig Wahrheiten, die keiner von ihnen ernstnahm.
Malvines Eindruck von dem Abend der Künstler war nicht sehr groß, sie äußerte es auch Angela gegenüber. Die sagte nur:
„Was willst du machen, diese Menschen haben nichts als sich selbst. Und das ist recht wenig. In den meisten Fällen. Morgen werden wir einmal zusammen zu Franz Theodor Knagge gehen, damit du einen Typ kennenlernst, der dir vielleicht nicht bekannt ist."
Franz Theodor trug eine Samtjacke, kurze Reithosen, seidene Strümpfe und braune derbe Landschuhe. Eine seltsame Zusammenstellung, dachte Malvine.
Als sie bei dem Maler mit Angela eintrat, hatte dieser gerade irgendein Werk vollendet, von dem er sehr entzückt war.
Er schleppte die beiden Damen hinauf in sein Atelier, in dem sich ein großes Bild auf einer Staffelei befand, das einen frischgemalten Eindruck machte.
Knagge deutete mit seinen merkwürdigen, kindisch wirkenden Bewegungen auf das Bild, sagte:
„Das Werk."
Malvine setzte sich in den einzigen bequemen Sessel des Zimmers, sie entzündete eine Zigarette, meinte:
„Ist das ein Symbol? Oder ist es das Abbild eines menschlichen Wesens? Vielleicht ist es ein Traum."
Angela nahm weiter keine Notiz von dem großen Gemälde, sie sah sich die kleinen Skizzen und Entwürfe an, die im Atelier herumlagen, und dann sah

sie, wie Frau Knagge eine Flasche Wein und mehrere Gläser brachte. Sie war im Begriff, die Frau des Künstlers zu begrüßen, aber mit dem Lächeln einer leicht Verstörten zog diese sich zurück. Angela mußte den Kopf schütteln.

Der Maler hatte die Flasche Portwein entkorkt, er schenkte ein, hob sein Glas und sprach:

„Sie sind das erstemal bei mir, aber ich fühle aus Ihren Worten, daß Sie mein tiefstes Wollen verstehen, daß Sie es Traum oder Symbol genannt haben, berührt mich tief. Es ist beides zusammen, es ist noch viel mehr. Es ist das Resultat einer langjährigen Studie der weiblichen Lebewesen, natürlich eine rein funktionelle Studie, zu der ich kein Modell brauchte. Mein Kopf ist mit Bildern angefüllt, die nach Verwirklichung rufen, einer Verwirklichung, die diese Zeit niemals verstehen kann ...“

Malvine trank den Portwein aus, stellte fest, daß er annehmbar war, und bat den Maler um ein neues Glas.

Angela war ziemlich unberührt, sie machte nur die medizinische Feststellung, daß partieller Größenwahnsinn unheilbar sei. Ihr schien das Gemälde weder Traum noch Symbol zu sein, es war nichts als eine ungekonnte Aktstudie. Die primitive Wirkung des Machwerks täuschte eine Tiefe vor, die es nicht hatte.

Freilich hütete sich Angela, dies zu äußern. Sie mußte ihre Freundin Malvine bewundern, die sich den Anschein geben konnte, als ob sie das alles ernst nähme; Angela wußte, daß ihre Freundin ebenso geringschätzig über dieses Machwerk des Künstlers dachte wie sie selbst.

Malvine war anders geartet als Angela, sie hatte auch keine Neigung zur Melancholie, alles Dinge, die Angela bei sich immer stark bemerkte. Sie empfand den Aufwand von Nicht-Können anspruchsvoll und das Geschwätz über Traum und Symbole wie eine dilettantische Äußerung eines von sich überzeugten Verrückten.

Der Portwein schmeckte, so trank Angela auch ein zweites Glas. Aber es beruhigte sie keineswegs. Sie hätte am liebsten dem Maler, der in eitler Pose an einem seiner verkannten Meisterwerke lehnte, die Wahrheit gesagt.

In welcher Welt, so dachte sie, leben diese Menschen eigentlich? Ich glaube, daß die Natur fürsorglich genug war, solchen Gestalten wie Knagge jede Fähigkeit zur Selbstkritik zu nehmen.

Angela war klug genug zu wissen, daß Menschen wie Knagge nur auf Schmeicheleien aus sind. Sie ruhen in ihrer imaginären Größe, das gibt ihnen Halt, sie betrachten jeden Kritiker als einen Störenfried.

Knagge hatte Muße genug, über sich selbst nachzudenken. Etwas anderes gab es auch nicht, er, Franz Theodor Knagge, war ja der größte Genius aller Zeiten.

Angelas feines, musikalisches Ohr hörte sogar in der scheinbaren Selbstironie des Künstlers nichts weiter heraus als Bewunderung für sich selbst.
Malvine ging im Atelier umher, sie rauchte, ihre Gesten waren die eines sehr selbstsicheren und überlegenen Wesens. Wenn man sie fragen würde, wie sie diese Bilder und den Schöpfer dieses Ganzen finden würde, ihre Antwort wäre gewesen: „Komisch. Aber uninteressant komisch."
Malvine hatte einen untrüglichen Instinkt, sie ertrug die lärmende Genialität des Henry Hatje mit Humor, aber die gravitätische Ernsthaftigkeit dieses Herrn Franz Theodor Knagge war ihr im höchsten Grade zuwider.
Aber da war noch etwas Neues, das gar nichts mit Kunst zu tun hatte, die Politik.
Franz Theodor hielt gern Monologe vor Zuschauern. Er nannte dies: Aussprachen. „Wir sind hier in diesem Welt-Dorf Worpswede verpflichtet, die Kunst Deutschlands in das rechte Licht zu setzen. Das Deutschtum ist etwas, das mir in den letzten Jahren meines Studiums aufgegangen ist. Man kann sich nicht von dem Boden lösen, auf dem man gewachsen ist ..."
An dieser Stelle ertönte Malvines Stimme: „Sind Sie nicht aus Westfalen, Herr Knagge?"
Etwas aus dem Konzept gebracht, aber sich schnell besinnend, fuhr der Maler fort:
„Westfalen oder Niedersachsen, das ist kein Unterschied. Die moderne Kunst ist etwas, das nur international wirken kann, wenn sie national fundiert ist."
Jetzt erhob sich Angela, sah auf ihre Uhr:
„Verzeihen Sie, Herr Knagge, aber ich muß ihren lehrreichen Vortrag leider verlassen. Ich habe Sprechstunde, Kranke warten auf mich, die ich kaum vertrösten kann."
Malvine war an ihrer Seite, sie gab dem Maler, der einen fast geistesabwesenden Eindruck machte, die Hand, sagte mit ihrer kühlen und höflichen Stimme „Auf Wiedersehen".
Beide Frauen verschwanden.

30. Kapitel

Es knistert im Gebälk ...

„Es kracht irgendwo, Angela“, sagte Malvine, als sie neben ihrer Freundin die Dorfstraße hinunterging.
Angela hatte den Kopf gesenkt, es war ihre Angewohnheit geworden, nachdem sie jahrzehntelang aufrecht und gerade den Menschen ins Antlitz geblickt hatte.
Malvine hatte ihren Arm genommen, sie ging aufrecht und elastisch, etwas tänzerisch und wippend, während Angela in ihrem Schritt immer schwerer und bäuerischer wurde.
„Sie schießen hinter dem Berge, das nennen sie wohl ... Ertüchtigung der Jugend.“
Angela sagte es mit ihrer etwas belegten Stimme, sie räusperte sich, wie sie das öfters tat, murmelte etwas vor sich hin, das niemand verstand.
Die beiden Frauen waren ein ständiges Bild in dem dörflichen Leben geworden, die Bauern nahmen keine Notiz von den beiden. Die lebten für ihre Häuser, Gärten, Hühner und Schweine. Sie arbeiteten, um das bißchen Geld aufzutreiben, das zum Leben notwendig war. Aber der andere Mensch war für den Bauern nie wichtig; nur als Nachbar konnte er Bedeutung gewinnen, sonst blieb er ein Fremder.
Angela hatte sich eine Position geschaffen aufgrund ihrer ärztlichen Fähigkeiten und weil sie es verstanden hatte, Vertrauen einzuflößen. Denn das Mißtrauen gegen sie, gegen einen weiblichen Arzt, war groß gewesen. Aber ihre fast barsche Art mit den Leuten zu sprechen, die sie oft anschnauzte wie ein preußischer Feldwebel, hatte den einfachen Menschen des Moores Respekt eingeflößt.
Malvine war eigentlich die erste, die die Erscheinung Angelas ganz verstand. Sie war durchaus verständnisvoll, daß ein praktischer Mensch seine Fähigkeiten voll ausnutzen muß, aber sie verstand auch, daß ein Wesen wie Angela im Grunde über den Dingen stand, die sie scheinbar so ernst nahm.
Tiere, Erde, Pflanzen und alles, was Gott erschaffen hat, unberührt von der menschlichen „Kultur“, das war es, was Angela liebte. Und dabei war sie in der Lage, eine Flasche Wein auf einmal auszutrinken oder ausgelassen zu

sein wie ein unbeschwerter Mensch. Das verstand Malvine, und Angela war glücklich, daß sie einen Menschen gefunden hatte, der sie begriff.
„Wenn man schlau ist, wenn man durch die Dinge hindurchsieht, wenn man die Menschen in ihrer Erbärmlichkeit erkannt hat, dann kann man auch sich selbst nicht mehr ganz ernst nehmen." Das sagte Angela eines Abends, und Malvine begriff sofort.
Das Spielerische war ihr vertraut, wenn sie auch das sentimentale Tändelspiel der Liebe ablehnte.
Da waren zwei Frauen, die sich weder gegenseitig Geständnisse machten noch irgendwelche Erlebnisse erzählten, die voreinander Respekt hatten. Sie achteten die Sphäre des anderen, sie griffen nicht ein, sie wollten nicht verbessern, verändern, sie wollten den anderen existieren lassen.
Und das ist meist schwer, wenn eine Frau eine Freundschaft mit dem Mann beginnt. In der Liebe zwischen Mann und Frau ist noch zu viel von jener primitiven Überlegenheit, die auch den ungeschicktesten Mann veranlaßt, den Herrn zu spielen.
Und dann die Erzählungen, die Übertreibungen, das Wichtigtun voreinander, das zwischen Mann und Frau so selbstverständlich war, daß es überall vorhanden ist, das fehlte zwischen Malvine und Angela völlig.
Für Angela war es immer ein beruhigendes Gefühl zu wissen, daß Malvine sie zu Hause erwartete. Ganz gleich, wie spät oder wie früh die Stunde war.
Und für Malvine wurde es immer mehr selbstverständlich, daß Angela mit ihr zusammenlebte oder sie mit ihr.
Die Künstler freilich machten einige sarkastische Bemerkungen über das „unzertrennliche Paar"; aber Henry Hatje war es, man staune, dieser Erzvagabund und Mädchenjäger, er war es, der Angela und Malvine vor allen Leuten verteidigte.
So war es in diesem Dorf, daß man im Schatten verenden konnte, daß niemand Notiz von einem nahm. Aber es war auch so, daß man zum Mittelpunkt wurde, zum Gesprächsstoff, da die meisten der in Worpswede Lebenden sehr arm an äußeren Abwechslungen dahinleben mußten.
Die Sensation, wenn Angela mit ihrer Freundin das „Café Worpswede" betrat, war immer groß. Niemand konnte genau wissen, was Benno Ladenburg eigentlich dachte, wenn er sein allzu freundliches Begrüßungslächeln aufsteckte. Aber es war klar, daß die beiden Frauen von den Künstlern geachtet und geschätzt wurden. Die burschikose Art Angelas trug dazu bei, irgendwelche geheimnisvollen Flüstereien zu beseitigen. Angela war ein gerader Mensch, der immer das sagte, was er meinte.
Meist aber schwieg sie, sie lächelte höchstens mit geschlossenem Mund, aber es war beredt genug.

Die Nöte der Künstler, ihre schwankende Gesundheit wie die des Geldbeutels boten für Angela den Anlaß, den meisten außerhalb ihrer Sprechstunden in herzhafter und wirksamer Weise zu helfen.
Meist redeten sie im Anfang von Bezahlung, aber Angela lachte nur, sagte:
„Ja, ja, wenn du Millionär geworden bist, dann bekomme ich die Hälfte ab.“
So war die Ärztin beliebt und gefürchtet, denn irgendwelche Schwindeleien in gesundheitlicher oder finanzieller Hinsicht waren völlig unangebracht.
„Warum bist du eigentlich so gut zu der Bande?“ fragte Malvine eines Abends, als Angela wieder einmal sehr spät von einem Patientenbesuch nach Hause kam.
Angela setzte sich an ihren Flügel, nachlässig, wie das ihre Art war, sie ließ ihre schlanken Klavierfinger über die Tasten gleiten, spielte irgendeine Chopinsche Etüde, sie phantasierte darüber, ihr Gesichtsausdruck war völlig verändert, als sie sagte:
„Sieh mal ... hör mal ... diese kleinen Akkorde, das Arpeggio und die aufgelöste Dissonanz, die sentimentale Figurenmalerei im Diskant ..., all das und viel mehr noch, das ist der Grund, der mich, wie du sagst, veranlaßt, so gut zu der ‚Bande‘ zu sein.“
Malvine legte ihre Wange an Angelas Gesicht, sie sagte leise:
„Du kleiner geliebter Narr.“

Das Leben in diesem Jahr war nicht einfach.
Das „Welt-Dorf“, wie es Knagge genannt hatte, lebte in einer Art von Traumzustand dahin. Die Nachrichten, die in es gelangten, waren sehr veraltet. Die „Worpsweder Zeitung“, die aus vier Seiten bestand, von denen die inneren Seiten fix und fertig gedruckt waren, bevor der Buchdrucker die Lokalereignisse melden konnte, hatte nicht mehr viel Neues zu vermelden. Sie erschien jede Woche einmal, hatte immer weniger Anzeigen, so daß der Drucker sich genötigt sah, um den Platz zu füllen, Annoncen selbst aufzugeben wie: „Frachtbriefe empfiehlt die Reichspost“. Der aufmerksame Leser freilich fand in den kleinen Notizen oft Berichte über Überfälle und Messerstechereien zwischen politischen Parteianhängern. Es bereitete hier sich etwas vor, das später einmal riesenhafte Formen annehmen sollte.
Vorläufig aber blieb alles in Worpswede unberührt vom politischen Gezänk einer Welt, die eigentlich die Verpflichtung gehabt hätte, von dem „Welt-Dorf“ Notiz zu nehmen.
Es ereignete sich im übrigen Deutschland das betrübliche Schauspiel des Verfalls einer Republik, die längst den Mut aufgegeben hatte, eine zu sein.

Es berührte die Bevölkerung des Moorlandes kaum, daß in der deutschen Welt sich etwas ereignete. Sie nahmen nur davon Notiz, daß der Landrat in Osterholz abgesetzt wurde, daß der Steuereinnehmer des Finanzamts einen anderen Namen hatte, das war ihnen wichtig.
In dieser Hinsicht waren Bauern und Künstler gleich; sie lebten und sahen nur das Naheliegende, es berührte sie nicht, sie nahmen keinen Anteil daran.
Angela war in diesen Jahren zu sehr angespannt, ihre gesundheitlichen Kräfte ließen etwas nach, sie mußte sich oft schonen. So fuhr sie eines Tages auf vier Wochen in die Schweiz, nach dem Lago Maggiore, natürlich mit ihrer Freundin Malvine.
Sie machten diese Fahrt in ihrem Automobil, einem Vier-Zylinder-Opel, der abwechselnd von Angela und Malvine gelenkt wurde.
Es war für Angela ein wunderbares Gefühl, von den Fesseln ihrer Arbeit und Pflichten befreit zu sein. Daß Malvine mit ihr fuhr, erschien ihr wie ein großes Glück. Am Tage bevor sie abreisten, geschah etwas Aufregendes in der Gemeinde Worpswede. Es erschienen zwei Herren, die den längst vergessenen Fall des Brandes im „Arkaden-Hof" untersuchen wollten.
Angela empfing die beiden, die einige Auskünfte über einen gewissen Daniel Erdmann haben wollten, ungeduldig.
Für sie war die ganze Angelegenheit vergessen, wie für die meisten. Die beiden Herren, die von der Kriminalpolizei der Stadt Hannover kamen, interessierten sich aber sehr für die Aussagen, die Angela machen konnte.
Die beiden Herren besuchten alle, die an dem Fest teilgenommen hatten. Doch Angela kümmerte das nicht, sie sagte zu Malvine:
„Daß wir morgen fahren, ist wirklich eine Fügung Gottes, denn diese längst vergessene Sache wieder aufzuwärmen, daß ich Aussagen machen muß, diese ganze Bürokratie einer Justiz, die ich hasse, daß ich dem entlaufen kann, ist zu herrlich."
Und am Morgen fuhr der kleine Wagen in Richtung Bremen davon. Es war ein grünes Cabriolet mit einem geräumigen Gepäckraum, in dem sich die Koffer und ein Ersatzreifen befanden.

Sie fuhren am ersten Tage bis Bayreuth, in dem sie ein kleines, aber komfortables Hotel kannten. Nach der langen Fahrt hatten sie einen beträchtlichen Appetit. Angela fühlte sich wie ein junges Mädchen, sie hätte am liebsten in der Wirtsstube getanzt, aber das war sicherlich unschicklich.
Es war merkwürdig zu beobachten, wie die Ruhe Angelas sich allmählich lockerte. Es war so, als ob sich ihre Starrheit lösen, eine gewisse eisige Kälte

von ihr schmelzen würde, die eigentlich gar nicht zu ihrem Wesen paßte. Und Malvine, die statuarisch ruhige Frau, beobachtete das alles und stellte es mit Befriedigung fest.
Man bummelte durch die kleine Stadt, die noch entfernt von der Festspielsaison war.
Ein kleines fränkisches Städtchen, eingebettet in den Hügeln des Fichtelgebirges; ein merkwürdig lebendiges und doch ruhiges Plätzchen.
Am anderen Tag fuhren sie die pappelumsäumte Landstraße entlang, da sahen sie ein Gasthaus, auf dem die Worte standen: „Zum Rollwenzel".
Angela stoppte, Malvine fragte erschrocken:
„Was ist denn los?"
Angela deutete auf das Haus, sagte:
„Das ist die ‚Rollwenzelei', in der mein geliebter Jean Paul gedichtet hat. Jeden Tag ging er von Bayreuth die Straße hinauf, um hier seine Bücher zu schreiben. Ich weiß, Malvine, du kannst Jean Paul nicht lesen, die meisten können es nicht, man muß das Wort schmecken können, die Sätze müssen auf der Zunge zergehen wie köstlich Gebratenes."
Malvine sagte nur:
„Also gehen wir dahin."
Und dann waren sie vor der kleinen Gastwirtschaft, eine dicke Wirtin kam heraus, die, als Angela sie fragte, ob dies hier das Haus sei, in dem Jean Paul gedichtet hätte, sagte:
„Jesses. .. San Sie aufgeregt ... I bring Ihnen schnell ein Glas Milch und dem andern Maderl auch."
Angela und Malvine fühlten sich sehr beschämt, als die Wirtin ihnen auf dem Tisch unter dem Baum im Freien zwei große Gläser voll Milch zur Beruhigung servierte.
Angela wagte kaum zu fragen, ob sie das Zimmer ansehen dürfte, in dem der Dichter Jean Paul gearbeitet hatte. Aber die dicke Wirtin machte es ihr leicht, sie kam und sagte:
„Wenn Sie schön ausgetrunken haben, dann zeige ich Ihnen auch das Zimmer. Deswegen sind Sie doch hierher gekommen?"
Angela und Malvine folgten gehorsam und gingen hinter der Wirtin her, die sich plötzlich umdrehte und fragte:
„A Bier mögens S' net?" Ohne eine Antwort abzuwarten fuhr sie fort: „Na, dazu seid's net fest gnua."
Die Wirtin öffnete eine Tür und zeigte ihnen das Zimmer, das sich eigentlich in nichts von einer gewöhnlichen Stube unterschied. Auf dem Tisch in der Mitte lag ein Fremdenbuch, ein grünes Sofa, altmodisch geschwungen, stand in der Ecke. Das Fenster war breit und füllte die eine Wand vollkommen aus.

Angela sah sofort hinaus, sie freute sich an dem Anblick der schönen fränkischen Landschaft, sie sah die Flüsse glänzen, Alleen zogen sich kreuz und quer bis zum Horizont, und über allem ballten sich weiße, freundliche Wolken.
Malvine stand neben ihr, war schweigsam; die Wirtin redete ohne Unterbrechung. Sie hatte jenen Fremdenführerton an sich, der belehrend und unerträglich ist. Angela verbiß das Lachen, als die Wirtin sagte:
„Das ist genau so hier geblieben, wie es der Herr Jean Paul Richter hinterlassen hat. Meine Mutter hat mir viel von ihm erzählt. Es muß ein netter Herr gewesen sein. Er kam zu uns heraus, weil das Bier so gut war. Und dann hatte er seine Ruh' hier."
Angela und Malvine gingen bald hinunter, verabschiedeten sich von der redseligen Wirtin und fuhren mit ihrem Wagen langsam in Richtung Bamberg von dannen.
„Bist du nun glücklich, Angela, daß du die Lieblingsstätte deines Dichters gesehen hast?" Malvine fragte es etwas spöttisch, wie das ihre Art war.
Angela schüttelte den Kopf. Sie sagte:
„Hier in der Landschaft ... da ist Jean Paul immer noch, aber die ‚Stätte', wie du so schön sagst, nein, die mag ich gar nicht. Es riecht alles so nach Fremdenverkehr und Sehenswürdigkeit, aber das ist wohl das Schicksal aller Großen, daß die Nachwelt sie verniedlicht, eine ‚Ware' aus ihnen macht. Es gibt in Deutschland wenig Leute, die Jean Paul ganz gelesen haben. Zu seiner Zeit war er beliebt, im Gegensatz zu Goethe. Aber der haßte Jean Paul und machte sich lustig über ihn; er sah wohl keinen Unterschied zwischen ihm und Kotzebue."
„Ja, die Exzellenz von Weimar ... Sie mochte auch Heinrich Heine nicht gern, der hatte so gar keinen Sinn für die höfische Feierlichkeit."
Angela lächelte vor sich hin, sie sagte nichts, sie dachte nur: Da leben große Dichter nebeneinander und begreifen einander nicht. Das ist heute so wie es früher war. Laut sagte sie:
„Malvine, in Bamberg werden wir essen, vielleicht bleiben wir da über Nacht, denn ich liebe diese Stadt mit dem schönen bischöflichen Palais."
Malvine machte ihr freundliches Gesicht, als sie sagte:
„Wie du willst, Angela, es soll ja eine Erholungsreise sein. Nur um eines bitte ich dich, wir wollen nicht das Haus besuchen, in dem E.T.A. Hoffmann gelebt hat."
Angela lachte:
„Du kannst versichert sein, Malvine, ich wandle auf keinen Spuren mehr, ich genieße und lebe."
Sie sah ihre Freundin an, ihr Gesicht war überstrahlt von einer großen und innigen Zärtlichkeit, die sie plötzlich fühlte.

Als sie nach Bamberg kamen, fuhren sie die Hauptstraße entlang, die eng und lärmend war, sie bogen in eine kleine Nebengasse und hielten vor dem Gasthaus „Zum weißen Kreuz".

Das war nach Angelas Geschmack. Behaglich, in jenem zierlichen Stil gehalten, den sie so liebte; wenig Zimmer, ein höflicher Wirt und alles nach Wunsch.

Nach dem Essen schlenderten sie durch die abendlichen Straßen, stiegen die Treppen hinauf zu dem großen Platz, auf dem der Dom stand und das bischöfliche Palais sich befand.

Der „Bamberger Reiter" stand in der Kirche und wirkte in seiner Gestalt, die völlig unpathetisch war, sehr stark. Von hier oben konnte man auf die Stadt Bamberg hinabsehen, auf die vielen Dächer mit den Schornsteinen, die einen blauen Rauch von sich gaben. Malvine sagte:

„Dort unten siehst du das Familienleben in Tätigkeit, das Abendessen wird bereitet, der Mann kommt von seiner Arbeit, die Kinder lärmen in den Straßen ..." Sie umfaßte plötzlich Angela: „Und das alles ist für einen verloren, das geregelte bürgerliche Leben, in dem Geburt, Krankheit, Tod, Hochzeit, Geburtstag und alles, alles seit Jahrhunderten in festen Formen gefügt ist. Nur wir leben am Rande, Angela, wir sind Zuschauer, manchmal schaudert es mich."

„Man hat doch die Wahl, sein eigenes Leben zu führen oder, wie man so schön sagt, sich anzupassen. Meinst du, Malvine, ich hätte nicht auch manchmal Anwandlungen und Sehnsüchte, die Frau eines Briefträgers zu sein?"

Lachend gingen die beiden Frauen oben weiter, sie verstanden sich in ihrem Witz und in ihrem Ernst. Angela war zu klug, um nicht zu wissen, daß ihre Freundin ebenso unkonventionell leben mußte wie sie selbst.

Plötzlich fiel ihr Dr. Altherr ein, sie fragte Malvine:

„Habe ich dir eigentlich jemals von Dr. Altherr erzählt?"

Malvine verneinte.

Dann saßen die beiden im Biergarten, dem sogenannten „Keller", der sich auf der Höhe der oberen Stadt befand. Sie tranken aus Krügen schaumiges, dunkles Bier, Malvine machte ein Gesicht, als ob sie eine Medizin schlucken müßte. Aber Angela hatte das, was man einen „guten Zug" nennt.

Und dann erzählte sie ihrer Freundin von dem tüchtigen Oberarzt Dr. Altherr, der sogar „ehrbare Absichten" gehabt hatte. Sie sagte:

„Also wie du siehst, Malvine, habe ich die besten Aussichten gehabt, eine bürgerliche Arztfrau zu werden. Gewiß hätte mein ‚Herr Gemahl' mir auch gestattet, meine Praxis auszuüben, aber du weißt ja, zuerst wäre es eine Konzession gewesen, und im Falle, daß ich meinen Beruf ernsthaft hätte fortsetzen wollen, wäre die ... die Ehekatastrophe gekommen."

Malvine erwiderte nichts, sie legte ihre Hand auf die Angelas, sie blickte in den immer dunkler werdenden Himmel, als sie sagte:
„Vielleicht hättest du ein Kind bekommen, Angela?“
„Ja, das wäre wohl wahrscheinlich gewesen. Aber soll ich es nun bedauern? Weißt du, man hat nur zwei Möglichkeiten, und die eine muß man ausschlagen, wenn man die andere ergreifen will. Und meinen Entschluß kennst du ja, Malvine, ich bin jetzt eine etwas verbauerte Landärztin, aber meine Begeisterung für Tierzucht und Landwirtschaft ist im Steigen. Ich habe mich also entschieden.“

31. Kapitel

Dies irae

Malvine und Angela lebten nun ganz ihrer Erholung in der Südschweiz in Ascona. Daß sie sich diesen Ort ausgewählt hatten, war ihnen ganz natürlich erschienen.
Aber als sie dort ankamen und ein Worpswede am Lago Maggiore wiederfanden, da mußten beide doch ein wenig über sich selbst lächeln.
„Ich komme eben von der ‚Bande', wie du so schön sagst, nicht los."
Angela sagte es zu ihrer Freundin, während sie in ihren kurzen sportlichen Hosen durch das Dorf schlenderten. Es hatte äußerlich keinerlei Ähnlichkeit mit dem Moordorf, aber die Einwohner waren eigentlich nur verpflanzte Worpsweder. Maler, Malerinnen, Künstler jeder Art, Dichter, verkannte oder berühmte.
Da oben in Moscia wohnte Emil Ludwig, den sie manchmal durch das Dorf schreiten sahen. Seine Berühmtheit war wichtiger für den Verkehrsverein als für die Künstler, die eine aufsässige Art hatten, sich über alles und jedes lustig zu machen.
Angela und Malvine wohnten dicht am See, dem Lago Maggiore, der eine schwüle Wärme ausdünstete. Das Haus war im italienischen Stil gebaut, in jeder Etage befanden sich hölzerne Balkons, auf denen Menschen saßen und Wäsche trocknete.
Das Auto sah sehr ungepflegt aus, denn es gab weit und breit keine Garage. Es stand im Freien.
Angela und Malvine lebten eigentlich, wenn sie nicht einkauften, auf dem Wasser. Sie hatten ein kleines Boot zur Verfügung, an dem ein buntes Segel befestigt war, aber meist lagen sie in ihren Badekostümen faul im Boot und taten ... nichts. Es war ein ungeheurer Gegensatz zu Angelas tätigem Leben zu Hause. Sie hatte das Gefühl, daß die Zeit still stehen würde, daß die Menschen nicht mehr existierten, die mit ihren kleinsten Sorgen sie immer belästigt hatten. Eines Tages sagte sie zu Malvine:
„Weißt du, manchmal glaube ich, daß ich alle meine medizinischen Kenntnisse vergessen habe."
Malvine räkelte sich, dann schwang sie sich über den Bootsrand und plätscherte auf dem Rücken liegend im Wasser. Sie war eine so leidenschaft-

liche Raucherin, daß es ihr sogar gelang, eine brennende Zigarette im Mund zu behalten, sich dann auf den Rücken zu legen und gemütlich weiterzurauchen.
Angela saß und blätterte in ihrem Lieblingsbuch, das sie seit der Kinderzeit ihr eigen nannte. Sie kannte jedes Wort und jede Zeile in diesem Buch von Rudyard Kipling, dem „Dschungelbuch“. Die Gestalten dieses Romans waren in Angelas Leben hineingewachsen, sie hatte mit ihnen gelebt.
Malvine war nun aus dem Wasser emporgetaucht, hielt sich am Bootsrand fest; da sie keine Bademütze trug, war ihre Jungenfrisur völlig naß. Angela sagte besorgt:
„Du wirst dich erkälten, Malvine, und dann ..., was wird aus unseren vielen Plänen?“
„Ich erkälte mich nur, wenn ich mit kalten Menschen zusammen bin, davor bin ich jetzt gefeit. Die Sonne, das funkelnde Wasser, alles das ist viel gesünder als deine ärztliche Ängstlichkeit.“
„Aber Aspirin oder Pyramidon oder am Ende eine Injektion, das ist dann der Schluß deiner Weisheit.“ Angela sagte es mit ihrer bestimmten Höflichkeit, die sie auch ihrer besten Freundin gegenüber immer bewahrte.
Sie hatte sich zu diesen Dingen selbst erziehen müssen, von Natur empfindsam, beinahe zu empfindlich, war sie in den rauhen Tagen und Nächten ihres Lebens zu dieser Art der Haltung gelangt, die unerschütterlich zu sein schien.
Malvines Vergangenheit, die sie ihrer Freundin bruchstückweise erzählt hatte, war in äußerer Beziehung stürmischer gewesen als Angelas Lebensweg.
„Man kann sich an das Nichtstun gewöhnen“, sagte Angela zu Malvine. Diese nickte nur und meinte, das Schwimmen, Plätschern, Lesen, ein wenig rudern, ein bißchen essen ...
„Und rauchen ... rauchen ...,“ sagte Angela und machte ihre Schritte noch länger.
Die beiden Freundinnen waren immer guter Laune; sie waren klug genug zu wissen, daß nichts eine Harmonie schneller zerstören kann als Launenhaftigkeit. So ist es in der Freundschaft wie in der Ehe.
Die ersten zwei Wochen ihrer Ferien neigten sich dem Ende zu. Angela, die einen geradezu sechsten Sinn für Daten hatte, sagte ihrer Freundin an jedem Tag den richtigen Kalendertag.
„Ich will's nicht wissen“, Malvine war wirklich ärgerlich, sie konnte sogar sagen:
„Du bist zwar musisch, Angela, aber im Grunde ein Bürokrat ..., nebenbei hast du auch eine Freude daran, das Unkraut auszujäten ... Wie du das alles vereinigst, ist mir schleierhaft. Mich interessieren die Jahreszahlen so wenig

wie die Tage, die Stunden kann ich an der Sonne ablesen, aber du, Angela, hast eine Armbanduhr, mit der du allerdings manchmal versehentlich ins Wasser gehst." Malvine legte begütigend den Arm um Angela, die ein erschrockenes Gesicht machte, und fuhr fort: „Diese elenden Sprichwörter vom Glücklichsein ohne Stunden, alle diese Dinge werden ja durch dich bestätigt."

„Du irrst, Malvine, ich kann auch glücklich sein, wenn ich die Stunde genau weiß. Im Gegenteil, ich werde noch froher, wenn ich weiß ... um mal wieder ein Sprichwort zu gebrauchen ... was die Stunde schlägt. Und besonders der Brief von zu Hause, der Bericht meiner Vertreterin, die Einladung der Geflügelzüchter, die mahnenden Rechnungen ..., alles das kann mich im Glücklichsein nicht stören."

Aber als sich an einem Abend unter den Postsachen ein Telegramm befand, das an Angelas Adresse gerichtet war, da erschrak sie doch sehr.

„Anwesenheit zwecks Zeugenaussage in der Sache gegen Erdmann umgehend erforderlich. Staatsanwaltschaft Hannover."

Jetzt war es an Malvine, die rechten Worte zu finden, um die erschrockene Angela nur einigermaßen zu trösten. Daß die Sorglosigkeit dieses Urlaubs vorbei war, wurde ihnen klar.

Angela saß auf dem Bettrand in ihrem Zimmer und starrte vor sich hin. Malvine stand auf dem Balkon, drehte dem Zimmer den Rücken, sah auf die Landschaft, auf den See.

Aber es machte sie keineswegs glücklich. Sie wandte sich zu Angela, sagte: „Wir müssen von hier aus nach Hannover telefonieren, an Rechtsanwalt Ahlers, den kennst du doch, er muß in der Sache irgend etwas tun."

Angela war durch diese Worte wie erlöst, es war ihr, als ob man einen Schleier fortgezogen hätte, oder ein undurchdringlicher, gelber, dicker Nebel hatte sich gelichtet.

Sie sprach mit einer kleinen, sehr veränderten Stimme: „Wir können nur von der Post aus telefonieren, und die schließt in einer Stunde."

Es kostete große Mühe, den Beamten im Postgebäude zu veranlassen, noch so lange dazubleiben, bis das „Auslandsgespräch" erledigt sei. Denn die Linien nach Deutschland waren so belegt, daß die Verbindung über Zürich gehen mußte.

Nach einer Stunde sinnlosen Wartens erklärte der Beamte, der fast kein Deutsch, sondern nur Italienisch sprach, daß er nun schließen müsse.

Es war Malvines Verdienst, daß der Beamte die beiden Frauen am Telefon sitzen ließ. Es war genau sieben Uhr fünfunddreißig, als der Apparat schrillte.

Angela war unfähig, ein Wort zu sprechen. Sie überließ alles ihrer Freundin. Malvine hatte genug Geschicklichkeit, die Verbindung durch alle Hindernisse durchzukämpfen, bis eine Stimme sich meldete, die niemand anderes war als das Fernsprechamt Hannover. Malvine sprach klar und höflich, sie bat den Beamten um Verbindung mit Herrn Rechtsanwalt Ahlers, dessen Telefonnummer ihr unbekannt war. Nach einigen Minuten meldete sich eine männliche Stimme, es war die des Rechtsanwaltes, der gerade nach Hause gekommen war.

Malvine beschwor den Anwalt, die Sache in die Hand zu nehmen, Nachforschungen darüber anzustellen, was es für eine Bewandtnis mit dem Fall hätte, daß man die Anwesenheit der Ärztin verlangte.

Es war nicht leicht, den Rechtsanwalt zu überzeugen, daß es sich um eine sehr dringliche Angelegenheit handle. Aber schließlich sah er es ein. Malvine hatte die Fähigkeit, mit Menschen umzugehen, sie für sich dienstbar zu machen, daß Angela staunte.

Das Gespräch dauerte länger als fünfzehn Minuten. Malvine setzte sich in den Amtssessel, stützte den Kopf in die Hand und sagte:

„Die Sache ist im Rollen, jetzt müssen wir hier die Ruhe bewahren und nichts tun als das, was uns der Anwalt mitteilt."

Angela stand auf, sagte:

„Ich denke, daß wir am besten unsere Sachen packen, denn bis wir mit dem Auto da oben sind ... vergeht eine lange Zeit."

Malvine antwortete:

„Wir warten jetzt den Bescheid des Rechtsanwalts ab, dann fährst du allein nach Hannover, ich zottle hinterher."

So geschah es.

Nach einer Woche kam ein Telegramm des Rechtsanwalts Ahlers: „Anwesenheit vor Gericht dringendst erforderlich."

Angela war wütend, sie hatte das Gefühl, daß sie in eine unangenehme Sache verwickelt werden würde. Eine Angelegenheit, die sie längst vergessen hatte. Sie sagte zu Malvine:

„Merkwürdig, wie diese dunklen Worpsweder Dinge nach einem greifen wie Polypenarme. Man kommt von diesem Kaff einfach nicht los. Jetzt wollten wir hier alles vergessen, schon sind wir in der Falle."

Eines abends bestieg Angela den Schlafwagen, der sie über Basel, Frankfurt nach Hannover brachte.

Sie stieg im Hotel „Ernst August" ab, das sich gegenüber dem Bahnhof befand. Am anderen Morgen ging sie in das Büro des Rechtsanwalts Ahlers, das in der Georgstraße war.

„Ich freue mich, daß Sie gekommen sind, Fräulein Doktor, ich habe in Ihrem Auftrag die Akten durchstudiert, die Sache ist so ..."

Und dann entwickelte der Anwalt umständlich die ganze Angelegenheit, in deren Mittelpunkt eigentlich zwei Leute standen.

Der Gärtner Piet und Daniel Erdmann.
Es war eine merkwürdige Geschichte: Erdmann wurde von dem Gärtner, der sich in der Stadt Hannover herumtrieb, in einem kleinen Restaurant in der Nähe des „Lister Turm“ entdeckt. Es war ein überraschendes Wiedersehen, das Daniel Erdmann, der an den ganzen Vorfall des Brandes wohl kaum mehr gedacht hatte, sehr erschreckte. Das Gespinst seines Lebens, das er, wie er glaubte, so klug und vorsichtig aufgebaut hatte, war im Augenblick zerstört.
Piet, ein gewöhnlicher und grobschlächtiger Mensch, der aus dem Moor stammte, der zu faul war, um zu arbeiten, war es gewesen, der Erdmann von da ab mit Forderungen verfolgte.
Rechtsanwalt Ahlers erzählte umständlich und gewissenhaft die Geschichte, die schließlich zur Anklage gegen Daniel Erdmann geführt hatte.
„Und was soll ich dabei, ich weiß von der ganzen Angelegenheit so viel wie Sie, Herr Doktor?“
„Einen Moment, dieser Erdmann ist ein alter Bekannter von Ihnen.“
Angela sagte zornig:
„Hat er meinen Namen genannt? Hat er mich etwa in die Sache mit hineingezogen? Meine Aussage ist völlig überflüssig, denn ich weiß nichts. Damals war ein Gewitter, das den ‚Arkaden-Hof‘ einäscherte, das ist uns allen bekannt.“
Rechtsanwalt Ahlers setzte sich auf die Tischkante und sah Angela an:
„Das ist Ihre Meinung, Fräulein Doktor. Aber der Blitz oder das Gewitter hat nicht das Geringste damit zu tun, daß der Gärtner Piet auf Veranlassung seines damaligen Chefs Daniel Erdmann den ganzen Bau angezündet hat.“
„Die Aussagen dieses Idioten, dieses imbezilen Burschen, genügen also, um den Staatsanwalt in Bewegung zu setzen?“
Angela sah den Rechtsanwalt an, sie machte einen sehr erschrockenen Eindruck, denn die ganze Geschichte mit Daniel Erdmann schien ihr unglaubwürdig zu sein.
Der Rechtsanwalt aber erzählte weiter, daß der Gärtner von dem Angeklagten Summen verlangte, fortlaufend, und: „Das Schlimme ist, daß Erdmann gezahlt hat. Denn das ist das Dümmste, was einer machen kann. Man könnte das Sprichwort abändern, dahingehend: Wer einmal zahlt, dem glaubt man nicht. Sehen Sie, wenn der Angeklagte Erdmann den Gärtner Piet hinausgeworfen – ja, wenn er selbst die Anzeige gemacht hätte, daß der Gärtner das Haus angezündet hat, dann wäre seine Situation besser als heute.“
Angela fragte:
„Und wo ist der Gärtner die ganze Zeit geblieben? Wovon hat er gelebt?“

Der Rechtsanwalt machte ein bedenkliches Gesicht, als er sagte:
„Er hat von dem Geld gelebt, das der Angeklagte Erdmann ihm vor dem Brand gegeben hat. Und dann kam die Tatsache, daß Erdmann die Versicherungspolice einlöste. Es war ja sein gutes Recht, aber er hatte übersehen, daß er völlig von der Haltung des Gärtners abhängig war. Und nun, Fräulein Doktor, kommt nicht nur eine Anklage wegen Anstiftung zum Brand, sondern auch eine Klage der Versicherung gegen Erdmann."
Angela konnte nur den Kopf schütteln, sie sagte immer wieder, daß die Sache für sie neu sei, gewiß, sie hatte Erdmann vor langen Jahren in Berlin kennengelernt, und dann hat er in ihrem Haus in Worpswede gelebt, aber „das Tun und Treiben dieses Herrn ist mir völlig unbekannt geblieben".
Sie setzte hinzu: „Ich habe nämlich einen Beruf, Herr Rechtsanwalt, einen sehr anstrengenden, einen, der mich ganz in Anspruch nimmt. Ich kann nicht einsehen, was ich eigentlich vor Gericht zu tun habe."
Rechtsanwalt Ahlers sagte:
„Sie machten vorher die Bemerkung, daß Sie Ärztin sind. Und sehen Sie, das ist für den Verteidiger des Angeklagten ein wichtiger Punkt. Denn Sie wissen, daß Erdmann vor langen Jahren einen Selbstmordversuch verübt hat. Und auf den will der Verteidiger aufbauen. Verstehen Sie nun, Fräulein Doktor, wofür Sie hier nötig sind?"
Angela erhob sich, sie verstand.
Der Prozeß dauerte mehrere Tage. Angela konnte vor Gericht wenig aussagen. Ein Selbstmordversuch des Angeklagten wurde von ihr bestätigt, aber sie konnte ihren Ausführungen nichts hinzufügen.
Sie war mehr als überrascht, als der Verteidiger, es war ein junger und ehrgeiziger Rechtsanwalt, als weiteren Beweis der Unzurechnungsfähigkeit des Angeklagten vorbrachte, daß dieser sich wider seinen Willen an der Bremer Räte-Republik beteiligt hätte. Überraschenderweise erschien plötzlich Johanna Wunderlich, die linkisch und etwas verwirrt Aussagen machte, die zeigten, daß der Angeklagte ihre Interessen gegenüber den kommunistischen Ideen ihres Ehemannes durchgesetzt hatte.
„Sie sehen", so rief der Verteidiger etwas pathetisch, „daß Herr Erdmann in seinen Ideen widerspruchsvoll ist und daß er für seine Handlungen nicht verantwortlich gemacht werden kann."
Angela und Johanna schritten über den Raschplatz, sie besprachen den unliebsamen Fall Erdmann, der sie beide ohne ihren Willen in eine Situation gebracht hatte, die unangenehm war.
Johanna beeilte sich, den Zug nach Hause zu erreichen, während Angela keinerlei große Eile zeigte.

Malvine kam zwei Wochen später als Angela in Worpswede an; wie immer stand Angela gerade im Garten, gab ihre Wünsche und Anweisungen an den Gärtner.
Auf dem Kopf trug sie ein merkwürdiges Etwas, es war ein Gestell mit Drahtgaze, an den Händen hatte sie große Lederhandschuhe mit Stulpen. Es war ihre Imkerausrüstung, in der sie die Bienenkörbe inspizierte.
Malvine winkte vom Gartenzaun ihr zu, Angela eilte den Weg hinauf, um ihre Freundin zu begrüßen. Malvine mußte lachen, aber sie kannte Angela zu gut, als daß sie sich gewundert hätte.
„Warum hast du denn kein Telegramm geschickt?"
„Ich wollte dich eben mal überraschen, Angela."
Während die Ärztin sich ihren Bienenkörben widmete, ging Malvine ins Haus, ein Bauernjunge trug ihr Gepäck. Es war für sie eine Art Heimat geworden, so stellte sie fest, als sie hinunter in den Garten blickte.
Es dauerte noch lange, bis die beiden Freundinnen unten im Wohnzimmer saßen und Malvine erzählen konnte. Sie berichtete von ihrer Fahrt, und plötzlich sagte Angela:
„Wo ist eigentlich der Wagen?"
„Den mußte ich in Bremen lassen, es war die höchste Zeit, der ‚Kleine' hat sich übernommen."
Während des Abends berichtete Angela genau und ausführlich über den merkwürdigen Prozeß, bei dem sie als Zeugin fungieren mußte. Sie sagte:
„Dieser Erdmann ist ein ganz durchtriebener Bursche, aber er hat wie alle Spitzbuben eine Kleinigkeit übersehen. Daß er nämlich von dem Gärtner Piet abhängig war. Ich habe lange darüber nachgedacht, Malvine, es ist eigentlich ein trauriges Zeichen, daß dieser Mensch einmal vorgegeben hat, Idealist zu sein."
Malvine sagte nichts, dachte nur: Die kleine Angela hat noch Illusionen gehabt. Die habe ich verlernt. Das Leben hat mir die sogenannten „Idealisten" meist als große Egoisten gezeigt. Laut sagte sie:
„Deine Erwartungen, Angela, sind immer noch zu hoch gespannt. Der Mensch ist eben ein Egoist, ob er nun Erdmann heißt oder..."
„Sage nicht Wunderlich, ich halte nämlich ihn für einen wirklich reinen Menschen."
Malvine trank ihr Glas Wein aus, sagte:
„Reiner Tor, es klingt anders, aber es ist treffend. Wenn die Menschen doch endlich beginnen würden, einzugestehen, daß sie nur an sich selbst denken, dann wäre schon viel gewonnen."
Angela sah ihre Freundin an, sie erschien ihr in diesem Augenblick wie eine Fremde. Wollte denn niemand glauben, daß es Menschen gegeben hat und geben wird, die für ihre Überzeugung einstehen und bezahlen?

Malvine, die skeptisch und erfahren war, schien ihr ein Wesen zu sein, das dafür keinen Sinn hat.
Angela erschrak etwas als sie dies bemerkte, aber sie sagte nichts.
Malvine schwätzte an diesem Abend über kleine und große Erlebnisse der Reise, sie berichtete von ihrem Aufenthalt in Zürich, wo sie im „Hotel Union" gewohnt hatte, sie sagte:
„Ich habe dort ein kleines Zimmer gehabt, aber mit Bad, Radio und Telefon. Es war völlig amerikanisch; ich habe mich dort sehr wohl gefühlt. Von Zürich bin ich über Schaffhausen den Rhein entlang nach Frankfurt gefahren. Dort habe ich im ‚Frankfurter Hof' gewohnt, dann noch eine kleine Station in Kassel, nicht wegen ‚Wilhelmshöhe', sondern weil ich dort eine alte Bekannte wohnen habe. Dann kam ich durch Thüringen, in dem einen Ort wehte die Sowjetflagge, in dem anderen die Hakenkreuzflagge, die dortige Regierung ist nationalsozialistisch, der Innenminister heißt Frick. Wenn man so vom Süden nach dem Norden fährt, dann hat man doch den Eindruck, daß es ziemlich aufwärts mit uns geht."
Angela sah sie an, sagte nur:
„Aufwärts? Meinst du damit, daß es Krieg gibt oder daß der Schreier Hitler an die Macht kommt? Oder was meinst du mit ‚aufwärts'?"
Angela stand auf, sie öffnete die Balkontür, ging hinaus in den Garten, holte tief Luft. Sie hatte plötzlich das Gefühl, vor einem drohenden Ereignis zu stehen, vor etwas, dem sie nicht gewachsen sein würde. Es ist ein Anfall von Schwäche, dachte sie bei sich, aber sie konnte mit dem Gedanken nicht fertig werden, daß dies alles hier, von dem sie glaubte, daß es friedlich und nützlich sein würde, daß dies alles „außerhalb der Welt" war. Und Malvine?
„Was hast du denn, Angela? Ist dir nicht gut? Soll ich dir etwas holen?"
Malvine legte besorgt den Arm um ihre Freundin, aber Angela stand unbewegt da und konnte weder etwas tun noch etwas sagen.
Der Alltag stürmte auf sie ein, so hatte sie den nächsten Tag nicht weiter Zeit, an den Abend zu denken. Und das war gut für sie.
Sie fühlte, daß zwischen ihr und Malvine etwas zerrissen war, aber was, das konnte sie nicht sagen.
Äußerlich war ihr nichts anzumerken, als sie am Nachmittag mit ihrem Jagdwagen über Land fuhr. Malvine saß neben ihr, Angela fuhr im raschen Trab durch die Dörfer, manche grüßten sie, einige sahen ihnen wortlos nach.
Mitten auf der Chaussee ging der Maler Wunderlich, er trug wie immer seinen selbstgewebten Anzug aus Leinen, einen großen Strohhut, er sah merkwürdig aber gut aus.
Trotzdem Angela eigentlich nicht die Gewohnheit hatte, Menschen auf ihren Berufsfahrten anzusprechen, hielt sie und begrüßte den Maler.

Er nahm erfreut seinen Hut ab, sein braungebranntes Gesicht mit dem weißen Haar machte einen zufriedenen und freundlichen Eindruck.
Er fragte Angela:
„Sie waren lange verreist, Angela, waren Sie im Süden? Früher bin ich dort umhergewandert, eine herrliche Gegend, zum Nichtstun und Genießen geschaffen. Aber jetzt? Ich habe so viel auf dem Buckel, daß ich nicht zu meiner Arbeit komme. Ich ärgere mich zur Zeit damit ab, meine Hypothek abzulösen, denn ich bin den Herrschaften nicht mehr ‚solvent' genug. Übrigens fahre ich sobald es geht in die Sowjetunion."
Angela sah ihn an, seine Augen hatten den alten Glanz, das jugendliche Feuer, das sie so sehr an Menschen liebte.
Sie hatte sich nie viel mit Kaspar Wunderlich beschäftigt, sie hatte auch seine Ideen nicht ganz ernstgenommen, aber heute ..., seltsam, da wirkte er ganz anders auf sie.
Malvine sagte nervös:
„Wir müssen weiterfahren, Angela, du hast ja um sechs Uhr Sprechstunde."
Angela hörte nicht hin; sie sagte zu dem Maler Wunderlich plötzlich:
„Ich war auch in Hannover, da war der Prozeß gegen Erdmann wegen Brandstiftung. Wissen Sie davon, Herr Wunderlich?"
„Ich habe flüchtig davon gehört, Johanna erzählte mir so etwas, aber es ist unwichtig ..."
„Ja ..., es ist unwichtig, sehr unwichtig. Aber wenn man sieht, daß ein Mensch seine frühere Überzeugung geändert hat, daß ihm jedes Mittel recht ist, um zu beweisen, daß er einmal ... ein Idealist war," Angela lachte, es war bitter, beinahe höhnisch, sie fuhr fort: „Ich sollte den ärztlichen Beweis erbringen, daß der Volksbeauftragte Daniel Erdmann seiner Sinne nicht mächtig war, als er Kommunist zu sein vorgab."
Wunderlich lächelte nur, er sagte:
„Verwundert Sie das, Angela? Ich erwarte von den meisten Menschen nur die Niedrigkeit der Gesinnung, die Höhe findet man selten. Wer steht zu seinen Taten? Nur ein Narr. Aber ich ziehe es vor, ein Narr zu sein."
Malvine wurde unruhiger, sie sagte noch etwas über die Eile.
„Ja, ja", sagte Angela und nahm die Zügel fester.
Aber plötzlich reichte sie Kaspar Wunderlich die Hand und schüttelte sie, sah ihn nur an, wie er dastand, lächelnd, freundlich und seiner Sache sicher.
Sie sagte:
„Ich beneide Sie, Herr Wunderlich, daß Sie den Mut gefunden haben, ihre eigenen Ideen durchzusetzen. Ich hoffe, daß ich Sie noch vor Ihrer Reise sehen werde."
Dann fuhr sie rasch davon.

Es war ein stummer Abend zwischen Angela und Malvine. Der Gesprächsstoff war ihnen scheinbar ausgegangen.
Merkwürdig, wie zwischen zwei Menschen plötzlich etwas entstehen kann, das niemand will, aber das wie aus dem Nichts wächst und mächtig wird.
Malvine saß in der Ecke des Sofas, sie blätterte in einem Buch, Angela war am Flügel und versuchte einige Harmonien hervorzuzaubern. Aber sie begann immer wieder, es waren Töne, die keinen Rhythmus in sich hatten, es waren schrille Melodien, die leer waren und ohne jeden Sinn.
Malvine konnte sich nicht enthalten zu sagen:
„Was ist los, Angela? Du bist heute abend so nervös. Hat dich der Maler Wunderlich erregt, oder was ist mit dir?"
Angela antwortete nicht, ihre Finger glitten über die Tasten, sie drückte sie tonlos nieder, es war, als ob sie ihrer Freundin ihre innersten Gefühle verbergen wollte.
Schließlich klappte sie den Deckel zu, erhob sich, drehte sich zu Malvine und sagte:
„Ich habe nichts gegen dich, Malvine. Nur ist es so merkwürdig, zuerst war die Sorglosigkeit der Erholung, dann die überstürzte Reise nach Hannover, und jetzt weiß ich nicht mehr, was Wirklichkeit und Traum ist. Sind wir unten in Ascona zusammen gewesen? Habe ich vor dem Richter in Hannover gestanden? Ich weiß es nicht. Ich habe oft das Gefühl, nicht mehr auf der Welt zu sein, merkwürdig ist das. Wahrscheinlich fühlen so Geister, die von einem Fluch aus ihrem Grabe gescheucht wurden. So fühle ich, Malvine."
Malvine sah ihre Freundin an, sie wußte genau, daß ein jedes Wort jetzt Gewicht haben würde. Und dazu fehlte ihr der Mut, ihr, der gewandten und behenden Meisterin des Wortes.
Sie rauchte und trank.
Angela setzte sich an den Tisch, sah in ihre Hand, bewegte ihre schlanken Finger, ballte sie zu einer Faust und löste sie wieder.
„Was tust du, Angela, was tust du?" Malvine stieß es hervor, denn es war ein niederdrückendes Schweigen in dem Raum, eine erstickende Luft.
Malvine klappte ihr Buch zu, ging ohne ein Wort zu sagen zur Tür hinaus. Man hörte ihre Schritte auf der Treppe.
Angela saß allein, es war um sie still, doch sie empfand es nicht. Sie hörte ein Lärmen, das von irgendwoher kam, ein mißtönendes Geräusch, das sie verwirrte und beunruhigte. Sie sagte vor sich hin:
„Mein Gott, was ist geschehen? Was soll geschehen?"

Die Jahre gingen dahin, Angela und Malvine lebten zusammen in jener Selbstverständlichkeit, die man bei Menschen findet, die entschlossen sind, ihr Leben nicht allein zu führen.
Es war ein Nebeneinander-Herleben, das äußerlich sich in nichts unterschied von dem, das vorher gewesen war.
Man schrieb das Jahr 1932; es geschah, daß die Dinge in dem Moordorf sich immer mehr dem Leben anpassen mußten, das die übrige deutsche Welt beherrschte.
Angela und Malvine waren füreinander da; sie wußten es beide.
Die Praxis der Ärztin wurde von Jahr zu Jahr größer, der Garten wuchs, die Sträucher wurden üppiger, die Bäume wuchsen unmerklich, aber unaufhaltsam in die Höhe.
Das Leben in dem Dorf hatte sich keineswegs geändert, aber die vielen Reisen von Franz Theodor Knagge fielen auf, seine Miene wurde immer wichtiger, und immer mehr Menschen kamen nach Worpswede, um den Maler zu sprechen.
Henry Hatje hatte seine Gewohnheit des lebensvollen Daseins nicht aufgegeben, er verschwand zwar öfter, aber das hatte private Gründe, die meist mit irgendwelchen Frauen zusammenhingen.
Im Mai 1932 wurde die Stimmung in Worpswede brenzlig; der Ortsvorsteher Mahnken fuhr öfter als sonst zu Besprechungen ins Landratsamt nach Osterholz, und am merkwürdigsten war es, daß die Besucher des Ortes oft Zeitungen herumliegen ließen, die fette Überschriften trugen.
Der Reichskanzler Brüning wurde gestürzt, Herr von Papen Reichskanzler, „die rote Preußenregierung“ beseitigt.
Am 7. August 1932 berief Franz Theodor Knagge eine Versammlung in das „Hotel Stadt Bremen“, die zum Thema hatte: „Was ist unsere nationale Pflicht?“
Alles dies ging vorüber; an jenem Augusttage wurde der großsprecherische Adolf Hitler keineswegs Reichskanzler, im Gegenteil, ein Gerücht ging um, das besagte, daß der Reichspräsident geäußert hätte: „Den böhmischen Gefreiten ernenne ich höchstens zum Postminister.“
Angela kümmerte sich um all dies wenig, sie staunte nur manchmal, daß Malvine äußerst interessierte Bemerkungen machte, daß sie oft nach Bremen fuhr und daß ihre ganze Haltung den Dingen gegenüber sehr aktiv war.
Da war dieses unscheinbare Dorf Worpswede, das sich so überheblich „Welt-Dorf“ nannte. Dieser kleine Ort im Lande Deutschland spielte überhaupt keine Rolle. Das Reich selbst hatte ja nur die Größe des Staates Texas in den USA.
In diesem Worpswede lebten Menschen, die glaubten, daß sie in der Lage wären, irgendeinen Einfluß auf die Geschicke der Welt auszuüben.

Angela hatte an diesen Tagen eine unliebsame Begegnung mit dem Maler Knagge, dem sie sagte:
„Sie machen ja alles rebellisch, Sie sind ein ehrgeiziger Maler, weiter nichts. Lassen Sie die Finger von der Politik, Herr Knagge, Sie werden sonst eines Tages ein erledigter Mensch sein, das prophezeie ich Ihnen."
Knagge ließ es sich ruhig gefallen, aber seine höhnische und wegwerfende Geste der Ärztin gegenüber zeigte, wie sicher er sich fühlte.
Malvine versuchte vergebens, ihre Freundin für die politischen Dinge zu interessieren. Es kam beinahe zu einer heftigen Auseinandersetzung zwischen ihnen, als Angela sagte:
„Ich kann in diesen Dingen, die du so ernst nimmst, nichts anderes sehen als den Versuch einer Gruppe von ehrgeizigen Leuten, Deutschland wieder einmal ins Unglück zu stürzen."
„Es gibt keine andere Rettung, Angela, sonst versinken wir im Schlamm des Bolschewismus."
Angela sagte ruhig:
„Du hast alles gut auswendig gelernt, Malvine, es klingt so phrasenhaft und leer, was du sagst. Ein Volk versinkt nicht, wenn es schwimmen kann, aber wenn man ihm die Möglichkeit dazu nimmt, dann versinkt es."
Malvine versuchte ihrer Freundin klarzumachen, daß die Strömung der Zeit eben die sei, daß man nichts weiter tun könne als vorwärtszugehen, weiterzukommen, um endlich das Gefühl zu haben, frei zu sein.
„Ich wußte nicht, Malvine, daß du dich unfrei fühlst. Ich sehe nur eins, das Anwachsen des Militärs, die Anbetung der Gewalt, das Aufkommen eines Größenwahnsinns, der 1914 uns alle ins Unglück gestürzt hat. Was versprichst du dir von diesem Mann, der ein ehrgeiziger und gewissenloser Mann ist, was versprichst du dir von seinen Gefolgsleuten, die nichts weiter sind als verkrachte Existenzen?"
Malvine erwiderte nichts Genaues, aber sie meinte, daß Angela nicht genügend orientiert sei.
Da wurde Angela zornig, sie schrie es beinahe aus sich heraus:
„Weißt du, wo mir ein Licht aufgegangen ist? Beim Prozeß gegen Erdmann, der frei herumläuft, weil man ihm glaubt, daß er verrückt ist. Und mich wollten sie dazu veranlassen mitzuspielen. Dieser Erdmann wird es sein, der glaubt, daß er bald eine Rolle in Deutschland spielen kann. Er ist aus jenem Holz geschnitzt, das du vielleicht nicht so gut kennst. Erdmann, der frühere Kommunist, der, um Gewinn zu erzielen, zum Brandstifter wurde, dieser Mensch ist es, dessen Gefährlichkeit du nicht sehen willst. Aber ich spiele nicht mit. Ich habe es nicht in Hannover getan, ich tue es jetzt auch nicht. Und wenn sich die Knagges der ganzen Welt von mir wenden, ich kann mich nicht dümmer machen als ich bin. Ich habe Augen im Kopf, ich

sehe, was vorgeht, und weiß, daß all die kleinen Bauern hier unwissende Dummköpfe sind, die man zu einer Statistenrolle mißbrauchen wird. Sie werden ‚Volk' spielen, und die Erdmanns werden die Scharlatane sein, die ihnen den Himmel auf Erden versprechen."

Malvine hörte sich diese Rede gelassen an, sie saß bequem in der Ecke des Sofas und rauchte eine Zigarette. Ihr Gesichtsausdruck war nicht leicht zu erklären, in letzter Zeit war er starr und unbeweglich geworden, auch für Angela.

Malvine sagte nichts, es war still in dem Raum.

Es ist merkwürdig, wie harmonisch das Stillesein zwischen zwei Menschen sein kann, wenn sie sich etwas zu sagen haben. Aber mit Malvine und Angela war es so gekommen, daß sie in den letzten Wochen ihre Sätze vorsichtig abwägten, bevor sie sie aussprachen.

So war es auch an diesem Abend. Malvine hätte gern ihre Freundin aufgeklärt, so wie sie es sich dachte, hätte ihr erzählt von all dem, was da draußen in der Welt geschehen war, was noch kommen würde und viel mehr.

Aber sie hatte keinen Mut, Angela mit Dingen zu kommen, die sie nicht verstehen würde oder, besser gesagt, nicht verstehen wollte. Denn Malvine erschien die politische Meinung Angelas nichts anderes als Eigensinn zu sein; sie dachte: Die Zeit geht weiter, vielleicht geht sie über uns alle hinweg, aber man darf den Kopf nicht in den Sand stecken. Ich habe keine Angst mitzumarschieren wenn es sich lohnt. Aber ich hasse diese idealistische Spielerei, dieses Spinnennetz von Gedanken, das zerreißbar ist durch jeden Lufthauch.

Man darf nicht glauben, daß die Entfremdung zwischen den beiden Frauen ihre Liebe zueinander schmälerte. Es war nur ein bitterer Tropfen dazugekommen, etwas Unausgesprochenes, das manchmal sich dahin äußerte, daß die beiden Freundinnen wie in alter Zeit sich gegenseitig festhielten, sich umarmten.

Angela war hier die Weichere, denn Malvine kannte keine Sentimentalität. Sie war eine Anbeterin des Erfolgs, ihr innerstes Wesen war erfüllt von einem Ehrgeiz, der befriedigt werden mußte.

Es war so anders mit Angela, sie war ein Mensch, der sich den Dingen und Geschehnissen hingeben konnte, ob es Pflanzen waren, Musik oder eine Landschaft, am stärksten war immer noch ihre Beziehung, wenn das Tierhafte, das Zarte und Hilfsbedürftige, sich an sie drängte. Dann wurde sie stark, aber von jener gütigen Stärke, die eine Freude daran hat, sich zu verschenken. Was sie an Malvine liebte, war die Sicherheit, die unbeirrbare Klarheit, die von ihr ausströmte.

Angela war nicht hilflos; sie konnte störrisch sein und eigensinnig, das wußte Malvine am besten. Aber immer war in ihr eine Gelöstheit, eine Bereitwilligkeit, dem anderen, sei es ein Tier oder ein Mensch, eine Pflanze oder ein Kranker, zu helfen.
All das und viel mehr war Angela.
Als Henry Hatje einmal ihr Portrait versuchte, sagte er, ohne zu wissen wie weise er war:
„Man müßte dich malen, Angela, am besten eine Statue von dir machen, aber so wie eine indische Göttin mit vielen Armen und Köpfen. Denn du bist nicht in einem einzigen Antlitz wiederzugeben."
Als Henry Hatje das sagte, lachte ihn Angela in ihrer gutmütigen Art aus. Sie dachte: Wie gut, daß er genial und dumm ist, sonst müßte er wissen, daß er eben die Wahrheit gesagt hat, aber ich bin keine indische Göttin, ich habe nur Hunderte von Möglichkeiten in mir, doch das Leben ist ja viel zu kurz. So dachte Angela.
Es war ein harter Winter, Angela kämpfte sich mit ihrem Auto über die vereisten Landstraßen der Moorgegend. Aber Malvine war unermüdlich, sie saß immer neben ihr, ruhig und die kleinen Hemmungen und Hindernisse leichtnehmend, sie war unentbehrlich für Angela.
Das wußte Malvine; das bestärkte sie auch in ihrer Sicherheit.
Die Fahrten ins Moor waren abenteuerlich und aufregend, aber sie lenkten Angela von der Wirklichkeit ab. Es klingt merkwürdig, aber es war so. Für Angela war die Bestätigung in ihrem Beruf immer mehr eine Art von betäubender Zerstreuung geworden; eine merkwürdige Art, wenn man bedenkt, daß es manchmal Stunden und Stunden dauerte, bis in irgendeiner Moorhütte das Notwendige geschehen war.
Die Gleichmäßigkeit Malvines war für Angela ein Halt und Trost; sie scheute auch vor keiner Arbeit zurück, sie entwickelte sich immer mehr zu einer Assistentin. Sie lernte es, wie man in einem Wasserkessel die Instrumente auskochen konnte, sie scheute sich auch nicht, bei den Entbindungen tatkräftig mitzuwirken; Malvine wurde wirklich unentbehrlich.
Die Arbeit war das Band, das nun die beiden eng miteinander verknüpfte. Sie hatten einfach keine Zeit, Dinge zu besprechen, politische Ereignisse zu erörtern. Alles das war zerrieben durch die Härte der Arbeit.
Angela nahm die Mitarbeit Malvines selbstverständlich, es war für sie nur der Beweis einer Zusammengehörigkeit, die durch äußere Ereignisse nicht gestört werden konnte.
Es gab keinen Sonntag mehr, an dem Malvine irgendwelche Wünsche für sich selbst äußerte.
Angela überlegte: Erst war sie eine gute Freundin, dann kamen wir uns näher und näher, dann geschah der Bruch, oder war es keiner? Und nun ist

sie die nie ermüdende Mitarbeiterin, die nichts weiter will als meine Tätigkeit erleichtern. Es gibt Dinge, die der Verstand kaum begreifen kann.
Kaum war die Weihnachtszeit vorüber, als es begann, in der deutschen politischen Welt aufregend zu werden.
Malvine wurde zwar äußerlich dadurch nicht bewegt, aber man spürte, wie sie an den Dingen Anteil nahm.
Angela sah sie, wie sie eines nachmittags mit dem Maler Knagge auf und ab ging, es war unweit des Hauses. Angela war gerade damit beschäftigt, die Pläne für das Frühjahr, das heißt, die Gartenpläne durchzudenken. Sie war erstaunt, daß Malvine ihr Interesse den äußeren Dingen zuwenden konnte; und es waren für sie „äußere Dinge“, es gab keine Unterhaltung mehr darüber zwischen Malvine und Angela.
Die Bremer Zeitungen brachten wenig Aufklärendes, es hatte den Anschein, daß nach der Novemberwahl der Stern des ruhmredigen Führers der Nationalsozialisten im Sinken war.
Es war in den letzten Januartagen, als Malvine plötzlich erklärte, daß sie nach Bremen reisen müßte.
„Aber ich kann dich nicht mit dem Auto hinbringen“, sagte Angela.
Malvine wehrte ab, sie war beschäftigt, ihre kleine Handtasche zu packen, und plötzlich war sie entschwunden.
Angela hatte an diesem Tage keine Besuche zu machen, aber in der Sprechstunde wartete eine Reihe von Menschen darauf, bis sie von der Ärztin behandelt würden.
Abends sechs Uhr kam Henry Hatje, er war wie verstört, er verlangte bei Tine, dem Mädchen, daß er im Wohnzimmer auf Angela warten könne.
Es war beinahe acht Uhr abends, als Angela, die ihren Arztkittel noch anhatte, ins Wohnzimmer kam, erstaunt, Henry Hatje zu sehen. Er sagte nur:
„Morgen wird es soweit sein ... Dann haben wir die Bescherung ... Knagge ist auch in Bremen.“
Angela fragte erstaunt:
„Auch? Was soll das heißen?“
Da faßte Henry die Ärztin kameradschaftlich und freundlich um die Schultern und sagte:
„Lebst du auf dem Monde? Angela, weißt du denn nicht was vorgeht? Deine Freundin reist, Knagge fährt nach Bremen, in den Gasthäusern sitzen die Menschen und reden, bei uns im Café versucht Benno Ladenburg die Gemüter zu beruhigen, die alle sehr aufgeregt sind. Und du? Du arbeitest hier, du weißt von nichts.“
Angela fühlte plötzlich, daß sie vor Hunger und Durst beinahe umfallen würde, eine ungekannte Schwäche überfiel sie, sie konnte noch an den

Schrank gehen, holte die Flasche Cognac und goß sich und Hatje zwei Gläser voll.
Als sie getrunken hatte, fühlte sie sich besser, sie sagte:
„Ich muß jetzt etwas essen, Henry, willst du mitmachen? Aber du darfst mir nichts mehr von diesem Blödsinn erzählen, ich interessiere mich nicht für die Kirchturmpolitik, die ihr ja ‚große Politik' nennt. Iß mit mir und halt' die Klappe."
Am anderen Tag war der 30. Januar; Malvine war in der Nacht nicht zurückgekehrt, aber Angela regte sich keineswegs darüber auf.
Sie mußte schon um sieben Uhr morgens nach Wörpedorf fahren, weil dort eine Frau ein Kind erwartete. Es war eine schwierige und anstrengende Arbeit, zum Glück war die Hebamme da, die der Ärztin zur Seite stand. Es war gegen elf Uhr vormittags, als Angela nach Hause fuhr. Sie war müde und abgekämpft, der Tag war neblig und kalt, ein unfreundliches Wetter.
Sie ließ sich zu Hause einen starken Kaffee von Tine bereiten, dann setzte sie sich auf den großen Stuhl ins Wohnzimmer, hatte die Zeitung vor sich, konnte aber kein Wort lesen.
Es war einhalb zwölf Uhr, als das Fahrrad über den Kies fuhr und Malvine in der Tür erschien.
Sie sah etwas blaß und übernächtigt aus, Angela wollte schon fragen, ob sie gebummelt habe, da sagte Malvine:
„Nun ist es soweit, Angela."
Angela verstand nicht, sie sah ihre Freundin an, schüttelte den Kopf und sagte:
„Drücke dich bitte etwas klarer aus, ich verstehe nichts von diesem Kauderwelsch. Was heißt das: ‚Es ist soweit?'"
Malvine trat zu Angela, ihr Gesicht wurde klein und beinahe zärtlich, als sie ihren Kopf an Angelas Schulter lehnte, sie sagte:
„Es hängt mit der Politik zusammen. Wenn du das Radio aufdrehst, dann kannst du es vielleicht hören."
Angela erhob sich, stellte ihren Radioapparat an, der aber seichte und gefällige Musik brachte. Sie sagte zu Malvine:
„Ich interessiere mich nicht für die politischen Ansichten, die heute große Mode sind, und du wirst mich nicht dazu bringen, daß ich meine Haltung ändere."
„Ich werde es nicht nötig haben, Angela ... Die Verhältnisse werden stärker sein als ich. Und dann mußt du dich entscheiden."
Es war Punkt zwölf Uhr, als aus dem Radioapparat die Stimme des Ansagers ertönte:
„Der Reichspräsident ernannte den Führer der Nationalsozialistischen Deutschen Arbeiterpartei zum Reichskanzler."

Angela war gerade im Begriffe den Raum zu verlassen, sie blieb stehen, lehnte sich an den Flügel, stützte ihr Gesicht in beide Hände und sagte: „Armes Deutschland.“

32. Kapitel

„Deutschland stellt seine Uhr zurück"

Die Verwandlung der Zeit in Worpswede machte große Fortschritte.
Nicht nur, daß Franz Theodor Knagge mit betonter Wichtigkeit durch das Dorf ging, daß er den Hitlergruß einem jeden ins Gesicht schmetterte, nicht nur das war es, was Angela verstimmte und verstörte.
Es schien ihr, als ob die Welt plötzlich stillstehen würde, als ob die Ereignisse, die durch die Zeitungen und das Radio pathetisch angekündigt wurden, alles Leben veränderten.
Die Menschen, denen sie begegnete, die zu ihr kamen, waren seltsam verstört, und nur wenige von ihnen konnten sagen, wie sie sich eigentlich zu den Ereignissen eingestellt hätten.
Daß Malvine in einer gewissen geheimnisvollen Wichtigkeit umherging, verwunderte Angela wenig. Sie wußte genau, daß ihre Freundin eine Möglichkeit zu entdecken versuchte, die ihrem Leben den Inhalt geben könnte, den sie so lange ersehnt hatte.
Das war überhaupt das Schrecklichste an diesen Zeitereignissen, daß der kleinste Mitbürger glaubte, ein Recht zu haben, stolz zu werden und einen anderen zu verachten.
Verachtet wurden die Unschlüssigen, die Unwilligen und diejenigen, die die deutsche Politik anders gewünscht hatten, als es nun eingetreten war. Mit diesen stummen, verschüchterten Wesen hatte Angela tiefes Mitgefühl.
Elisabeth gehörte zu denen, die völlig ratlos schienen, und fast jeden Abend war sie bei Angela, wie um einen Halt zu suchen.
Anders war es mit Johanna Wunderlich. Sie hatte mit der Schlauheit ihrer bäuerlichen Herkunft herausgespürt, daß es am besten wäre, sich, wie man sagt, nach der Decke zu strecken.
Im Grunde war ihr die Politik gleichgültig, aber seitdem Kaspar Wunderlich in der Sowjetunion weilte, glaubte sie, gefährdet zu sein.
Auf jeden Fall baute sie vor. Es gab genug Zeichnungen und Bilder von Kaspar Wunderlich, die nichts weiter waren als Märchendarstellungen in inniger und sehr deutscher Art. Johanna fühlte genau, daß es ratsam sein würde, aus diesen Werken gleichsam einen Schutzwall um sich herum zu bilden.

Sie tat es.
Und dann trat Knagge auf, er berief eine Versammlung in das „Hotel Stadt Bremen", die Künstler waren dort und einige Bauern.
In Knagge ging das vor, das in diesen Tagen bei Menschen beobachtet werden konnte, die im Grunde von sehr kleinem Format waren. Sie plusterten sich auf, hatten das Parteiabzeichen der NSDAP im Knopfloch und fühlten sich plötzlich für alles verantwortlich.
Knagge sagte:
„Es gilt jetzt für uns, die wir hier in Worpswede leben, dem übrigen Deutschland zu zeigen, daß wir das Erbe unserer germanischen Ahnen angetreten haben."
So ähnlich sprach er, erntete nur mäßigen Beifall, aber niemand wagte ihm zu widersprechen.
Nach dieser Versammlung gab es einen Abend im „Café Worpswede", bei dem sich Henry Hatje bemühte, durch Jazzmusik und wilde Schlager die niedergedrückte Stimmung ein wenig zu heben. Doch es gelang ihm nicht, denn plötzlich hörte man Knagges Stimme rufen:
„Wir haben genug von dieser Negermusik, hören Sie gefälligst auf, oder spielen Sie etwas, das unseren politischen Anschauungen entspricht."
Knagge saß zwar am Künstlertisch, aber er war recht isoliert, denn er hatte nur wenige Freunde unter den Malern und Schriftstellern. Doch er verbreitete selbst das Gerücht, daß er zu „Großem" ausersehen sei.
Die politisch völlig unorientierten Künstler glaubten es auch, aber sie trauten dem Maler Knagge nichts Besonderes zu. Doch sie wagten ihre Verachtung nicht offen zur Schau zu stellen, so verhielten sie sich reserviert und verließen sehr bald das Café.
Der Wirt Benno Ladenburg drehte die Lampen ab, ließ nur eine trübe auf dem Tisch brennen, aber machte keinerlei Anstalten, dem Herrn Knagge in irgendeiner Weise Schmeichelhaftes zu sagen.
Knagge fühlte sich wie ein geschlagener Heros, aber er hatte noch keine Mittel, sich selbst in den Vordergrund zu bringen. Er beschloß für sich, zur Parteileitung in Osterholz zu fahren, um die nötigen Vollmachten zu erhalten.
Die erste „Tat" war dann die Ankündigung einer „Worpsweder Deutschen Kunstausstellung". Die Auswahl an der Beteiligung daran war der Entscheidung des Herrn Knagge anheim gestellt.
Die Vorstellung, daß ein Künstler ein revolutionärer Mensch sei, wurde nun widerlegt. Wenn auch die geschickte Propaganda des politischen Ereignisses vom 30. Januar 1933 es verstand, eine scheinbar legale Handlung zu einer „Revolution" umzufälschen, so war es doch schwer, aus der geplanten Ausstellung so etwas wie eine „Revolution der Kunst" zu machen.

Franz Theodor Knagge und eine unbekannte Malerin aus Hannover waren es, die von Haus zu Haus gingen, um Ateliers zu besichtigen. Die dort lebenden Maler waren zu eingeschüchtert oder erschreckt, um bei der Auswahl ihrer Bilder irgendwie selbst tätig zu sein. So brachte man einige hundert Bilder, Zeichnungen und Plastiken zusammen, die als die „Worpsweder Deutsche Kunstausstellung“ eröffnet wurde.
Alles Experimentelle und Kühne, jede moderne und neuartige Kunst waren ausgemerzt worden. Man sah nur langweilige und herkömmliche Bilder, Landschaften und Bauersfrauen, in Kohle gezeichnet oder gemalt. Man hatte das „zahme“ Worpswede vorgeführt.
Wenn man diese Bilder betrachtete, die in ihrer zahmen Realistik schwächer waren als die anfängliche Worpsweder Kunst, die in den neunziger Jahren von Malern begründet wurde, dann wurde es einem klar, daß dies alles einen Abstieg bedeutete.
Zu den Besuchern der Kunstausstellung gehörte auch Angela, die mit Elisabeth die Bilder besichtigte. Das sichere Gefühl der Ärztin für Kunst war der jungen Malerin schon längst klar geworden. So war es selbstverständlich für Elisabeth, daß sie plötzlich einen Namen aussprach, der in dieser ganzen hohlen und bombastischen Kunstausstellung gar nicht erwähnt worden war.
Es war der Name jener Malerin, die allzufrüh gestorben war, gerade als sie den Beginn ihrer Kunst erleben konnte. Es war niemand anderes als Paula Modersohn-Becker, deren Gestaltungskraft und Kühnheit einfach totgeschwiegen wurde. Denn sie war eine Frau gewesen, die das Worpsweder Menschentum und seine Landschaft erfaßt hatte wie keiner zuvor. Aber sie war unbequem, in ihren Bildern spukten die Einflüsse von Gauguin und anderen modernen Franzosen, die im nun „erwachten Deutschland“ im höchsten Grade unbeliebt waren.
Angela nickte, sie lächelte spöttisch, sagte:
„Seien Sie sicher, Elisabeth, daß es das einzige sein wird, das von dieser Künstlerkolonie übrig bleibt: die Malerei dieser Paula Modersohn-Becker. Sehen Sie, wie oberflächlich und äußerlich diese untalentierten Maler hier die Landschaft des Teufelsmoors abzubilden versuchen. Kommen Sie, ich habe Sehnsucht nach Hause zu gehen, um mir die Photographien anzusehen, die ich kürzlich erhalten habe, Photographien nach Bildern von dieser einzigen Malerin. Dies hier,“ sie machte eine verächtliche Handbewegung, „ist eine lächerliche Verhöhnung der großen Natur, wie sie Paula Modersohn begriff.“
Es waren die letzten Worte, die Franz Theodor Knagge gehört hatte. Schon lange hatte er das Gefühl, daß diese Ärztin eine neugierige lästige Person sei.

Er stellte sich in Position, umwittert von seiner Würde als „Kulturleiter“, sagte:
„Ich würde doch die Beurteilung von Kunstwerken denen überlassen, die dazu berufen sind. Was wissen Sie als Ärztin denn von der Gestaltung eines Bildes?“
Angela sah ihn überhaupt nicht an, als sie sagte:
„Ein Arzt sieht nicht nur die äußere Seite, er begnügt sich nicht mit Symptomen, er forscht nach den Gründen und Ursachen einer Erkrankung. Und, glauben Sie mir, Herr Knagge, es ist für mich nicht allzu schwer, Diagnosen zu stellen.“

Die Stimmung im Café war an diesem Abend sehr verschieden von der, die sonst üblich war. Es herrschte eine erzwungene Lustigkeit am Künstlertisch, während im übrigen Teil des Cafés sich ein Publikum breit gemacht hatte, das vorher nicht hier gesehen worden war. Die kleinen Leute und Handwerker, die sich von der „Neuen Zeit“ einen Aufschwung erhofften, waren ins Café gekommen.
Benno Ladenburg bediente seine Gäste mit der ihm eigenen Freundlichkeit. Er fühlte genau, daß seine Anwesenheit wie ein Blitzableiter wirkte, denn sicherlich wäre es sonst zu einem Krach gekommen.
Henry Hatje war nicht zu bewegen, an den Flügel zu gehen. Er traute sich selbst nicht, er wußte, daß es unter seinen Händen passieren konnte, daß irgendeine Musik erklingen würde, die „unerwünscht“ war. Und Henry Hatje gehörte zu den Leuten, die zuwenig Mut zu sich selbst besitzen, um dafür einzustehen.
Angela mußte überhaupt feststellen, nicht nur an diesem Abend, es war mit vielen Menschen so. Mancher schimpfte wohl, aber das war auch alles, was er tat.
Selbst Menschen, die sich ein eigenes Weltbild aufgerichtet hatten, zogen sich zurück.
Angela konnte das nicht.
Sie saß noch einige Zeit am Künstlertisch, aber es war so, als ob eine unbekannte Kraft die Lebensfreude fortgeblasen hätte.
Wo ist das Unbekümmertsein? fragte sich Angela. Wo ist die Gleichgültigkeit gegen „Ja“ oder „Nein“, die so oft das Ideal der Künstler gewesen war?
Plötzlich erschien Malvine, sie war nicht allein. Zwei Herren, die niemand vorher gesehen hatte, begleiteten sie. Sie ging am Künstlertisch vorbei, setzte sich in eine der Nischen, in der Tische standen, die von Bänken umgeben waren.

Angela kannte die Begleiter ihrer Freundin nicht. Sie stand aber auf und ging an den Tisch. Bei der zeremoniellen Vorstellung verstand Angela nur, daß es sich um Menschen handelte, von denen jeder einzelne einen Titel hatte. Aber sie konnte den betreffenden Titel nicht verstehen.
Das Gespräch war schleppend und träge. Man bauschte geringe Ereignisse auf; und dann sprach man über das Jahr 1933, von dem man verlangte und forderte, daß es ein Jahr des Heils und des Segens werden würde.
Malvine führte das Wort; sie sprach von der „Ortsgruppe" einer „Frauenschaft Worpswede", die zu gründen notwendig wäre. Es schien, als ob es an diesem Abend kein anderes Gesprächsthema geben würde als die Politik.
Angela fühlte sich wie auf einer Insel; sie fand die Einfalt der Menschen gefährlich, sie sah in Malvine nichts weiter als eine ehrgeizige Person, die aus ihrer Zeit Nutzen ziehen wollte.
Es war zehn Uhr abends, als Angela aufstand, um ins Freie zu gehen. Plötzlich ertönte aus dem Lautsprecher eine gutturale, kaum verständliche Stimme. Es war die des Herrn, auf die das Land die nächsten tausend Jahre hören sollte.
Angela ging fluchtartig aus der Tür hinaus, das gellende Schreien wurde schwächer.
Sie wäre sehr froh gewesen, wenn ihr jemand erzählt hätte, daß in Berlin ein Mann saß an seinem Schreibtisch, Papier vor sich ausgebreitet und auf die erste Seite eines Buches den Titel schreibend: „Germany puts his clock back". Der Mann war der Amerikaner Edgar A. Mowrer, der Korrespondent der „Chicago Tribune".

Das große Wort vom „Welt-Dorf" wurde in diesen Tagen noch weniger bezeichnend als es vorher gewesen war. Denn Franz Theodor Knagge und die Anhänger der nationalsozialistischen Idee taten alles, um aus Worpswede das zu machen, das man boshafterweise mit „Kuhdorf" bezeichnen könnte. Denn das Weltläufige, das der Fremdenverkehr in das Dorf gebracht hatte, das Bedeutungsvolle, das in den Werken einer Paula Modersohn so gestaltet war, daß es auch die Welt hätte begreifen können, alles das wurde verkleinert. Die kulturelle „Tat" des neuen Regimes manifestierte sich in dem erfolgreichen Bemühen eines gewissen Herrn Goebbels, alle diejenigen einzuschüchtern, die einmal daran dachten, daß Kunst etwas Internationales sei.
Angela hatte ein natürliches Empfinden für die Falschmünzereien, die nun im großen Stil betrieben wurden. Es hatte nichts mit der sogenannten Politik zu tun, wenn sie scharf die falsche Anwendung des Wortes „deutsch"

bespöttelte. Angela war so geartet, daß sie nichts mehr haßte als die Phrase.

„Was willst du, wir müssen uns eben jetzt danach einrichten." Das sagte Malvine, und Angela spürte in ihrer Rede eine gewisse Überlegenheit, die sie verabscheute.

Nicht, daß Malvine sich sehr verändert hätte, aber ihr ganzes Wesen war in einer Weise dem Zwecke zugewandt, daß Angela nur den Kopf schütteln konnte. Was war aus diesem Menschen geworden! Es schien Angela oft, als ob sie einem Phantom nachjagte, das in ihr selbst Unzulänglichkeiten verdecken sollte. Malvine war eine reizvolle und elastische Frau geblieben, aber dadurch, daß sie sich der herrschenden Macht in ihrem Fühlen und Denken unterordnete, war sie in Angelas Augen kleiner geworden.

Es war vergebliches Bemühen, wenn Franz Theodor Knagge versuchte, die Ärztin zu überzeugen, daß nun eine Zeit angebrochen wäre, für die die Welt Deutschland noch einmal danken würde.

„Was wissen Sie von der Welt, Herr Knagge? Die Welt ist niemals den Deutschen dankbar gewesen, wenn sie versuchten, ihre eigene Bedeutung herabzusetzen. Ja, das geschieht jetzt. Der ganze Schwindel mit der Rasseideologie, der Nachweis, daß die sogenannte germanische Rasse in der Welt herrschen würde, ist Lüge. Es ist sehr geschickt von den Herren, die Sie für maßgebend halten, so zu tun, als ob sie das Land vor etwas schützen wollten."

Franz Theodor Knagge wußte darauf wenig zu erwidern, sein Wortreichtum war nur in Grenzen gehalten, auf das beschränkt, das der offiziellen Ansicht entsprach.

Angela sprach mit niemandem über ihre eigentliche Meinung, sie widmete sich den Kranken, dem Garten und ihren Tieren. Das füllte sie aus.

Aber manchmal lag sie nachts in ihrem Zimmer, schlaflos und todtraurig. Ihr erschien in diesen Augenblicken, als ob Gott mit diesem kleinen unwichtigen Land, das ihre Heimat war, eine Prüfung vorhätte, daß die Deutschen dazu bestimmt waren, Prüfungen zu erdulden, von denen sie bis jetzt noch nichts ahnten. Angela war eine Frau, sie hatte gelebt und war vielen Menschen begegnet, die Wertvolles in sich hatten. Jetzt aber spürte sie, wie das Kleinbürgertum immer mächtiger wurde, wie es klirrte und paradierte, nicht ahnend, daß es jeden Tag dem Abgrund einen Schritt näherging.

Wenn Malvine im Zimmer war, wenn sie ihr von den Ereignissen „da draußen" berichtete, dann schützte Angela Taubheit vor, denn sie war ungläubig geworden.

Nicht gegen das Wort Gottes, aber gegen das Wort, das den anderen Menschen wie eine Offenbarung erschien. Es fiel ihr oft nicht leicht, den Mund zu halten, aber sie tat es.

Als sie einmal hörte, daß Daniel Erdmann in Berlin sei und dort eine gewisse Rolle spielte, da lachte sie nur bitter und meinte:
„Mit dem können die Herren Staat machen, das ist die Gewissenlosigkeit in Person. Aber er hat jene bestrickende Art, Überzeugung vorzutäuschen, daß ich nichts anderes erwartet habe.“
Henry Hatje war eigentlich der einzige, der unverändert geblieben war, er war wurschtig, genial und meist mit Liebschaften so beschäftigt, daß ihn die Politik überhaupt nicht berührte.
„Laß mich bloß damit in Ruhe, Angela, ich soll jetzt ‚auf Befehl‘ ein deutscher Maler werden. Weißt du, ich entschließe mich, das Klimpern zu meinem Hauptberuf zu machen. Es gibt jetzt zwar ‚verbotene Musik‘, aber die Herren da oben sind ja unmusikalisch, es macht mir Spaß, unerwünschte Komponisten in mein Klavierspiel hineinzumogeln.“ Er sah Angela an, sagte: „Und diese Malvine? Die ist ja ganz rabiat geworden. Zum Teufel!“ schrie er, „was wollen die Herrschaften eigentlich hier bei uns? Dies Worpswede ist ein ‚göttlich-verlottertes Nest‘, dafür lasse ich mich aufhängen, Angela.“
Angela liebte den Besuch Henry Hatjes, weil er natürlich blieb.
Und das war heute selten.
Die Bauern lebten ihren gewohnten Trott dahin; anders war es bei den Kaufleuten des Ortes und ganz anders bei den Lehrern und Beamten.
Es war ein Abend, den Angela nicht so leicht vergaß, da kam der Pastor des Ortes, der alte Mahnken, zu ihr, er druckste lange herum, es schien, daß er etwas auf dem Herzen habe. Er blickte ein wenig unsicher zu Malvine hin, die, wie immer, am Radio saß und irgendwelchen Ereignissen lauschte.
Pastor Mahnken war es, der mit Angela die „geistliche Lage“ seiner Gemeinde besprechen wollte, denn da sah es bös’ aus. Die Kirche wurde leerer und leerer, die Eltern schickten ihre Kinder weder zur Sonntagsschule noch zum Konfirmandenunterricht, es war eine Unsicherheit und Angst ausgebrochen. Und darüber wollte Pastor Mahnken sich einmal aussprechen.
Malvine merkte genau, daß sie überflüssig war, sie stand auf und sagte:
„Ich gehe noch zu Knagge hinüber, wir haben etwas zu besprechen, ich bin bald wieder zurück.“
Als sie gegangen war, fühlte sich Angela geradezu erleichtert, sie holte noch eine Flasche Rotwein und bat den Pastor, es sich gemütlich zu machen.
„Ja, ja, Fräulein Doktor, es ist zwar eine Gnade Gottes alt zu werden, aber manchmal ...“
„Ich sehe die Schwierigkeit, die täglich größer wird. Glauben Sie mir, Herr Pastor, es wird mit der kommenden Zeit schwerer werden und nicht leichter.“

Pastor Mahnken trank andächtig und langsam aus seinem Glas, er hob sein bartloses, faltiges Gesicht zu Angela, seine Augen sahen sie mit väterlicher Güte an, er sagte:
„Gebet dem Kaiser, was des Kaisers ist ..., so steht es im Evangelium, aber der Kaiser ist raffgieriger geworden und wünscht mehr als sein ist. Und darum, Fräulein Doktor, darum kämpfe ich. Selbst mit dem Konsistorialrat Schwarzkopf, der mir gestern schrieb," er holte einen Brief aus seiner Tasche und las vor: „... wir stehen hier alle auf einem sehr sichtbaren Posten; nicht nur sichtbar für den Herrn und Heiland, sondern auch für die Menschen. Ich möchte mich nicht darüber auslassen, aber Sie werden mich verstehen. Es kommt nicht darauf an, daß wir der Zeitströmung dienen, aber wir dürfen ihr nicht aus dem Wege gehen. Niemals war das Wort ‚Seelsorge' bedeutungsvoller als jetzt; ich weiß, daß Bestrebungen im Gange sind, die unsere evangelische Kirche zu einer ‚Reichskirche' machen wollen. Es liegt mir fern, diese Pläne in irgendeiner Weise zu unterstützen, aber wir haben zu dienen, und das ist das Schwerste. Es ist schwerer ein Diener zu sein als ein Herr. Wir Seelenhirten dürfen nicht eine Minute in unserem Glauben irre werden, ich meine damit nicht den Glauben an den einzigen Herrgott, ich meine den Glauben an das Gute ..."
Angela dachte über den Brief nach, es erschien ihr wie eine Fügung zu sein, daß der Pastor sie an diesem Abend besuchte. Ja, sie brauchte einen, mit dem sie sprechen konnte.
Sie hatte für den Protestantismus nie etwas übrig gehabt, aber auch nicht für den Katholizismus, trotzdem sie im Kloster erzogen war. Aber ihr erschien es notwendig zu sein, daß Menschen in Deutschland übrigblieben, die den Mut hatten, zu sprechen für das Wahre und Immerbleibende und zu kämpfen gegen die Phraseologie des Teufels.
Sie sagte zu Pastor Mahnken:
„Wissen Sie eigentlich, Herr Pastor, daß ich katholisch erzogen bin, daß ich im Kloster gelebt habe, daß meine Eltern Katholiken waren ... Wissen Sie das, Herr Pastor?"
Pastor Mahnken sagte:
„Ich kümmere mich nicht darum, mir fehlt das Zeug dazu, der Proselytenmacher für die lutherische Kirche zu sein. Sehen Sie, Fräulein Doktor, ich werde jetzt 63 Jahre alt, ich sitze in dem kleinen Platz Worpswede, habe wenig Mitglieder in meiner Kirche. Wissen Sie, daß man auch sagen könnte, daß ich kalt gestellt bin? Aber ich kann nichts weiter sein als ein guter Christ, und das ist sehr viel. Ich habe Sie seit Jahren beobachtet, Fräulein Doktor, Sie waren nie in meiner Kirche, ich habe mich darum nicht gekümmert, es gibt etwas Stärkeres: der Glaube an die Lehre Christi, das ist es, was uns beide verbindet."

Pastor Mahnken hatte sein Glas ausgetrunken, sah zu der Ärztin über den Tisch, lächelte. Angela fühlte sich in der Gesellschaft des alten Pastors so behaglich wie selten zuvor. Sie sagte:
„Es wird hier ja nicht um Konfessionen gespielt, Herr Pastor, es geht um die weitere Existenz der Menschen in Deutschland. Darum geht es. Ich weiß, Herr Pastor, Sie haben sich sicher nicht um neue Literatur gekümmert, aber", sie stand auf, ging an den Bücherschrank, zog ein Buch heraus und gab es dem Pastor: „Dies Buch hat den Titel: ‚Der Mensch ist gut'. Ein wirklicher Dichter hat es geschrieben, er heißt Leonhard Frank, er ist aus Würzburg, ich kenne ihn. Er ist ein Idealist, das Buch sollte besser heißen: ‚Der Mensch ist dumm'. Sehen Sie, Herr Pastor, die Dummen sind gefährlich, sie sind nicht, wie unser Heiland sagte, Menschen, die nicht wissen, was sie tun, die Dummen wissen es genau, ihre Taten sind bewußte Handlungen im Namen des Bösen."
Sie trank ihr Glas Wein aus, ihr Gesicht bekam etwas Heiteres, und leiser fügte sie hinzu: „Die Dummen sind die Organisatoren des Teufels; der in diesem Falle weder Bocksfüße hat noch Hörner auf dem Kopf, aber er trägt einen kleinen Schnurrbart ... und dann spielt er jene Pansflöte, nach der alle Menschen tanzen sollen. Und sie tun es. Sind wir beide, Herr Pastor, stark genug, diesen Tanz aufzuhalten?"
Pastor Mahnken antwortete nicht sofort, er stützte seinen Kopf in die Hand, sagte mit leichtem Seufzen:
„Sind wir stark genug? Wir können nichts weiter tun als darum zu beten. Alles andere ist bei Gott. Ich will stark sein, aber was ist mein Wille? Ich kann nichts ausrichten ohne die Gnade des Herrn, und das eine weiß ich, daß nicht mein Wille maßgebend ist, sondern der Seine."
Pastor Mahnken zog seinen Mantel an, nahm den Stock, setzte seinen breitkrempigen Hut auf, und zum Abschied küßte er Angela auf die Stirn.
„Leben Sie wohl, ich weiß, daß Sie auf dem rechten Weg sind. Und wenn wir ihn nicht gemeinsam gehen, so haben wir doch dasselbe Ziel, nicht wahr?"
„Ich tue meine Pflicht hier, Herr Pastor, wie Sie auch. Um uns herum geschieht etwas, das wir nicht lenken können. Sehen Sie, Herr Pastor, es ist ein alter Spruch, der heißt: ‚Man kann seinem Schicksal nicht entgehen.' Ich weiß, daß Sie anstelle des Wortes Schicksal den Namen des Herrn setzen. Ich tue es auch, aber manchmal bin ich nicht so ganz überzeugt, daß das Böse nicht am Ende siegreich sein wird."
In der Tür sagte Pastor Mahnken:
„Man darf nicht daran denken, daß der Teufel siegreich ist. In dem Augenblick sind wir besiegt. Das Gute ist nicht nur ein Begriff, sondern man muß sich bemühen, es zu tun. Darauf kommt es an. Es geht ja nicht um den Sieg,

es geht um weit Höheres: daß die Herrlichkeit Gottes allen bewußt wird, und dafür müssen wir arbeiten."
Als der Pastor gegangen war, setzte sich Angela an den Flügel und spielte die Sonate op. 110 von Beethoven. Ihre Finger schlugen das störrische Thema an, dann kam die fugische Verschlingung, und bald merkte Angela, daß ihre Kraft nicht mehr ausreichte.
Sie blieb am Flügel sitzen, ihre Hände mit den langen Fingern suchten etwas aus den Tasten zu locken, etwas Unsagbares ... Sie spielte das Thema aus der Beethoven-Sonate „Les Adieux"...
Sie dachte: Ist es ein Abschied an die Welt? Sage ich der Freundin Lebewohl, deren Gespenst nur noch hier ist? Oder frage ich das große Unbekannte ... Vielleicht ist es so, wie der Pastor sagen würde: Ich frage Gott.

33. Kapitel

Die Macht kommt zu Besuch

Angela wohnte nun schon seit zwei Jahren allein in ihrem Haus; Malvine reiste in Deutschland umher, hatte nirgendwo eine feste Wohnung. Einige Koffer hatte sie bei Angela gelassen, aber trotz ihres Versprechens war sie jetzt über ein Jahr nicht nach Worpswede zurückgekehrt.
Man schrieb das Jahr 1935, die Ereignisse hatten sich „stabilisiert“, der alte Pastor Mahnken war plötzlich gestorben, es war ein ruhiges und friedliches Ende gewesen, ein gutes Ende für ihn, denn er war den Stürmen der Zeit nicht mehr gewachsen.
Eine Person gab es noch, die zu Angela kam: Elisabeth. Und dann gab es noch Henry Hatje, er erschien wie ein Irrlicht, unerwartet und plötzlich, wußte selbst kaum, wo eigentlich sein Wohnsitz war und blieb oft tagelang in Angelas Fremdenzimmer.
Es war still geworden, so still, daß es selbst für Angela oft unheimlich zu sein schien. Es war ein großes Verstummen ausgebrochen, eine Verschüchterung, die jedes künstlerische Schaffen unmöglich machte.
Eines Abends, als Angela und Elisabeth auf der Veranda des Hauses saßen, sahen sie ein großes Auto die Dorfstraße heraufkommen. Es war ein dämmeriger Juniabend, die Scheinwerfer blendeten, so daß Angela eine zornige Bemerkung machte.
Zum Erstaunen der beiden Frauen hielt der Wagen vor Angelas Haus. Und dann ertönten Schritte auf dem Kiesweg, kurz und energisch, und Daniel Erdmann stand vor ihnen.
Angela erkannte ihn zuerst nicht, denn er war in schwarzer SS-Uniform. Er nahm die Mütze vom Kopf, vergaß, einen zackigen Hitlergruß zu machen, sagte nur:
„Sie wundern sich wohl, Angela, daß ich hier bin?“
„Ich wundere mich über nichts, ich bewundere auch nichts, ich staune über nichts, ich lebe hier und bin tätig, das ist alles, was ich über mich sagen kann.“
Elisabeth sah den schneidig aussehenden SS-Offizier etwas neugierig an, sie blieb aber ruhig sitzen, genau wie es Angela tat, und dann holte sich Erdmann einen Stuhl und setzte sich zu den beiden Frauen.

„Ich bin nicht dienstlich hier, Angela, ich hatte nur eine gewisse ...“
„Der ‚Arkaden-Hof‘ steht nicht mehr,“ sagte Angela und sah Erdmann an. Sein Gesicht blieb unbewegt.
„Es ist nicht der ‚Arkaden-Hof‘...“, er zögerte, suchte nach Worten, und bevor er es aussprechen konnte, sagte Elisabeth:
„Johanna ist noch unten in ihrem Haus.“
Daniel bot den Damen mit freundlicher Geste Zigaretten an, aber sie dankten. Es war seltsam, einen Menschen der augenblicklichen Macht zu sehen, nachdem man ihn einige Jahre vorher als Angeklagten vor Gericht erblickt hatte.
Angela stellte fest, daß Daniel Erdmann den Eindruck eines Mannes machte, der seine eigene Sicherheit völlig verloren hatte, aber durch Überbetonung es wieder wettmachen wollte.
Sie dachte: Was will er hier? Weiter dachte sie: Lügner in Uniform.
Man sollte die Dinge auf das mindeste Maß reduzieren, man soll den Menschen sowenig glauben wie möglich – alles an Erdmann ist Lüge. Es ist Großmannssucht, die ihn hergetrieben hat, nicht Sehnsucht nach Johanna ...
Angela hatte in diesen Jahren gelernt zu schaupielern, sie, die ehrliche und wahrhaftige Angela, hatte es nun übers Herz gebracht, den Menschen genau das zu sagen, was sie hören wollten. Sie nannte es sich selbst gegenüber: Kapitulation des eigenen Ichs. So war auch das Bild rings um sie herum. Sie hatten alle „klein beigegeben“ und steckten den Kopf in den Sand.
Zu Daniel sagte sie:
„Wollen Sie eine Tasse Kaffee haben, Daniel, oder ein Glas Wein?“
Daniel dankte, er bedankte sich mit völlig unpersönlichen, höflichen Worten, er sagte etwas von „Eile“, die er hätte, und dann vergingen noch einige Minuten, bis er wieder verschwand. Er konnte es doch nicht unterlassen, beim Abschied den Hitlergruß auszuführen, aber beide Frauen sagten ihm nichts als „Auf Wiedesehen“.
Man hörte das Lärmen des Automobils noch über eine längere Zeit nach der Abfahrt. Plötzlich sah Angela, daß Elisabeth weinte. Sie beugte sich zu ihr, sagte:
„Komm ..., komm ..., Kleines, dieser Mensch ist keine Träne wert, er ist nichts wert, gar nichts ... Ein wahres Symbol dieser ‚großen Zeit‘.“
Doch Elisabeth weinte, sie hatte ihr Taschentuch an die Augen gepreßt, als Angela den Arm um sie legte, sagte sie:
„Wie schrecklich ist das ...“
Angela sah die Scheibe des Mondes über den Weyerberg heraufkommen, ein warmer, schwüler Wind begann zu wehen, irgendwo bellte ein Hund, heiser und klagend. Angela sah den Mond höher steigen, aus seinem Gelb

wurde ein silbernes Weiß, und dann lag die Landschaft erleuchtet da. Es war still. Das Schluchzen Elisabeths wurde leiser, Angela sagte:
„Wenn die Menschen für alles, was sie verursachen, zur Rechenschaft gezogen würden, die Erde würde morgen untergehen."

Es wurde für Angela immer schwerer, außerhalb der politischen Ereignisse zu leben. Man belästigte sie mit Fragen, sie sollte bei dieser oder jener Organisation mit tätig sein, aber sie lehnte es ab, es gab ja die gute Ausrede für sie: Praxis und angestrengte Arbeit.
Es konnte möglich sein, daß Angela bei den seltenen Besuchen Malvines, nachdem sie Musik hatte aufrauschen lassen, zu ihr kam, die immer zögernder und ablehnender wurde, und sagte:
„Ich verstehe dich nicht, Malvine, es gibt doch noch Größeres als diesen politischen Zustand, der ... von Euch allen als Paradies gepriesen wird. Es gibt noch Musik, und das Leben ist auch noch unverändert, und wir beide ...?"
Malvine war nicht unempfindlich dieser Freundlichkeit gegenüber, ihr Gesicht veränderte sich sogar, es wurde fraulicher, wie es Angela erschien, menschlicher. Aber sie legte die Hand auf die Angelas und sagte:
„Das verstehst du nicht, Angela, es ist eben nicht dein Feld. Ich bedaure es oft, daß unser Leben so auseinandergerissen wurde, ich meine es nicht nur im äußerlichen Sinn. Ich gestehe zu, daß wir das ‚Paradies' noch nicht erreicht haben, aber wir bemühen uns. Und das müßtest du anerkennen, Angela."
Angela ließ ihre Hand liegen, sagte leise:
„Ich hasse alle Phrasen. Wenn das Große, wie du sagst, nun geschieht, warum ist so viel Kleines und Schmutziges dabei? Ich weiß von so viel Elend, aber ich kann noch nicht einmal darüber sprechen. So lange eine Gestalt wie Daniel Erdmann in Eurer ... ‚Bewegung' eine Rolle spielen kann, ist das ‚Paradies' weiter entfernt denn je. Es gibt Echtes, nicht nur bei den Metallen, Malvine, man kann es spüren, fühlen, aber das Echte läßt sich nicht verfälschen. Solange das Unechte bei Euch denselben Wert hat, ja noch höheren als das Echte, solange ist für mich das alles nur eine blecherne Verhöhnung des Göttlichen. Du wirst mir antworten, Malvine, daß die Jugend mit Euch geht. Du bist alt genug zu wissen, daß dies dieselbe Fabel ist wie die des Rattenfängers von Hameln."
Angela beugte sich vor, sie faßte Malvine nun mit beiden Händen, brachte ihr Gesicht dem ihren ganz nahe:
„Wir beide, du und ich, sind aus dem Alter herausgewachsen, in dem der Schein für uns etwas Verführerisches hat. Und du, Malvine, gerade du soll-

test deinen so echten Spott und deine Skepsis nicht beiseite tun, um diesen unmelodischen Tönen Gehör zu schenken. Du verfälschst dich, Malvine; ich bin weder alt noch weise, ich liebe auch keine Phrasen wie ‚Kehre um!' und ähnliches, aber das, was du tust, führt in die Katastrophe."

Malvine zog die Augenbrauen hoch, sie sah ihre Freundin überlegen und beinahe spöttisch an:

„Du lebst im Mittelalter, Angela, etwas Neues ist im Werden, etwas Besseres. Und ich will dabeisein, hörst du ... dabeisein ..."

Angela gab es auf. Sie sah Malvine so selten, daß sie immer mehr zum Schatten wurde.

Angela fühlte sich so allein wie selten zuvor.

Da war noch die gute, die treue Elisabeth, sie war beinahe unterwürfig, aber Angela fühlte, wie dieses Mädchen um sie bangte. Und das tat ihr wohl.

Angela führte ihr tägliches Leben weiter, so, als ob sich nichts in der Welt draußen verändert hätte. Sie lernte es allmählich, Gespräche über Politik zu vermeiden, es war keine Angst, es war auch schwerlich Vorsicht, es war eine einfache Abneigung in ihr, über Dinge zu sprechen, die sie in ihrer Jämmerlichkeit durchschaute. Gewiß, die Erdmanns gab es auf der ganzen Welt, keine Partei, keine Bewegung und kein System waren vor ihnen sicher. Sie waren rücksichtslos und unbedenklich; sie nahmen sich wichtig und verlangten es von den anderen.

Als in der Zeitung stand, daß Daniel Erdmann in Berlin weilte, um einen wichtigen Posten, einen Parteiposten natürlich, zu bekommen, da wunderte sich niemand.

Auch Johanna nicht, die ihr Leben still weiterführte. Man hatte sie in geschickter Weise dazu benutzt, aus der Kunst ihres verschollenen Mannes Reklame für das Dritte Reich zu machen. Sie leistete keinen Widerstand. Man nannte ihr Haus, das schöne Gemälde und Zeichnungen von Kaspar Wunderlich barg, das „Heimatmuseum".

Es gab auch sonntags einige Fremde, die neugierig und, wie sie vorgaben, kunstverständig waren. Johanna, die Lehrerstochter, hatte Sicherheit in dem Verkauf der Bilder und Zeichnungen von Kaspar Wunderlich. Daß der Maler selbst ein Feind der in Deutschland herrschenden Macht war und in der Sowjetunion weilte, wo er eine Stelle als Zeichenlehrer in Leningrad hatte, wurde gar nicht erwähnt.

Das Haus, der frühere Besitz Kaspars, der zur „Kommune" gemacht wurde, gehörte nun einem Gärtner, der Blumen züchtete, eine große Baumschule hatte und weit davon entfernt war, irgendetwas mit Politik zu tun zu haben.

Was die Künstler des Ortes betraf, so war außer Franz Theodor Knagge keiner eigentlich tätig, der herrschenden Bewegung zu dienen. Sie malten

wie immer; die Landschaft, die ihnen Vorbild blieb, war unverändert, und die Bauern und Menschen, die von ihnen dargestellt wurden, waren zeitlose Wesen.
Knagge versuchte zwar, das „Welt-Dorf“, wie er es nannte, in den Mittelpunkt des neuen Reiches zu bringen, aber es schlug fehl. Man hörte seine Reden an, die er allwöchentlich in einem der Gasthäuser hielt, aber man kümmerte sich wenig um ihn.
Angela dachte oft spöttisch: Es ist eben schwer, diesen Einfaltspinsel Knagge zu einem Kunstdiktator zu machen; er hatte auch keine Hilfe dabei. Er wirkte wie in einem luftleeren Raum, denn die Künstler waren keineswegs das geeignete Objekt, das er benutzen konnte, um seine „völkischen Ideen“ zu gestalten.
Angela nannte ihn immer, und das tat sie ungeniert, den „alten Esel“, sie war darin unbekümmert, ihre Sicherheit war zu groß. Sie fürchtete sich auch nicht, anderen Leuten zu helfen, zum Beispiel dem Dr. Cohn in Osterholz, dem die Ausübung seiner Tätigkeit aus „rassischen Gründen“ verboten wurde. Sie sorgte für ihn und seine Familie, sie war tätig, daß ihm die Mitnahme seiner medizinischen Instrumente bei der Auswanderung gestattet wurde, sie setzte sich für ihn ein.
„Wie soll ich Ihnen danken, Kollegin“, sagte Dr. Cohn, „ich habe nichts mehr als eine schmale Hoffnung. Und in meinem Alter... Ich bin über fünfzig, da soll ich nun nach Amerika, es wird wohl meine letzte Reise werden, das ist immerhin ein Trost.“
Die Frau des Arztes hatte immer verweinte Augen, sie konnte es nicht fassen, daß man ihr mühsam erarbeitetes Gut vernichten wollte. Sie seufzte: „Sie haben es gut, Fräulein Doktor, ich beneide Sie ...“
Angela sagte zu der ratlosen Frau:
„Beneiden Sie mich nicht, ich möchte beinahe wünschen, daß ich auch auswandern könnte, denn hier zu leben ...“ Sie dachte einen Augenblick nach, dann sagte sie: „Wenn ich nicht meine Tiere hätte ... Und das bißchen Land.“
Daß Angela sich dieses „Falles“ annahm, wurde ihr vom neuen Ortsgruppenleiter verübelt. Er kam zu ihr:
„Sie begeben sich da auf ein sehr gefährliches Pflaster, Fräulein Doktor. Was geht Sie das Schicksal fremder Leute an?“
Angela ließ dem Ortsgruppenleiter keine Zeit sich hinzusetzen, sie stand in ihrer Gartenausrüstung in der Tür und sagte:
„Ist das eine Warnung? Ich kann alles verantworten, was ich tue. Ich möchte Sie nur bitten, Herr Ortsgruppenleiter, mich in Ruhe zu lassen. Meine Aufgabe ist es, den Menschen zu helfen. Ihre Aufgabe, ihnen Schwierigkeiten zu bereiten. Sie sehen, daß wir ganz verschiedene Berufe haben ...“

Solche Zwischenfälle beunruhigten Angela keineswegs. Sie gaben ihr nur Stoff zum Nachdenken, dazu hatte sie Zeit. Sie sah, wie die Menschen um sie herum, die Künstler wie die Bauern, bemüht waren, die Zeit zu ignorieren. Außer diesem einen Knagge natürlich, aber niemand nahm ihn ernst.
Es war etwas aus der Welt genommen, das für sie wichtig gewesen war: die Lebensfreude. Es war alles so „bedeutungsvoll“ geworden. Selbst die kleine „Worpsweder Zeitung“ hatte pathetische Überschriften, aber Angela las noch nicht einmal diese, sie interessierte sich nicht für die schlecht konstruierten Sätze, die das Zeichen trugen: „amtlich“.
Benno Ladenburg war sehr einsilbig geworden, seine Beredsamkeit von einst war verschwunden. Meist ging Angela mit Elisabeth in das „Café Worpswede“, setzte sich an den Künstlertisch, und eines Abends fragte sie Ladenburg:
„Sagen Sie mal, Benno, ist der runde Tisch größer geworden?“
Ladenburg sagte mit völlig unbewegter Stimme:
„Der Tisch hat dasselbe Format, aber es sind weniger Menschen hier.“
Selbst Henry Hatje war oft mürrisch, und es geschah immer seltener, daß er sich an den Flügel setzte um zu spielen. Die Lustigkeit im „Café Worpswede“ war genau so gekünstelt wie jener „Frohsinn“, den man „amtlich“ verkündete. Man hatte den Menschen die Unbekümmertheit genommen, es machte sich besonders bemerkbar bei den Künstlern, bei denen sie die Haupteigenschaft war. Man konnte nicht über Kunst sprechen, ohne Gefahr zu laufen, daß Knagge, der merkwürdigerweise oft im Café weilte, seine spitzigen Bemerkungen dazu machte. Der Herr der Reichskulturkammer erlebte es eines Abends, daß Henry Hatje ihn fragte:
„Was? Malen tun Sie auch? Ich denke, Sie kümmern sich nur um ... Kultur?“
Knagge antwortete, und seine Stimme rutschte ins Falsett:
„Ich bin Maler wie Sie, Herr Hatje, aber das schließt nicht aus, daß ich mich auch um Kultur kümmere.“
Henry Hatje hatte an diesem Abend einen Grog nach dem anderen getrunken, das war gefährlich. So sagte er:
„Man kann nur das eine tun oder das andere. Ich male und liebe Frauen, aber das eine hat gar nichts ... aber auch gar nichts mit dem anderen zu tun. Mir ist so, als ob ich einmal von Ihnen etwas gesehen hätte, Herr Knagge. Zuerst dachte ich, daß es Spaghetti wären, aber dann sagte mir jemand, daß das Bild Frauen darstellen sollte.“
Knagge konnte nur sagen:
„Sie sind ja betrunken, Mensch, sonst würde ich andere Saiten aufziehen ...“

Daß Henry Hatje betrunken war, konnte jeder sehen; aber wieviel bei ihm Schauspielerei war oder Betrunkenheit, das konnte niemand entscheiden. So sagte er, etwas lallend und schleppend:
„Ach ... Sie ziehen Saiten auf ... Also spielen Sie ja auch Guitarre ... Oder nicht?"
In diesem Augenblick sagte Elisabeth zu Angela:
„Komm, Angela, wir wollen gehen ..."
Im Hinausgehen hörten sie das keifende Organ Knagges und die lallende, aber tönende Stimme Hatjes.
Draußen wehte eine frische Brise; als sie den Heideberg hinuntergingen, atmete Angela kräftig und hörbar. Elisabeth sagte:
„Was ist das alles für ein Unsinn!"
In den Wind, der nun stärker wurde, rief Angela, ausgelassen wie ein junges Mädchen:
„Das ist die neue Zeit, Elisabeth ..."
Wie zu sich selbst sagte sie: „In die wir nicht hineinpassen ..."

Es war schwer für Angela, nicht darüber nachzudenken, daß ihr Zusammenleben mit Malvine beendet war. Von Schuld konnte keine Rede sein, so einfach war das nicht. Dort war das Wollen eines Menschen, den alles zur Macht hinzog oder wenigstens in den Bereich eines Kraftfeldes, das sich nun über das ganze Reich ausbreitete.
Über Malvines Aufenthalt wußte Angela wenig; irgend jemand hatte sie in Bremen gesehen, ein anderer in Hannover, dann wieder kam einer und erzählte:
„Wissen Sie, daß Ihre Freundin in Hamburg eine große Rolle spielt?"
Manchmal überkam Angela ein Gefühl der Niedergeschlagenheit, der Verlassenheit wie niemals zuvor. Sie liebte das alles hier: das Haus, den Garten, die Tiere, die Weite des Moores und die Wolken am Himmel, die sich auftürmten und ballten.
Es war das Meer, das hier in Worpswede die Luft und die Landschaft bestimmte, Angela liebte es, aber oft schien es ihr grausam zu sein.
Was für einen Platz konnte ein hingebendes und hilfsbereites Wesen wie Elisabeth einnehmen?
Es gab keinen Raum in Angelas Leben für sie, trotz der Leere, die sie in sich spürte, war Elisabeths Erscheinung zu geringfügig, als daß sie Malvines Platz hätte einnehmen können.
Sie freute sich dennoch, wenn Elisabeth abends bei ihr war. Still und abwartend saß sie in der Ecke, manchmal dachte Angela: Sie ist die geborene Sklavin, aber ich liebe nicht das Unterwürfige.

Und dann tobte sie sich am Flügel aus, es war erstaunlich, mit welcher Verve und welchem Temperament Angela die Ballade von Brahms spielte. Es wetterleuchtete in ihr, selbst die banalsten Melodien wurden erstmalig und bedeutsam. Angela verlernte es immer mehr, sich mit den Stücken zu begnügen, die große Komponisten niedergeschrieben hatten. Etwas Neues stieg in ihr auf, sie fand die Form dafür im Spiel. Der Klagegesang in cis-Moll wurde unharmonisch vom Es-Dur abgelöst.

Es passierte an solchen Abenden, daß Elisabeth wie erschreckt ihre Freundin ansah, denn der Widerspruch zwischen Spiel und Gesicht wurde immer größer.

Angela, die nie eine landläufige Schönheit gewesen war, bekam ein maskenhaftes Gesicht. Es wurde immer schwieriger, etwas daraus zu lesen. Sie hatte beim Spiel einen Ausdruck wie sonst nur im Schlaf, angespannt und gelöst zugleich, wach und gleichzeitig wie tot, ein ungewöhnliches Antlitz.

Es mußte die kleine Elisabeth erschrecken, denn Angelas Verwandlung war eine unvergeßliche Überraschung für jeden, der sie erleben konnte. Das Gesicht einer einsamen Frau wurde lebendig, das Beethoven-ähnliche Antlitz Angelas, das so selten sichtbar war, wurde durch die Musik wie neu geschaffen.

Daß Angela in diesen Augenblicken wünschte, jemand anderes bei sich zu haben als die kleine, unbedeutende Elisabeth, war verständlich, denn das Format der Malerin war zu gering.

Einmal kam Henry Hatje, öffnete die Tür, sagte:

„Mensch ... Angela ...! Das ist ja toll!"

Angela erhob sich, wurde wieder ganz zur irdischen Erscheinung, zur guten Freundin und zu der Frau, die Sinn fürs Praktische hat. Sie sagte:

„Du glaubst auch, Henry, daß es nur dir gestattet ist, sich musikalisch auszutoben."

Henry Hatje, der manchmal einen ehrlichen Tag hatte, sagte:

„Du weißt doch, Angela, das ist alles Mache, was ich zusammenklimpere; ich bin so in die Rolle des ‚leidenschaftlichen Künstlers' gerutscht. In Wirklichkeit bin ich ein langweiliger Spießer, dem es nur Spaß macht, andere zu erschrecken!"

Angela mußte lachen, sie forderte Elisabeth auf, noch einen Kaffee zu machen, dann sagte sie:

„Ich will dir mal etwa sagen, mein Lieber, ich kenne deine notorische Unbildung, aber der Arthur Schnitzler in Wien, weißt du, der Dichter, hat einmal gesagt: ‚... Wir alle spielen, wer es weiß, ist klug ...'"

Ob es Henry Hatje verstand, wurde nicht klar, er meinte nur:

„Du bist ein merkwürdiges Wesen, Angela. Ich bin mir nie darüber klar, ob dein Interesse für das Künstlerische ein medizinisches ist, weil du

Abnormitäten liebst, oder echt. Sei mir nicht böse, Angela, ich mag dich gern leiden, aber du hast eine scheußliche Überlegenheit ..."
Er spielte mit einem Finger plötzlich die Tonleiter auf dem Flügel und sagte:
„Als Frau bist du sicherlich eine vollkommene Klasse für sich, aber weißt du, ich denke, daß es kein Mann lange bei dir aushält. Verzeih mir die Offenheit, Angela, aber man muß in irgendeiner Beziehung eine Gans sein, um Männern zu gefallen ..."
Angela mußte lächeln, sie nahm Henry Hatje niemals ernst, er war für sie eine Art Pfau, der ein Rad schlägt, um einer Frau zu gefallen. Nein, sie war ihm nicht böse, aber sie sagte:
„Als Mann bist du mir viel zu weinerlich und eitel, Henry, aber das gehört wohl zu deinem Künstlertum, denn sie alle sind ja eitle Wesen, die das Schnattern der Gänse für Musik halten."
Dann kam Elisabeth mit dem Kaffee. Henry trank das heiße schwarze Getränk und schenkte sich gleich wieder eine Tasse ein. Er war darin ungalant, hatte keine Manieren, aber wohl Sehnsucht, welche zu haben. Doch er war viel zu sehr mit sich selbst beschäftigt, als daß er irgendeine Form anerkennen konnte.
Henrys Besuch war für Angela immer eine Abwechslung, sie mochte ihn gern. Sie sah seine Grenzen und seine Möglichkeiten besser als er selbst. Für sie war er ein großes Kind, das mit dem Leben spielt wie mit einem bunten Ball.
Über Politik wurde an diesem Abend nicht gesprochen, trotzdem es schwer war in diesen Tagen, sie zu umgehen. Aber Henry Hatjes politische Überzeugung war ihm selbst unbekannt. Seine Kunst oder wie man es nennen mag erfüllte ihn ganz. Ihm war es völlig gleichgültig, ob die Nazis oder die Kommunisten regierten. Sein Charakter war überhaupt nicht vorhanden, ihm war alles egal.
Elisabeth war an diesem Abend, wie meistens, völlig stumm. Sie hörte zu, man wußte nicht, was sie dachte, aber ihre Gedanken waren immer im Rahmen des Gegebenen. Sie hatte keine Phantasie, also blieb sie ungefährdet. Ihre Beziehung zu Angela war die bedingungslose Freundschaft eines Menschen, der in dem anderen sein Ideal sieht. Wenn man sie gefragt hätte, ob Angela irgendwelche Fehler besitzen würde, dann hätte sie nur lächelnd den Kopf geschüttelt.
Angela und Henry Hatje waren zueinander wie zwei Kriegskameraden, sie warfen sich gegenseitig nichts vor, denn sie respektierten einander, beinahe ohne es zu wissen.
Als die Glocke schellte, die schrille Klingel, die meist Angela hinausrief, um irgendwelchen Patienten zu helfen, da war es Elisabeth, die aufstand.

Angela sagte zu Henry:
„Siehst du, mein Lieber, das ist der Unterschied zwischen unseren Berufen. Niemand ruft dich zu Hilfe, du bist der Herr deiner Zeit, die du, gib es zu, verschwendest."
Draußen war ein Bauer, der die „Doktorin" zu seiner Frau holen wollte, die ihrer schweren Stunde entgegensah. Angela nickte, es war kein resigniertes, auch kein gottergebenes Nicken, es war für sie immer eine Art von Ablenkung von sich selbst, wenn andere sie benötigten.
„Ich hole das Auto heraus, darf ich mitfahren?" fragte Elisabeth.
Angela nickte. Henry Hatje machte einige unpassende Bemerkungen über die wachsende Kinderzahl, aber das war auch alles. Er verschwand.
Das Auto fuhr in die Nacht hinaus, Angela saß am Steuer, sie kannte die Moorwege und Chausseen, beinahe ohne hinzusehen. Sie saß stumm da, sie fühlte Elisabeths Blick, sie lächelte wie in Gedanken ihr zu. Der Scheinwerfer beleuchtete die Birkenstämme und den ausgefahrenen Landweg, Angela wußte, daß diese Nacht wie so manche mit Arbeit vergehen würde. Sie sagte spöttisch:
„Wieder einer, der unbedingt auf diese Welt will ... Das ist wohl Naturgesetz, Geburt und Sterben, und ich bin nichts weiter als ein Handlanger."

34. Kapitel

Ein Außenseiter

Angela gehörte zu jenen Menschen, die niemals das konnten, was anderen so leicht möglich ist: in den Tag zu leben. Ihre Stunden verliefen planmäßig, und die Aufgabe des Tages war immer etwas, das gelöst werden mußte. Angela scheute vor nichts zurück, sie tat am liebsten alles selbst, sowohl in der Praxis wie in der Landwirtschaft.

Natürlich hatte sie Helfer, Gärtner Brüning, ein Mädchen, das Tina hieß und die groben Arbeiten in der Küche und im Haushalt verrichtete; gern hätte sie jemanden gehabt, der in der Praxis assistieren konnte, aber das war schwer zu finden. Sie gab sich große Mühe, eine solche Hilfe zu finden, und schließlich meldete sich ein junger Arzt, Dr. Hildebrandt.

Er hatte ein verkniffenes Gesicht, sah aber intelligent aus. Er hinkte auffallend, was von einem Klumpfuß herrührte. Er erschien eines Morgens, die Sprechstunde war ziemlich voll, so daß Angela keine rechte Zeit für ihn hatte. Sie hatte auch nur undeutlich verstanden, um was es sich eigentlich handelte.

Dr. Hildebrandt war gezwungen, irgendwo zu versuchen, sein Brot zu verdienen. Seine Mutter war Jüdin gewesen, und er selbst hatte in seinem Leben nicht viel Gutes erfahren.

Angela war nicht sehr froh, als sie diesem jungen Arzt gegenübersaß, sie wehrte sich gegen ein Gefühl des Mitleidens. Ihr gefiel die Art und Weise, in der Dr. Hildebrandt von den schlechten Erfahrungen seines Lebens sprach. Er jammerte nicht viel darüber, er beklagte sich nicht, stellte nur fest. Angela fragte den jungen Doktor:

„Sie würden sich also damit abfinden, eine Assistentenrolle bei mir zu spielen? Ich kann Ihnen nichts weiter bieten. Ich verspreche mir von unserer Zusammenarbeit nichts weiter als eine Hilfe für mich. Vielleicht gibt es Ihnen einige Erfahrung, das würde mich glücklich machen."

Es erregte einiges Aufsehen im Ort, als Angela bei ihren regelmäßigen Fahrten immer in Begleitung des jungen Mannes gesehen wurde. Bevor irgendwelche Gerüchte in Umlauf gesetzt werden konnten, wurde es den meisten klar, daß dieser junge Mann nichts weiter war als der Assistent der Doktorin.

Dr. Hildebrandt war von einer wissenschaftlichen Neugierde getrieben, die Angela sehr gefiel. Auch der harmloseste Fall war für ihn Anlaß, psychologisch-physische Zusammenhänge zu entdecken. Angela sagte zu ihm:
„Sie sind eigentlich ein verschütteter Nervenarzt, Herr Kollege, es ist merkwürdig, daß Sie in all diesem Schablonenhaften etwas entdecken wollen, das interessant genug wäre, um erforscht zu werden. Ich gestehe Ihnen offen, ich habe solche Ambitionen nicht mehr. Sie sind ein Idealist, Herr Kollege, und das ist kein Schimpfwort. Ich schätze es, wenn man sich nicht mit dem Greif- und Sichtbaren begnügt. Aber... der Erfolg?"
„Man lernt aus allem, ich kenne nichts Interessanteres als die landläufigen Fälle, die es im Grunde gar nicht gibt. Denn jeder Mensch hat soviel in sich, von dem er nichts weiß oder das er nicht wahrhaben will, daß es interessant ist, die Menschen dazu zu bringen, sich selbst ernster zu nehmen als ihre Krankheit."
Justus Hildebrandt, der rein zufällig die Annonce Angelas in der „Medizinischen Welt" gelesen hatte, stammte aus Osnabrück. Die gegenwärtigen Machtverhältnisse hatten ihm, dem Fünfunddreißigjährigen, die Laufbahn mit einem Schlage versperrt. In den ersten Jahren nahm man wenig Notiz von ihm, er konnte sogar am Krankenhaus in Hannoversch Münden arbeiten; aber seit den Novembertagen des Jahres 1938 war eine Betätigung an einem öffentlichen Krankenhaus für ihn völlig unmöglich geworden. So begrüßte er die Möglichkeit, in den Norden zu gehen, um eine kleine Stelle als Assistent in einer Privatpraxis anzunehmen.
Hildebrandt fand seine Kollegin Angela sympathisch-klug, trotzdem er von früher her eine Abneigung gegen weibliche Ärzte hatte. Aber Angela war eine Ausnahme, das begriff er. Er mußte oft an seine Mutter denken, die schon zwanzig Jahre tot war, an deren Rüstigkeit und Unermüdlichkeit. Angela erinnerte ihn oft an sie. Er sagte es auch.
„Das ist ein Kompliment, Kollege ..., ich komme allmählich in das Alter, in dem es nicht mehr beleidigt, wenn man mit einer Mutter verglichen wird."
Justus und Angela arbeiteten miteinander, sie lernten sich gegenseitig schätzen, Justus konnte oft Bemerkungen nicht unterdrücken:
„Warum sind Sie bloß Landdoktor geworden? Sie hätten in einer Stadt große Karriere gemacht."
Angela hatte gerade ihr „Bienen-Kostüm" an und gab nur durch undeutliche Kopfbewegungen zu verstehen, daß sie sein Kompliment begriffen hatte. Als sie dann später wieder in ihrem gewöhnlichen Kleid vor ihm stand, sagte sie:
„Ich hatte jede Gelegenheit, in der Stadt Karriere zu machen. Sogar in Berlin. Aber dann wäre dies alles nicht gewesen ... Dieser Garten hier, die

Bäume und das Getier... Es hat mich mehr gelockt als die ‚Karriere'. Wir wollen uns doch abgewöhnen, mein lieber Justus" (sie nannten sich jetzt beim Vornamen), „etwas zu bejammern, sonst könnten Sie noch am Ende die Zeit beklagen, die sich so unfreundlich gegen Sie gezeigt hat. Kennen Sie eigentlich jenen Dichter, der einmal in Worpswede lebte, ich meine Rainer Maria Rilke, er schrieb im ‚Requiem' für den Grafen Kalckreuth: ‚... Wer spricht vom Siegen, Überstehen ist alles.'"

Justus nickte mit dem Kopf, meinte:

„Ein schönes, unzeitgemäßes Gedicht. Eine meiner Marotten – ich nenne es so, denn ich habe einen angeborenen Respekt vor der ‚Idee', und so nenne ich es Marotte –, eine von diesen Marotten ist meine unüberwindliche Abneigung gegen die Überschätzung des Erfolges. Es scheint mir überhaupt, daß daraus alles Unheil in den letzten hundert Jahren gekommen ist. Nicht der Wert entscheidet, sondern der Erfolg. Und ich halte es für einen Denkfehler, das ist meine Marotte ..."

Angela stimmte innerlich zu, ihr ganzes Leben war eigentlich nichts weiter gewesen als die Erfüllung ihres Traums. Der „Erfolg" war ihr immer gleichgültig; Erscheinungen wie Daniel Erdmann bewiesen die Unmoral dieser Auffassung. Und heute? Es war alles auf den Erfolg hin aufgebaut, und wenn der Erfolg ausbleiben würde? Was dann? Niemand konnte sich das vorstellen.

Justus und Angela waren eine glückliche Ergänzung. Er hatte genug erfahren, um mit den bescheidensten Ansprüchen im Leben zufriedenzusein, und sie war nun alt genug geworden, um zu wissen, daß man nie im Leben mehr erreichen kann als eine gewisse Art von Zufriedenheit und das Bewußtsein, kein nutzloses Dasein zu führen.

Als Dr. Hildebrandt und Angela zum ersten Male oben im Café erschienen, gab es nach anfänglicher Verwunderung doch Freude und Zustimmung zu dem neuen Gast.

Die einzige Gefahr bildete die Anwesenheit von Franz Theodor Knagge, der es darauf anlegte, durch, wie er meinte, geschickte Fragen aus dem Arzt herauszubekommen, was eigentlich der Grund sei, daß er hier oben im Moore eine Stellung angenommen hatte. Aber Justus war gewitzt genug, um Fragen dieser Art ungenau zu beantworten.

Benno Ladenburg hingegen begrüßte den jungen Doktor wie einen alten Bekannten. Er hatte sofort gefühlt, daß dieser Dr. Hildebrandt einer war, der seine eigenen Ideen hatte.

Franz Theodor Knagge war bald vom Tisch verschwunden. Es war für Angela eine große Beruhigung, festzustellen, daß die wenigen Künstler, die hier am Tisch saßen, sich in keiner Weise von den Ereignissen der Politik hatten verändern lassen.

Sie mußte lachen, als Henry Hatje plötzlich entdeckte, daß der junge Doktor in der Lage war, mit ihm das Klavier zu bearbeiten. Justus hatte Humor genug, er tat es mit jener Ungeniertheit, die ihm ganz selbstverständlich war. Angela und Elisabeth verbrachten den Abend damit, die guten Worpsweder Bürger zu beobachten, die vereinzelt in das Café kamen, um ihr Getränk einzunehmen.
Drüben saß der Apotheker Mackeldey, von dem Angela wußte, daß er mit den Strömungen der heutigen Zeit sehr liebäugelte. Ihr fiel es auf, daß Franz Theodor Knagge an Mackeldeys Tisch erschienen war und sich zu ihm setzte. Sie machte eine spöttische Bemerkung darüber zu Elisabeth, die vor sich hinlachte.
Der Lärm, der von Henry Hatje nun in Begleitung des jungen Doktors ausgeführt wurde, schien unerträglich zu werden, denn plötzlich erschien Benno Ladenburg und sagte:
„Spielt ein bißchen leiser, die anderen Herrschaften haben sich schon beschwert."
Doch das war für Henry Hatje so, als ob man Öl ins Feuer gießt. Er führte einen waren Indianertanz auf, tobte auf dem Diskant, während Justus eine sehr unharmonische aber rhythmische Begleitung der Bässe vollführte.
Angela rief zum Flügel:
„Kinder ... seid verständig. Sonst bekommt ihr alle Worpsweder Bürger auf den Hals."
Und Henry Hatje, als ob er nur darauf gewartet hätte, spielte nun in schmalziger Weise Walzer und Lieder, dazu einige zeternde, glockenähnliche Melodien in den höchsten Tönen, daß Angela nur den Kopf schütteln konnte. Justus saß bald neben ihr, sagte:
„Dieser Hatje ist ein toller Kerl, aber sein Temperament ist echt, seine Frechheit auch, zu alledem ist er begabt. Aber er wird sich um den Kopf spielen. Das ist heutzutage leicht."
Benno Ladenburg schwebte wie ein vermittelnder Engel zwischen dem Künstlertisch und denen der Worpsweder Bürger hin und her. Es war sehr anstrengend für ihn, er liebte es keineswegs, aber was sollte er tun?
Es war zehn Uhr, als die Gäste des Künstlertischs allmählich verschwanden, nur Angela nicht, während Justus meinte:
„Ich will lieber nach unten gehen, Angela, es könnte doch ein Patient kommen."
„Sie sind ein gewissenhafter Bursche, mein Lieber, oder ist es Ihnen hier nicht gemütlich genug?"
„Gemütlich? Ich kenne dieses Wort seit einigen Jahren nicht mehr. Wenn man sich immer im Verteidigungszustand befindet, dann kennt man es nicht, und doch ist es eigentlich Leben. Vielleicht lerne ich es wieder."

Henry Hatjes Spiel begann allmählich kummervoll und gar nicht fröhlich zu werden, so daß Angela zu ihm hinüberrief:
„Hör schon auf ... Tobe deinen Weltschmerz nicht auf dem Flügel aus, es klingt nicht schön."
Und dann setzte sich Henry Hatje an den Tisch, bestellte sich ein Bier, das er gar nicht mochte, aber für Wein fehlte ihm das Geld. Elisabeth war noch da, sie war der Schatten, der unaufdringliche und wachsame Schatten über dem Tun und Treiben ihrer geliebten Freundin. Angela sagte:
„Weißt du, Henry, ich bin froh, daß ich den neuen Doktor habe. Er ist nicht nur ein anständiger Kerl, hat auch viel durchgemacht. Verstehst du das eigentlich, Henry?"
Henry Hatje sah Angela an, er sagte:
„Hast du schon einmal bemerkt, Angela, daß ich eigentlich von nichts etwas verstehe? Wir Künstler sind im Grunde Trottel, wir malen und musizieren, schreiben Gedichte, himmeln den und jenen an ... Und plötzlich fällt uns die Welt auf den Kopf. Dann sind wir sehr erstaunt. Ich kenne das. Ich kann es nicht ändern. Du bist ein kluges Frauenzimmer, Angela, aber vielleicht zu klug für eine Frau ..., na, du hast ja schon genug Erfahrungen gesammelt, als daß dir meine Meinung nützlich sein könnte."
„Du bist ein großes Kind, Henry, du treibst Schabernack, der gut klingt, in Tönen und in Farben, und dann rutschst du in irgendeine dunkle Sache, die du Liebe nennst, aber etwas ist, das ich nicht verstehe. Ich will dir mal etwas sagen, Henry, ich bin kein richtiger Doktor, die Kunst hat mich ein wenig angekratzt, deswegen habe ich eine Vorliebe für euch, für dich ..., nicht für diesen Herrn Knagge ..., aber ich glaube, das Spiel, die Improvisation, ist etwas, das mir das Leben erst wertvoll macht. Ich bin nicht klug, Henry, ich habe nur entsetzlich viel gesehen, ich sehe es noch, ich ahne es, ich fühle es, aber ich muß es bei mir behalten. Ich bin kein Künstler wie du ..."
„Du spielst wunderbar Klavier, Angela, du verstehst etwas davon, ich trommle nur. Ich schreie, ich brülle, ich singe laut, wie ein kleines Kind, das seine Angst übertönen will."
Dies war ein Abend, wie er sich öfters ereignete. Der Schwung von früher, die Harmlosigkeit waren verschwunden. Selbst der politisch nicht interessierte Mensch von 1939 wurde von Dingen berührt, die er eigentlich nicht verstand. Angela pflegte zu sagen:
„Wir leben in einem Käfig, er nimmt uns die Freiheit und versperrt uns den Ausblick auf das Kommende. Ich fühle es genau, ich weiß es sogar, daß sich all dies auflösen wird. Nichts wird übrig bleiben."
„Als in jener Nacht im November 1938 die Scherben klirrten, das Glas splitterte und die Brutalität triumphierte, da war für mich mein eigentliches

Leben zu Ende.“ Justus sagte es, er dachte viel über die Dinge nach, die er nur selten aussprach.
Angela und Dr. Hildebrandt wurden immer mehr zu einem Paar, das sich die äußeren Schwierigkeiten gegenseitig zu erleichtern suchte.
Es war ein schweres Leben, aber Angela verstand es, aus ihren täglichen Sorgen etwas zu machen, das die Dinge unwichtig machte. Sie lebte dahin, sie fühlte die Vorgänge um sich herum so stark wie nie zuvor, aber man merkte es ihr nicht an.
Nur manchmal beobachtete sie, wie Justus fahriger und nervöser wurde, sie verstand es nur zu gut.
Sie entwickelte in sich eine Ruhe, die keine war, sondern eine Bewegtheit, die auf der Stelle blieb. Es war ihr manchmal, als ob alles zum Stillstand gekommen wäre.
Die Ereignisse wurden immer lärmender, sie tönten sogar in das entlegene Moordorf, sie verfälschten die Größe der Natur. Denn plötzlich begann man Wege zu bauen, Straßen, Bäume wurden gefällt, Brücken erneuert, alles das beobachtete Angela mit wachsendem Schrecken.
Eines Tages kam Malvine, sie war nicht allein, in ihrer Begleitung befand sich ein Mann in Uniform, er sah ziemlich intelligent aus, aber er schien eine Rolle zu spielen, die nicht zu ihm paßte.
Mit dem falschesten Lächeln sprang Malvine aus dem Auto, begrüßte ihre Freundin, rief den Herrn herbei, sagte:
„Dies ist der SS-Major Kaubke, von Beruf Rechtsanwalt, er berät mich bei meinen Arbeiten.“
Angela sah erstaunt auf, sie wollte fragen:
„Was für Arbeiten?“ Aber sie unterließ es.
Sie führte Malvine und ihren uniformierten Freund ins Haus, rief Tine, daß sie Kaffee machen sollte, und dann setzte sie sich zu ihren Gästen. Malvine war länger als ein Jahr nicht dagewesen, sie hatte sich kaum verändert, nur ihr Gesicht schien schmaler geworden zu sein, ihre Bewegungen waren bestimmter als vorher, und das, was sie sagte, hatte einen Klang, den Angela nie gehört hatte. Es war, als ob aus Malvines Stimme etwas spräche, das nicht zu ihr gehörte.
War es ein Unglück oder Zufall, daß plötzlich Dr. Hildebrandt im Zimmer stand? Er hatte seinen Arztkittel an, denn die Sprechstunde hatte eben begonnen. Angela winkte ihm und sagte:
„Das ist mein Assistent, Dr. Hildebrandt ...“
Malvine gab ihm die Hand, während der SS-Offizier die Hand zum Hitlergruß ausstreckte.
Justus hatte ein freundliches Lächeln und war sehr liebenswürdig, er schien beschäftigt zu sein und verstand es, allen Fragen Malvines auszuweichen. Er

verabschiedete sich rasch, ohne eine Tasse Kaffee zu trinken. Als er draußen war, sagte der SS-Offizier Kaubke:
„Warum ist dieser junge Doktor nicht selbständig? Warum arbeitet er nicht wenigstens in einem öffentlichen Krankenhaus?"
Angela antwortete ruhig:
„Haben Sie das nicht gesehen, Herr Major, er ist doch ein Krüppel, er hat einen Klumpfuß ..."
Der SS-Offizier sagte nichts mehr, Malvine fing an zu schwatzen, sie wollte über alles Bescheid wissen, sie tat so, als ob dieses ganze Worpswede ihr Eigentum sei. Und sie erkundigte sich nach allem, sie fragte nach Henry Hatje, nach Elisabeth, nach Johanna, und wie nebenbei fragte sie:
„Was macht denn Herr Knagge?"
„Er ist tätig ... Er malt ... Er hält Reden ... Er ist ein Vertreter der Reichskulturkammer."
Der SS-Offizier wurde aufmerksam, sagte:
„Ich möchte ihn eigentlich einmal besuchen, so etwas interessiert mich nämlich."
Angela schien es überhört zu haben, aber Malvine sagte sofort:
„Auf der Rückfahrt können wir bei ihm vorbeifahren, Fritz."
Malvine und ihr Freund gingen mit Angela durch den Garten, die Arbeitsleistung der Ärztin war erstaunlich, die Obstbäume waren voller Blüten, die Ställe und Gehege der Tiere angefüllt mit Hühnern und Enten, in einem der Gehege waren kleine Hündchen, es waren schottische Terrier, die drollig aussahen. Selbst die Bienenkörbe wurden besichtigt, obwohl es bedrohlich in ihnen summte. Der SS-Offizier schien begeistert zu sein, er sagte:
„Und das machen Sie alles allein, Fräulein Doktor? Und Ihre Praxis auch?"
Angela antwortete, daß sie Hilfskräfte hätte und daß ihr das alles großen Spaß mache. Da sagte der SS-Major plötzlich:
„Ein Mensch wie Sie, Fräulein Doktor, ein so tatkräftiger und so unternehmender, würde doch gut in unsere Bewegung passen, ich verstehe nicht, warum man Sie nicht zu einem Posten geholt hat."
Malvine machte ein undurchdringliches Gesicht, sie schob ihren Arm unter den Angelas, flüsterte:
„Ich verrate dich schon nicht, Angela ..."
Angela beherrschte sich, sie blieb gelassen und freundlich, brachte ihre Gäste zum Ausgang, an dem das Automobil stand. Es war ein Mercedeswagen, an dessen Kühler eine Hakenkreuzfahne wehte.
Sie hörte noch das schnarrende „Heil" des SS-Offiziers, sah das Winken Malvines, sie lächelte und wußte zur gleichen Zeit, daß es maskenhaft war. Sie wußte, daß sie sich feige benommen hatte, unwahr und verlogen, sie war sehr unzufrieden mit sich selbst.

Als sie ins Haus schritt, das Wohnzimmer betrat, stand Justus da. Angela gab ihm die Hand, sagte nur:
„Justus, wie schlecht sind doch alle Menschen."

Das Zusammenarbeiten zwischen Justus und Angela war durchaus erfolgreich; sie ergänzten einander, das ist zwar eine Phrase, die meist nichts aussagt, doch in diesem Falle paßte sie genau. Angelas praktische Erfahrung, ihr geradezu intuitiver Blick, Krankheiten zu entdecken, auch wenn noch keine Symptome sichtbar waren, und Justus' Begabung, die wissenschaftlichen Zusammenhänge zu erkennen, alles das ergab diese „Ergänzung", dies erfreuliche Miteinander-Arbeiten.
Es geschah, daß Angela in ihrer zurückhaltenden Art den Besuch Malvines und des SS-Offiziers einfach den „Zwischenfall" nannte. Sie äußerte es, und Dr. Hildebrandt meinte zögernd:
„Sehr gut formuliert, Angela, aber Zwischenfälle sind oft folgenreich. Sehen Sie dies ganze heutige System an, wenn man gutmütig ist, könnte man es auch einen Zwischenfall nennen. Aber wenn man nicht so gutmütig ist, dann ist es die klare und unzweideutige Tragödie, die Deutschland geradewegs in den Abgrund führt."
Dies Gespräch fand an einem Sonntag statt, der beiden Ärzten Zeit gab, sich mit sich selbst zu beschäftigen.
Angela ging nach dem Mittagessen in das Haus von Johanna Wunderlich, in dem auch Elisabeth wohnte.
Die beiden Frauen lebten miteinander, sie respektierten ihre gänzliche Verschiedenheit, sie machten sich keine Vorschriften und vertrugen sich daher aufs Beste.
Johanna freute sich aufrichtig, als Angela erschien. Sie bat sie in die Wohnstube, die, wie alles bei Johanna, geschmückt war und beinahe festlich aussah wie ein Ausstellungsraum. Die Webereien waren ausgebreitet, sie hingen auch an den Wänden zusammen mit vielen Zeichnungen und Bildern von Kaspar Wunderlich.
Auf einem kleinen Tisch in der Ecke stand ein behäbiger Samowar, den Kaspar Wunderlich kürzlich aus der Sowjetunion geschickt hatte.
Johannas Gesicht war freundlich und ohne jeden sichtbaren Ausdruck, es wurde immer mehr zu einem Gesicht, wie es in der Moorgegend üblich war, ein Bauerngesicht. Die noch blonden Flechten waren von weißen Haaren durchzogen, das einst schwunghafte Antlitz war streng geworden, ohne bitter zu wirken.
Nach einiger Zeit kam Elisabeth, sie hatte ein selbst gewebtes, sehr buntes Kleid an und sah in ihrer Zerbrechlichkeit reizvoll aus.

Die drei Frauen saßen um den Kamin, in dem einige Holzscheite brannten, es knisterte und knackte, sonst war es still. Angela war schweigsam, sie genoß den Nachmittag wie ein wohliges Bad. Weder Johanna noch Elisabeth waren neugierig. Der Klatsch des Künstlerdorfes hatte hier kein Echo; auch die Politik und die Ereignisse in der Welt wurden mit keinem Wort erwähnt. Johanna sagte:
„Ich weiß nicht, seit meiner Jugend kann ich es mir nicht erklären, warum man so gerne in den brennenden Kamin starrt. Es hat etwas Faszinierendes."
Um sechs Uhr stand Angela auf, um nach Hause zu gehen. Elisabeth sah sie wie erschrocken an. Angela sagte:
„Begleite mich doch, Elisabeth."
Als sie zu Hause ankamen, saß Justus auf der Veranda, er hatte seinen Trainingsanzug an, eine Baskenmütze auf dem Kopf und sah aus wie ein bretonischer Fischer.
Er las nicht. Er hatte nachgedacht.
Angela erkundigte sich bei ihm, ob sich irgendetwas ereignet hätte, aber Justus verneinte.
„Ich habe eigentlich das Gefühl, Angela, daß ich nie eine bessere Zeit hatte als diese", sagte Justus.
Angela lächelte in ihrer unverbindlichen Art, aber machte ein so freundliches Gesicht, daß Justus ihre Anteilnahme begriff. Er sagte noch:
„Ich weiß nicht, wer den Ausdruck geprägt hat, jemand hat einmal gesagt: ‚Wir sind alle Tote auf Urlaub...'"
„Nennen Sie das, freundliche Gedanken haben?" fragte Angela, aber Justus schüttelte den Kopf, meinte:
„Gedanken sind meist unfreundlich, das Denken ist überhaupt etwas, das den meisten Menschen wenig Freude bereitet. Das Denken führt nämlich zu Erkenntnissen. Und diese sind immer... sagen wir... unfreundlich."
Angela setzte sich neben Justus auf einen Stuhl, sagte:
„Es gibt Menschen, für die es reines Glück bedeutet, die Dinge zu erkennen. Aber es sind meist solche Menschen, die keineswegs beabsichtigen, aus ihren Erkenntnissen praktische Schlüsse zu ziehen. Es sind Gedankenspieler, und ihr eigenes Leben hat nichts damit zu tun."
Justus sah sie an, sein Gesicht schien Angela im Augenblick so klug zu sein, wie sie es selten gesehen hatte. Sie sah darin Wissen und jene Güte, die ihr das Höchste schien, das ein Mensch erreichen konnte.
Sie dachte: Ich bin zu alt um zu lieben, aber Hermann scheint wieder auferstanden zu sein. Der Arme ..., der sein Leben lassen mußte für einen Wahn, der heute wieder einmal die Massen ins Unglück stürzt. Laut sagte sie:

„Ich könnte Sie warnen, mein lieber Justus, vor den Konsequenzen, die ein jeder von uns ziehen muß, wenn er Erkenntnisse hat, denn Sie sind aus jenem Holz geschnitzt, aus dem die Märtyrer gemacht sind. Über die Sache sind wir im klaren, nicht wahr?"

Elisabeth stand auf, sie war wie ein Schatten im Dunkeln, sagte nur:

„Ich muß jetzt wieder hinuntergehen, Angela, ich möchte so gern hierbleiben ..., aber es geht doch nicht."

Sie verschwand.

Angela und Justus saßen stumm auf der Veranda, plötzlich hörten sie das Rufen eines Kuckucks, Angela zählte laut die Anzahl der Rufe, es waren sechs. Sie sagte:

„Also sechs Jahre noch ... sechs Ewigkeiten noch ..., oder sind es nur sechs Minuten? Was meinen Sie, Justus?"

Justus lachte leise, dann sagte er:

„Ich glaube weder an Kuckucksrufe noch an das Horoskop, ich glaube ..., daß das Ungerechte in der Welt sich einmal ausgleichen wird. Ob wir es erleben, spielt keine Rolle. Aber es wird geschehen, Angela, denn sonst wäre ja alles sinnlos."

35. Kapitel

Rückkehr zu sich selbst

Angela war nun allein.

Dr. Hildebrandt war nicht mehr ihr Assistent; es war kurz nach dem Kriegsausbruch, im Oktober 1939, als plötzlich der Ortsgruppenleiter bei Angela erschien und ihr eröffnete, daß es nicht gestattet sei, einen halbjüdischen Arzt zu beschäftigen.

Angela hatte alle ihre Vorsicht vergessen, sie war sehr offen und gerade gewesen, als sie dem Ortsgruppenleiter sagte:

„Ich bin eine Privatärztin, ich kann anstellen, wen ich will. Zeigen Sie mir das Gesetz, das die Anstellung von Halbjuden in einer Privatpraxis verbietet."

Der Ortsgruppenleiter konnte ihr das Gesetz nicht nennen, aber er sagte:

„Sie handeln gegen das Volksempfinden, Fräulein Doktor. Sie werden eines Tages die Konsequenzen zu tragen haben, ich warne Sie, dieser halbjüdische Arzt kann seine Kenntnisse an anderer Stelle verwenden. Und wir werden ihm die Stelle zuweisen, nicht Sie."

Das Gespräch, das Angela führte, war im Sinne der Nazis beinahe Hochverrat. Sie bestritt, daß die Parteileitung eine Ahnung vom Volksempfinden hätte.

„Gehen Sie nur ruhig auf die Dörfer, Herr Ortsgruppenleiter, aber nicht in Ihrer Uniform, sondern als Bauernknecht, Sie würden Augen machen, was das ‚Volksempfinden' über den Krieg denkt."

So sprach Angela, und der Ortsgruppenleiter konnte sie kaum zum Schweigen bringen, aber dann kam Dr. Hildebrandt, reisefertig, mit Hut und Mantel, einen kleinen Koffer in der Hand, sagte:

„Ich darf Ihnen keine Ungelegenheiten machen, Angela. Ich danke Ihnen für alles."

Zu dem Ortsgruppenleiter sagte er:

„Ich bin bereit. Ich fahre mit Ihnen. Bringen Sie mich ins Konzentrationslager oder ins Zuchthaus?"

Der Ortsgruppenleiter stand im Zimmer, er knöpfte seinen Mantel zu, sagte:

„Wir haben in der Wehrmacht Platz genug für Leute Ihres Schlages." –

Das war vor drei Jahren geschehen; nun schrieb man 1942, und der Krieg mit der Sowjetunion war in vollem Gange.
Von Justus hatte sie seit langem nichts gehört, sie fühlte aber, daß er lebte, tätig war, denn er gehörte zu den Menschen, die geschickt genug waren, ihrer Idee zu leben, auch wenn die Schwierigkeiten noch so groß waren.

Ein Hund aus dem Zwinger, der jetzt besonders häufig in ihrer Nähe war, er war kurzbeinig, langohrig, mit klugen Augen und spitzer Nase, hatte den Namen „Oslik", das zu Deutsch „Eselchen" hieß. Er schien alle Wünsche und Gedanken seiner Herrin zu erraten. Wenn Angela nachdenklich war, dann saß Oslik bei ihr, hatte den Kopf auf einen ihrer Schuhe gelegt und schnupperte hingebungsvoll. Fuhr sie aber auf Praxis, so war der kleine schwarze Hund der erste, der in das Auto hopste, und es gab sogar mit Elisabeth oft eine Eifersuchtsszene, denn Angela wollte unter keinen Umständen auf die Gegenwart des Scotch-Terriers verzichten.
Elisabeth wohnte nun in Angelas Haus; sie war dieselbe geblieben wie einst, sie empfand dienende Liebe und Bewunderung für die Ärztin, war unermüdlich im Warten und Wachsein, sie hing an Angelas Lippen, als ob von ihnen die Weisheit der Welt strömte.
Elisabeth saß neben ihr im Auto, das nun ein kleiner offener Opel war, mit cremefarbiger Karosserie und roten Polstern. Angela fuhr wie zu allen Zeiten in die Dörfer, um Kindern auf die Welt zu verhelfen oder alten Leuten das Sterben zu erleichtern.
Angelas Gesicht war wettergebräunt, nur ihre Augen leuchteten wie einst, sie waren jung geblieben und hoffnungsvoll, aber ihr Gesicht war gegerbt wie Leder, das Frauliche hatte sich verflüchtigt, der Mund war meist fest geschlossen und hart, nur Angelas schlanke, unendlich ausdrucksvolle Klavierspielerhände waren weiß und schön gegliedert.
Sie trug meist einen Anzug aus Manchesterstoff mit Hosen, die in hohen Lederstiefeln steckten. Eine Kappe verdeckte das kurzgeschnittene Haar, und es konnte bei flüchtigem Hinsehen kaum jemand sagen, ob es eine Frau oder ein Mann sei. Die Menschen im Moor, die Patienten, nannten sie „den alten Doktor".
Aber wenn das Wort „alt" jemals ein ungerechtes war, so hier. Denn es war alles äußerlich, was von ihr abgefallen war, im Innern war Angela dasselbe zarte, überempfindliche Wesen, das vor 53 Jahren am Rhein geboren wurde.

Angela, die praktische und tätige, hilfreiche Ärztin, konnte sich immer weniger entschließen, die Geschehnisse in der Welt zu ignorieren. In ihr

erwachte die Anteilnahme an allen Dingen, die in einer tendenziös gefärbten Aufmachung dem Publikum mitgeteilt wurden. Daß sie am Abend mit Elisabeth am Radio saß und so viele ausländische Sender wie möglich hörte, war ihr selbstverständlich.
Sie konnte es tun, seit Tine geheiratet hatte und nicht mehr in ihrem Hause wohnte. Eine Hilfe kam jeden Morgen, ebenso der Gärtner und einige andere Leute, für die sie immer etwas zu tun hatte.
Aber die beiden Frauen waren gesichert und einsam im Haus, sie hörten die Stimmen, die einen deutschen Sieg nicht nur anzweifelten, sondern auch mit Tatsachen widerlegten. Churchills Stimme war ihr sowohl bekannt wie die des Präsidenten Roosevelt. Für Angela war dies alles nur eine Wiederholung dessen, das sie 1918 schon einmal mitgemacht hatte. Sie äußerte zu Elisabeth:
„Aber diesesmal wird es noch viel furchtbarer werden, denn das Gebäude dieser staatlichen Unordnung wird mit solchem Getöse zusammenkrachen, daß wir von Glück sagen können, wenn wir nicht zerschmettert werden."
Sie hörten die Stimme des Generalleutnants Dittmar, der die militärischen Nachrichten im Sinne der deutschen Regierung bekanntgab, aber hinterher hörten sie das sachlich gleichmäßige Organ des Engländers Lindley Frazer, der Feststellungen zu militärischen und politischen Nachrichten machte.
„Es ist ein wenig angenehmes Gefühl, in der Mausefalle zu sitzen. Aber wenn man sich bemüht, nicht von dem Speck zu fressen, der auf dem Haken aufgespießt ist, dann hat man es leichter, hinauszulaufen. Und ich fresse nicht von dem Speck ..."
Elisabeth sah sie an, sie war für Angela Publikum und Freundin in einer Person. Sie erschrak manchmal, wenn sie daran dachte, daß Angela so einsam war wie niemals zuvor.
Es wurde immer schwerer in Deutschland, die nötigen Lebensmittel herbeizuschaffen. Auch oben im „Café Worpswede" konnte Benno Ladenburg zu dem immer dünner werdenden Kaffee wenig mehr anbieten. Die Künstler, die gewohnheitsmäßig ins Café gingen, wurden immer verschlossener, und selbst Henry Hatje hatte selten noch Lust zu spielen.
Das Leben war trübselig geworden. Man konnte nicht mehr an eine Zukunft glauben. All die Kämpfe, Siege und „taktischen Rückzüge" stimmten einen erfahrenen Menschen wie Angela bitter und hämisch. Dabei war Franz Theodor Knagge so „aufgedreht" wie am ersten Tage; er hatte nur keinerlei Erfolge zu verzeichnen. Die Menschen waren zu erfüllt von ihren täglichen Sorgen, als daß sie sich für Dinge interessierten, die außerhalb des Essens und Trinkens lagen.
Mit dem Beginn des Jahres 1943 wurden die Luftangriffe der Engländer immer zahlreicher; die Stadt Bremen wurde ein häufiges Angriffsziel. Aber

auch tiefer im Lande, in Hannover, Hamburg und sogar in Berlin, waren Luftangriffe.

Wenn Angela allein zu Hause war, dann erschien es ihr, als ob ihr Leben stehengeblieben wäre. Alle ihre Pläne und Hoffnungen, die für sie früher selbstverständlich waren, existierten nicht mehr. Wenn sie dann ans Klavier ging, um einige Akkorde zu spielen, dann war es ihr oft, als ob sie es selbst nicht mehr wäre, die das alles tat. Sie sagte einmal zu Elisabeth:

„Ich habe oft das Gefühl, als ob ich nicht mehr vorhanden wäre. Alle diese Pflichten, die Praxis, der Garten und die Tiere, all dies erhält mich künstlich am Leben."

Als sie Elisabeths erschrockenes Gesicht sah, überkam sie ein freundschaftliches Mitleid, sie umfaßte das Mädchen, sagte:

„Daß es dich gibt, Elisabeth, ist so wichtig für mich. Nach all den Erfahrungen und Erlebnissen sind nicht alle Menschen zu Gespenstern geworden, du nicht, Elisabeth."

Und dann saß die schwarze Gestalt des Scotch-Terriers vor ihr, Oslik drehte den Kopf schief, machte seine neugierigen, beinahe menschlichen Augen, so daß Angela ihn streicheln mußte. Er schmiegte sich an sie, legte sich auf den Boden, zappelte mit seinen kurzen Beinen in der Luft.

„Ja, ja, Oslik, du bist auch noch da und tummelst dich auf der Erde, die sicher so angenehm riecht wie immer, du weißt nichts von Zeitungen, du verstehst nicht die menschliche Sprache, aber den Klang meiner Stimme verstehst du und begreifst, was ich meine ..."

Oslik wälzte sich auf den Rücken und stieß Laute der Zufriedenheit aus. Angela dachte:

Man müßte ein Tier sein, aber keines zum Schlachten, kein ausgebeutetes Menschenobjekt, sondern ein Lebewesen ..., oder man müßte eine Blume sein, für die das Verwelken nur ein sanftes Einschlafen ist. Laut sagte sie:

„Weißt du, Elisabeth, ich würde es strikt ablehnen, als Biene wieder zur Welt zu kommen. Bei denen ist alles so ... organisiert, zweckhaft und nützlich, sie gehorchen einem Gesetz, das sie sich vielleicht selbst geschaffen haben oder Gott. Aber lassen wir ihn aus dem Spiel, er wird für alles verantwortlich gemacht, auch für die menschliche Unzulänglichkeit. Vielleicht könnte man sogar ein richtiger Mensch werden, in einigen tausend Jahren ... Lebendig sein, sich am Dasein freuen, die Mühsal der Arbeit nicht so spüren, mit einem Wort: brauchbarer und haltbarer."

So sprach Angela jetzt öfters, es schien, als ob sie die Enttäuschungen ihres Lebens begreifen würde.

Elisabeth lebte in einer fortwährenden Angst, da Angela immer verschlossener und seltsamer wurde. Es war, als ob die Außenwelt keinerlei Macht über sie besäße. In ihr spielte fast immer eine Musik, die sehr irdisch war,

aber entmaterialisiert und nicht niedergeschrieben. Angela fühlte sich langsam hineinwachsen in das Dasein der Tiere, die der Mensch in seinem überheblichen Stolz verachtet, knechtet und tötet.
Oslik wurde ihr Schatten, zwischen Angela und ihm war ein nie endendes Gespräch, ein lautloses und innerliches. Nur überhebliche Naturen glauben, daß Tiere nicht denken, und die Religionen, die den Tieren die Seele absprechen, irren gröblichst.
Der Lärm der Außenwelt wurde immer deutlicher, die Ereignisse, die „groß" genannt wurden, berührten auch das kleine Moordorf. Immer mehr Männer verließen ihre Familien, verschwanden in den Armeen, die über ganz Europa verstreut waren.
Angela hörte um diese Zeit mehr Weinen um sich als Lachen. Sie tat alles was in ihren Kräften stand, um die Söhne und Väter ihren Familien zu erhalten. Sie ließ sich gern dafür gewinnen, Körperfehler zu vergrößern, Krankheiten zu verlängern, sie tat alles, um die Menschen zu erhalten und zu verhindern, daß sie sinnlose Opfer wurden.
Für sie war nun das Bild völlig klar: Deutschland war beherrscht von einer Macht, die den einzelnen Menschen nur zum Zweck ihres egoistischen Willens benutzte. Jenes niedrige Kleinbürgertum wuchs, das ihr seit jeher zum Ekel gewesen war.
Ein Mensch wie Apotheker Mackeldey, der sich anmaßte, mit seiner Phraseologie das tödliche Gift der Unmenschlichkeit zu vertreiben, dieser Kleinbürger und innerlich geringfügige Mensch erschien ihr oft wie ein Besessener, der noch dazu glaubte, daß das Recht auf seiner Seite sei:
Eines Abends sagte sie zu Elisabeth:
„Als Nero Rom anzündete, war er ein Pyromane, für den es keinen Ausweg gab. So ist das jetzt: Der Pyromane zündet das Land an allen Ecken an und glaubt, daß er dadurch den Göttern Trotz bieten könne. Doch von oben betrachtet, von ganz oben, vom Himmel, da siehst du einen fressenden Steppenbrand, da leuchtet keine Flamme mehr, da ist nur schwelender Rauch, sonst nichts."

Die Ereignisse in der Welt wurden immer bedrohlicher. Selbst in Worpswede wurde es spürbar, denn je schneller der brennende Ball, der Deutschland hieß, dem Abgrund zuflog, um so verzweifelter wurden die Maßnahmen, die eine Regierung ergriff, um dem Volk die Augen vor der Wahrheit zu verschließen.
Es änderte sich nichts in Angelas Leben, in der Praxis wie im Garten, sie war vorhanden und bereit zu helfen, zu heilen und das Wachstum zu fördern; nie war der Sommer blühender und üppiger.

Die Ereignisse des 20. Juli 1944 drangen nur in lügenhafter Form an die Ohren der Moorbewohner, aber Angela und andere wußten schon lange Bescheid. Nach der Invasion am 6. Juni war für diese Menschen, die keinen Abend versäumten, die verbotenen ausländischen Sender zu hören, kein Zweifel mehr vorhanden.
„Als anständiger Mensch, als einer, der diesem Verbrecherregime nur das Schlechteste gewünscht hat, wäre nun der Anlaß zum Feiern gekommen. Aber es ist ja nichts mehr da, meine Vorräte sind erschöpft, da ist noch eine Flasche Sekt, aber die bewahre ich mir für den Tag auf, den Tag ..."
Und die Verschworenen vom 20. Juli wurden gehenkt, sie waren Idealisten gewesen, aber zu gutgläubig und dem teuflischen Organisationstalent der anderen nicht gewachsen. Alle diese: Stauffenberg, Gördeler, Leuschner, Haubach, Haushofer und die vielen anderen, es waren Tausende, fielen dem verzweifelten Versuch, Deutschland zu retten, zum Opfer.
Angela und Elisabeth sprachen niemals über Ereignisse dieser Art. In Angela wuchs etwas, das vorher nie gewesen war, das Bewußtsein, daß sie nicht mehr lange Zeit haben würde, sich um die Dinge auf dieser Erde zu kümmern. Wenn sie ehrlich war, und sie war es, stimmte sie dieser Gedanke oft traurig. Es war schmerzlich für sie, dies alles verlassen zu müssen, es war so unvollkommen und so wenig vollendet. Die Kranken ... nun, die würden andere Ärzte bekommen. Aber ihre Pflanzen, für die war es nicht gleichgültig, wer den Boden umgrub und das Wasser ihnen zutrug. Und dann war ja besonders Oslik da, der treue, verläßliche Kamerad.
Es gab manchen stillen Abend, an dem beide kein Wort sprachen. Elisabeth war immer tätig, immer gab es etwas zu nähen, auszubessern oder zu flicken. Angela sah Elisabeth an und fühlte tiefes Mitleid mit ihr.
Der Winter begann sehr früh, schon im September legten sich Nebel ums Haus, sie wurden zwar mittags von der Sonne aufgesogen, aber schon am Nachmittag lag wieder das dichte Nebelgewölk über dem Dorf und der Landschaft.
Und dann kam der Winter rasch. Angela spürte es nicht, da sie sich immer wetterfest kleidete, aber sie fühlte, wie die Erde sich verhärtete, die Sträucher vertrockneten, die Tiere sich verkrochen, sie empfand das alles wie einen mahnenden Gruß aus dem Jenseits. Oft dachte sie: Schade wäre das, wenn dies mein letzter Herbst ist. Wer wird das alles hier bewerkstelligen, pflegen und aufbauen? Ach, wie schnell ist doch das Leben vergangen.
Eines Abends sagte Henry Hatje zu ihr:
„Ich möchte dein Bild malen, Angela, ich möchte es wieder einmal versuchen, du hast so interessante Linien bekommen."
„Ist das ein Kompliment, Henry? Warum willst du mich malen? Du könntest vielleicht meine Totenmaske machen."

Henry Hatje sah sie an, sie standen beide auf dem hartgefrorenen Boden in Angelas Garten, er sah ihre beinahe männliche Gestalt, sagte:
„Red' keinen Quatsch, Angela, du wirst uns alle überleben, zu Tode kurieren, ihr Quacksalber lebt ja ewig."
Angela gab ihm einen freundschaftlichen Rippenstoß, dann sagte sie:
„Du alter Hysteriker, du wirst uralt werden, an dir gibt es nichts zu quacksalbern, du lebst ja nur von der Einbildung deiner Empfindungen. Mal ist es Liebe, dann wieder Krankheit oder Tod, aber im Grunde bist du ein großer Schauspieler, du spielst dir selbst etwas vor, dir oder der Frau, die du gerade liebst."
So war das Gespräch zwischen den beiden, es war Ernst und Scherz, Angela konnte nicht genau bestimmen, wo die Grenze lag. Darin mochte sie Henry gern, er nahm nichts übel, man konnte mit ihm sprechen und sich allerhand dabei denken. Laut sagte sie:
„Komm mit ins Haus, Henry, ich habe was aufgetrieben, etwas Eßbares."
„Wie ist das mit dem Trinkbaren?"
„Du alter Säufer, da ist noch so ein miserabler Korn, ich habe keinen Wein mehr, nichts mehr... Also?"
Henry ging mit ins Haus, spielte nach dem Essen einige sentimentale Lieder auf seiner Klampfe und sagte plötzlich:
„Sag mal, Angela, du mußt mir ein Attest verschaffen, damit die Kerle mich nicht zum ‚Volkssturm' holen. Ich will da nicht mitmachen, im vorigen Krieg konnte ich mich ja bequem drücken, aber nun?"
„Ich kann dich beruhigen, du wirst von mir ein Attest bekommen, daß dich keiner nimmt. Du bist eigentlich zu allem ungeeignet, Henry; es ist nicht schwer zu beweisen, daß du auch diesmal das Vaterland nicht mehr retten kannst."
Henry beruhigte sich sichtlich, er bemühte sich, den Gleichgültigen zu spielen, aber es gelang ihm nicht ganz. Neuerdings nannte er Elisabeth immer das Gespenst, aber er sagte es nicht laut, er empfand es nur so. Ihre Lautlosigkeit und fortwährende Anwesenheit waren geeignet, aus ihr ein zeitloses Wesen zu machen. Und Henry, der stets auf neue Abenteuer erpicht war, empfand die ewige Anwesenheit Elisabeths grotesk und störend.
Als sie einmal nach draußen gegangen war, sagte er zu Angela:
„Kannst du von deiner Vitalität nicht etwas an Elisabeth abgeben, Angela? Ich empfinde es besonders in letzter Zeit, daß sie schattenhaft und unwirklich ist, es macht mich furchtbar nervös."
Aber dann kam Elisabeth ins Zimmer, und so konnte Angela nichts antworten, sie verstand Henry wohl, aber vielleicht brauchte sie das, dies Schattenhafte um sich herum, jetzt, wo die Wirklichkeit täglich blasser zu werden schien ...

Die Tätigkeit Angelas wurde nun immer gewissenhafter ausgeführt, sie betrachtete alles um sich herum wie eine Mutter, die besorgt auf ihre Kinder blickt. Der weite Garten, die Obstbäume, die Bienen und die Tiere, alles das wurde von ihr mit einer Liebe betreut, die größer war als je zuvor.
Sie nahm keine rechte Notiz mehr von dem, was in der Welt vorging. Ganz im Gegensatz zu Elisabeth, die stundenlang am Radio sitzen konnte, um irgendeine Nachricht aufzufangen, die klärend oder bestätigend sein konnte. Gerüchte schwirrten umher, selbst in dem Moordorf wurde es den Leuten mit jedem Tag klarer, daß die Katastrophe der Niederlage nicht aufzuhalten sei.
Nur einer ging starr und unbewegt über die Straßen, er hatte noch sein forciertes Gesicht, das Entschlossenheit ausdrücken sollte, aber hinter den Augen von Franz Theodor Knagge sah man doch etwas Flackerndes. Kein Mensch kümmerte sich mehr um ihn, aber er versuchte es, die Verbindung mit seinen Kollegen nicht abreißen zu lassen.
Er hielt keine Vorträge mehr, denn es gab nichts, worüber er hätte sprechen können. Knagge erlebte das Schicksal eines Menschen, der sich in jeder Beziehung isoliert sieht; selbst seine geduldige Frau, die längst keine Liebe mehr zu ihm fühlte, war mitleidig und gab ihm den Rat, doch in andere Städte und Orte zu reisen, wie er es zu den Zeiten getan hatte, in denen er sich als Wortführer und Herold einer Zukunft gefühlt hatte.
Aber Knagge wurde unbeweglicher mit jedem Tage; er saß in seinem Hause, malte Bilder, machte Radierungen oder zeichnete etwas, das überhaupt keinen Zusammenhang mit Politik oder ähnlichem hatte. Die Armseligkeit seines Lebens wurde ihm täglich mehr bewußt. Doch er gab es selbst nicht zu.
Noch nicht einmal sich selbst.
Im Dorf rief man den Volkssturm auf; da war Franz Theodor Knagge wieder dabei, sich an die Spitze zu stellen. Aber der Ortsgruppenleiter, der sich immer mehr darauf besann, daß er ja ein Kind dieses norddeutschen Landes war, gab ihm den guten Rat, möglichst still zu sein. Er sagte:
„Ich brauche Ihnen wohl kaum zu erzählen, daß die Lage ernst ist. Aber wir können jetzt nicht mehr mit Phrasen arbeiten, jetzt, wo es bald darum geht, jedes einzelne Gehöft zu verteidigen."
In jenen Tagen sprengte man sämtliche Brücken in die Luft, man führte den Befehl gewissenhaft aus, sogar die kleinen Holzbrücken, die über die schmalen Wasserstraßen zu jedem Gehöft führten, wurden beseitigt. Und dann erschien plötzlich an den Häusermauern die Inschrift, die nichts weiter war als ein großes „R". Es bedeutete „Rückzugstraße".
Als Angela auf ihren Fahrten dies Zeichen erblickte, verzog sich ihr Gesicht zu einem bösen Lächeln. Sie sagte zu Elisabeth:

„Es ist nur Feigheit, daß sie nicht ein ‚E‘ hinmalen lassen.“
Elisabeth sah sie fragend an. Angela, ohne die Lippen zu öffnen, sagte:
„Kleines Schäfchen, es heißt ‚Ende‘, nichts weiter.“
Das Wort, das Angela ausgesprochen hatte, war in aller Munde. Aber niemand formte es, einige dachten daran, doch dann war ihre Vorstellungskraft zu Ende.
Henry Hatje war der einzige, der seine Meinung überall sagte, er hatte den Vorteil, daß man ihn nicht ernst nahm. Als der „Volkssturm“ ihn anforderte, lief er zu Angela, gebärdete sich so hysterisch, daß Angela ihn anschnauzen mußte:
„Ich schreib' schon auf, daß du zu nichts zu gebrauchen bist. Es ist sicherlich alles Theater bei dir,“ sie maß gerade seinen Blutdruck und behorchte sein Herz, dann sagte sie kopfschüttelnd:
„Ich werde mich hüten zu schreiben, daß du völlig gesund bist. Das wäre schlechte Freundschaft, was?“
„Um Gottes willen, Angela, ich kann nicht einschlafen vor Herzklopfen, ich kann meine linke Hand nicht mehr bewegen, auch das Laufen fällt mir schwer... Und du sagst, daß ich gesund sei ...?“
Angela zog die Augenbrauen hoch, sah ihn spöttisch an:
„Natürlich bist du gesund, aber du bist mir zu schade, in dem großen Affentheater, das so geistlos zu Ende gespielt wird, irgendeine Rolle zu spielen. Du wirst uralt werden, Henry, aber du liegst in jeder Minute im Sterben. Ich erwarte von dir auch nichts anderes. Man kann wahrscheinlich nicht so begabt sein wie du es bist und gleichzeitig normal. Du hast leider alle Chancen, dies Schlamassel zu überleben. Ich persönlich bin nicht neugierig.“
Henry Hatje knöpfte sich gerade sein Hemd zu, zog den unvermeidlichen Sweater an, der zu ihm gehörte seit undenklichen Jahren, und meinte:
„Solange ich diesen Sweater habe, Angela, kann mir nichts passieren.“
Angela sagte kurz:
„Ich rieche es.“
Henry Hatje war wirklich beleidigt, er bewies, daß so ein Sweater überhaupt nie gewaschen werden dürfe, „das wäre genau so, als wenn du einem lebendigen Menschen die Haut abziehen würdest ...“
„Ich bin anderes gewohnt“, sagte Angela, „schlimmeres. Aber du mußt ja wissen, was du tust, vielleicht gehört der Sweater so zu dir wie zu Simson die Haare, also das überlasse ich deinen diversen Frauen, für die der Geruch deines Sweaters vielleicht reizvoll ist.“
Henry Hatje war so geartet, daß er nichts krumm nahm. Wenigstens nichts, was Angela sagte. Er ließ sich von ihr so ziemlich alles gefallen. Es war so, als ob Angela in ihrer ehrlichen und geraden Art seine Neigung zur Schau-

spielerei einfach unmöglich machte. Henry und Angela, ein seltsames Paar, einer ließ dem anderen jede Eigenart, ohne je schulmeisterlich zu werden.
Angela wußte genau, daß sie nicht damit rechnen konnte, alles das zu erreichen, was sie sich erträumt hatte. Wenn sie an ihre Jugend dachte, dann erinnerte sie sich nur an ihren Vater, aber es war ein Schatten. Das Gedächtnis an ihn bestand eigentlich nicht mehr, aber sie wußte, daß es ihn einmal gegeben hatte. Ihre Mutter, die längst gestorben war, hatte ihr nie viel bedeutet. Ebenso der Bruder, der sicher noch lebte, der irgendwo in diesen Krieg hineingerissen war, aber sie wußte nichts von ihm.
Aber Hermann gab es noch, jene unvergleichlichen Jahre des Zusammenlebens mit ihm erschienen ihr heute die eigentliche Zeit ihres Lebens.
Sie dachte oft: Man hat nichts weiter als Gräber, die Toten sind zahlreicher als die Lebenden, und Freunde? Daß sie einmal geglaubt hatte, in Malvine das zu finden, das für sie mehr bedeuten könne als eine vorübergehende Beziehung, erschien ihr heute ferner denn je. Sie wollte nicht wissen, wo Malvine war. Die Bösartigkeit der Zeit hatte sie verschlungen, deren williges Opfer sie geworden war. Was wäre ihr Schicksal, wenn die Katastrophe vollendet sein würde?
Dieser Gedanke kreiste in Angela, sie fühlte genau, daß sie das Ende dieser tödlichen Zeit nicht erleben würde. Sie wußte es.
Es gab zwei Schatten, die mit ihr lebten und um sie besorgt waren: Elisabeth und Oslik. Es war keine Beeinträchtigung, daß es Angela gleich erschien, das liebende Mädchen wie der treue Hund.
Sonst war alles leer und ohne jede Bedeutung.
Es war ein kärglicher Weihnachtsabend, Elisabeth hatte eine kleine Tanne zurechtgeputzt, aber die Freude in Angelas Herzen war nicht mehr vorhanden. Natürlich kam später Henry Hatje, der wieder einmal von einem seiner hysterischen Leiden geplagt wurde. Angela störte es nicht, sie bemerkte es kaum. Man trank einen Punsch, der süßlich war und wenig Alkohol enthielt, das war alles.
Als ob die Natur sich um nichts kümmerte, so war der erste Weihnachtstag da, mit weißer Schneedecke, friedlich und still. Doch es war alles so trügerisch, es war nichts Echtes mehr.
Angela dachte an diesem Tage: Zum Lebendigsein gehört nicht nur das Bewußtsein, daß man auf der Welt ist, viel mehr ist nötig: Schwung, Musik, irgendein Ziel, ein Wille und das Wollen.
Aber das gab es nicht mehr.
Nur das Geistern der lebendigen Gespenster täuschte Leben vor, das in Wirklichkeit nicht mehr existierte.
Angela fragte sich oft, wie lange sie dies ertragen könne, diesen Leerlauf, das Mechanische des Alltags. Sie ertappte sich oft dabei, wie sie Patienten

in der Sprechstunde behandelte, ohne recht zu wissen, daß sie es tat. Es erschien ihr unheimlich, sie hatte das Gefühl, nicht mehr vorhanden zu sein, und war doch tätig, vielleicht tätiger als jemals.
Wenn Elisabeths Augen nicht gewesen wären, die sie manchmal forschend anblickten, wenn nicht oft die Stimme, die zarte und gebrochene Stimme Elisabeths, zu ihr geklungen hätte, die nichts weiter sagte als „Angela ...“, sie hätte nicht mehr gewußt, ob sie wirklich noch auf der Welt war.
Verfrüht und gänzlich unzeitgemäß entdeckte Angela eines Tages auf einem von Schnee aufgetauten Wiesenfleckchen Frühlingsblumen. Es zog sie nieder zu ihnen, sie kniete und versuchte, sie mit den Lippen zu berühren.
Erschrocken kam Elisabeth angelaufen:
„Was ist dir, Angela, fühlst du dich nicht wohl?“
Doch Angela stand wieder auf, aufrecht wie immer, sie deutete lächelnd auf die kleinen Blumen, die der nächste Frost vernichten würde, sagte:
„Das ist doch bemitleidenswert, oder ist es die Grausamkeit der Natur, die sie wachsen und blühen läßt, nur um sie dann zu vernichten.“
Niemals hatte Angela ein „Tagebuch“ geführt, doch nun, in diesen merkwürdigen Tagen, begann sie auf einmal, ein Calico-Schreibheft zu nehmen und ihre Gedanken und Empfindungen zu Papier zu bringen. Es war kein Stolz darin, sie fühlte sich auch gar nicht als Meisterin des Wortes, sie schrieb und schrieb und dachte dabei: Wieviel klarer und besser könnte ich das alles in Musik ausdrücken. Aber der Flügel war unten im Zimmer, er war so weit entfernt, während sie oben in ihrem Schlafzimmer saß an dem kleinen Tisch und Worte aufs Papier malte, die sie gar nicht glücklich stimmten. Sie schrieb:
„... Wer nicht erkannt hat, daß der grausamste Feind des Menschen die Natur ist, weiß nichts vom Leben. Die Natur hat uns geschaffen, aber nur um uns zu vernichten. Es ist furchtbar, in dieser Zeit zu leben, in der Menschen geopfert werden, zu Tausenden, nur um einer kleinen Gruppe von Machthungrigen die Existenz zu verlängern. Aber das ist die Grausamkeit der Natur. Sie schafft Menschen, die nichts weiter tun, als andere zu vernichten. Die Natur ist nicht gütig, der Mensch ist gar nicht gut, man kann im besten Fall von ihm sagen, daß er ein Dummkopf ist. Christus sah es nicht genau, sonst hätte er jenen Satz nicht gesprochen, der da lautet: ‚Herr, verzeih ihnen, denn sie wissen nicht, was sie tun.‘ Ein grundverkehrter Satz, denn sie wußten es genau, damals und heute. Sie wissen es immer. Sie quälen einen anderen zu Tode, nicht nur mit dem Schwert, sondern auch mit dem Wort ...“
Angela stützte den Kopf in die Hand, und dann schrieb sie weiter:
„War es nicht jener gütige Mensch, der damals in München erschossen wurde, war es nicht Eugen Leviné, der zu mir sagte: ‚Die Menschen spre-

chen immer nur von Gewalt, wenn es sich um Handgreifliches dreht. Aber das Wort kann so gewalttätig sein wie das Schwert. Worte morden, sie vernichten Lebendiges. Die Gewalt ist nichts anderes als die entfesselte Natur.' Ja, das hat dieser Mann zu mir gesprochen, und dann ging er in den Tod ..."

Angela saß an ihrem Tisch und schrieb, sie wußte nicht, für wen sie es tat, denn es gab niemanden für sie auf der Welt, keinen Menschen und keine Seele. Zu ihren Füßen war wie immer ihr treuer Oslik, er wimmerte leise im Schlaf und bewegte dabei seine Füße.

Angela dachte: Tiere sind lebendig, sie leben nur in der Gegenwart, keine Tradition zerrt an ihnen, und keine Phantasien für die Zukunft narren sie. Und die Menschen fühlen sich überlegen. Wenn ich nur den Grund wüßte?

Nun war es Februar geworden, es begann schon am Morgen früher hell zu werden, Angela merkte dies, wenn sie nicht mehr schlafen konnte. Sie hörte Elisabeth, die oft bis spät in die Nacht am Radio saß.

Angela fühlte es bis ins Innerste, aber sie konnte keine Freude mehr empfinden, daß nun die Lüge und das Verbrechen bestraft werden würden.

In ihr war es still geworden, so still, daß sie nur mehr den eigenen Herzschlag hörte.

Es geschah in den Anfangstagen des März, daß Angela am frühen Morgen Lärm auf der Treppe hörte ... Sie kümmerte sich sonst nicht um die Geräusche des Hauses, aber sie hörte Malvines Stimme ganz deutlich.

Angela lag noch im Bett, sie richtete sich auf, ihr ganzer Körper spannte sich, sie ahnte eine große Gefahr. Sie verspürte keine Angst, aber hastig zog sie sich an, ging die Treppe hinunter und hörte, als sie ins Wohnzimmer trat, Elisabeth und Malvine zusammen streiten.

„Was gibt es hier eigentlich am frühen Morgen?"

Angela tat so, als ob die Anwesenheit von Malvine sie in keiner Weise berührte. Sie frage Elisabeth nach dem Kaffee, der nach einigen Minuten auf dem Tisch war. Erst dann wandte sie sich Malvine zu, die immer noch im Zimmer stand.

„Setz' dich an den Tisch, Malvine, erzähl' mir was von der Welt da draußen. Du warst doch sicher überall."

„Meine Lage ist nicht sehr angenehm, Angela, ich bin völlig ohne Mittel und wollte dich bitten ..."

„Wieviel?" war alles, was Angela sagte.

Es wurde nicht klar, um welche Summe es sich eigentlich handelte, denn Malvine erzählte eine lange Geschichte, die im wesentlichen nur eines enthielt, ihr eigenes Schicksal; sie erzählte etwas von der „Organisation", die jetzt „umgestellt" werden müsse, aber Angela winkte ab:

„Ich will davon nichts wissen, du kennst mich ja. Daß deine Ambitionen im Augenblick auf Schwierigkeiten gestoßen sind, wundert mich nicht. Ich habe es erwartet. Was willst du tun? Und wieviel brauchst du?"
„Leih' mir..."
„Ich bin kein Geldverleiher, Malvine, ich gebe dir Geld, um Weiteres kümmere ich mich nicht."
Malvine erklärte, daß sie Freunde in Holstein besuchen wollte, für eine kurze Zeit, wie sie sagte. Sie war nahe daran, mit ihrer etwas scharf gewordenen Stimme eine Rede zu halten, aber Elisabeth stand da und sah Malvine nur an, so daß sie verstummte.
Angela gab Malvine die Hand, sagte:
„Laß dir das, was du brauchst, von Elisabeth geben, ich will damit nichts zu tun haben."
Als sie draußen waren, schien es Angela, als ob sie plötzlich ohne jedes Gefühl sei. Sie saß unbeweglich da, als Elisabeth zurückkam, blickte erst auf, wie sie ihre Hand nahm und sagte:
„Sie ist fort, Angela, ich habe ihr..."
Angela winkte ab, sagte:
„Ich möchte mit dem Jagdwagen heute über Land fahren. Es ist Sonntag. Die wenigen Leute, die in die Sprechstunde kommen wollen, können ja warten. Bleib' du hier, Elisabeth."
Angela stand auf, sie mußte sich festhalten, denn der Boden unter ihr schien abschüssig geworden zu sein. Da kam Elisabeth mit Hut und Mantel, sagte:
„Es ist alles fertig, Angela, aber warum willst du nicht, daß ich mitfahre?"
Angela streichelte Elisabeths besorgtes Gesicht, sagte:
„Hab' keine Angst, ich fahre ganz langsam, es ist eine reine Spazierfahrt, aber ich muß jetzt allein sein."

Es war der 25. März 1945, als Angela morgens um fünf Uhr erwachte. Sie wußte, daß es ihr Geburtstag sei, und ein seltsames Gefühl von Bangigkeit und Freude war in ihr.
Als sie ins Wohnzimmer hinunterkam, war der Kaffeetisch schon gedeckt, sogar ein Kuchen stand da, und die Vasen waren mit Frühlingsblumen gefüllt. Elisabeth trat lächelnd auf sie zu, legte die Arme um sie und konnte nichts sagen, denn ihr Mund zitterte so, daß sie nicht sprechen konnte. Und dann kam Oslik mit Bellen in das Zimmer gestürzt, so als ob die stumme Kreatur ahnen würde, daß heute der Festtag seiner Herrin sei. Er sprang an ihr empor, und Angela setzte sich in den Worpsweder Stuhl, der mit Kissen ausgefüllt war. Sie ließ sich von Elisabeth bedienen. Es schien ihr wie ein Wunder, daß dies alles Wirklichkeit war. Sie sagte:

„Also 56 Jahre, ich weiß nicht, ist das eigentlich alt oder nicht? Ich kann es dir nicht sagen, Elisabeth, ich fühle mich nur müde und angestrengt, so, als ob ich eine lange Reise hinter mir hätte."

Als sie die Tasse an die Lippen führte, den Geruch des Bohnenkaffees spürte, sagte sie:

„Wo hast du das wieder aufgetrieben, Elisabeth?"

Elisabeth schüttelte nur den Kopf, sagte:

„Ich habe dir auch etwas gewebt, Angela, es ist eine Decke, die du im Auto benutzen kannst oder im Wagen."

Und Angela bewunderte das reiche, fast orientalisch anmutende Blumenmuster der Decke. Sie sagte lächelnd:

„Und Arbeit hast du davon gehabt, Kleines. Du hast überhaupt zuviel Arbeit mit mir, Elisabeth, du bist zu selbstlos."

„Ist das ein Fehler?"

Angela schüttelte den Kopf. Die Sonne schien gerade ins Zimmer, sie beleuchtete die Gemälde und die bunten Blumen, die überall umherstanden. Angela ging langsam zum Flügel hin, klappte den Deckel auf, ihre schlanken Klavierfinger glitten tonlos über die Tasten, dann richtete sie den Blick auf, sah ins Weite, besann sich.

Sie begann die Einleitung zu dem Lied zu spielen, das Gustav Mahler komponiert hatte; das Lied, das sie so liebte, dessen Text lautete: „... Ich bin der Welt abhanden gekommen". Sie spielte das Lied mit der schwebenden Melodie, sie spielte es fast unhörbar, wie für sich selbst. Während des Spiels sah sie aus dem Fenster... Elisabeth beobachtete sie, es erschien ihr seltsam, daß Angela, die sonst den Flügel so temperamentvoll bearbeitete, nun die Töne leise und wie Arpeggien erklingen ließ.

Angelas Blick wich nicht vom Fenster, sie sah die Sonne, vielleicht sah sie mehr. Sie fühlte sich plötzlich wie ein junges Mädchen, wie damals, als sie noch das herbe und verschlossene Gesicht hatte ... Es schien, als ob das ganze Leben, ihr Leben, vor ihr vorüberziehen würde, und sie war Zuschauer...

Elisabeth sprang auf, denn Angelas Gesicht war auf die Hand gesunken, ganz tief auf die Tasten ...

„Was ist dir, Angela?" fragte sie.

Angela hob den Kopf, richtete sich auf, stand neben dem Flügel, sie machte einen Schritt vorwärts, sank in Elisabeths Arme.

Elisabeth führte sie zu dem großen Sessel. Angelas Gesicht war ruhig, ihre Augen waren weit offen, sie sagte:

„Schade ... oh, wie schade ..."

Die Augen schlossen sich, der Kopf fiel auf die Brust. Elisabeth umfaßte sie mit beiden Armen und fühlte, daß Angela nicht mehr lebte.

36. Kapitel

Ende und Anfang

Als der Sarg in die Erde gesenkt wurde, fielen die ersten Tropfen; es war der 30. Märztag, an den Bäumen waren nur spärliche Blätter zu sehen, man hörte vom höchsten Wipfel einer Birke den Glockenton einer frühen Amsel.
Der Pfarrer sprach:
„Ist Gott für uns, wer mag wider uns sein ... welcher auch seines eignen Sohnes nicht hat verschonet, sondern hat ihn für uns alle dahin gegeben; wie sollte er uns mit ihm nicht alles schenken ... denn ich bin gewiß, daß weder Tod noch Leben, weder Engel noch Fürstentümer noch Gewalten, weder Gegenwärtiges noch Zukünftiges, weder Hohes noch Tiefes noch keine andere Kreatur mag uns scheiden von der Liebe Gottes, die in Christo Jesu ist, unserem Herrn."
Es waren die Worte aus dem 8. Kapitel der Römerbriefe des Apostel Paulus, jenes Gewaltigen, der den Herrn, den er solange verfolgt hatte, begriff und zutiefst erkannte.
Der Pfarrer war der junge Oldesloe, der die Tote kaum gekannt hatte. Er war erst kürzlich in das Dorf gekommen, er war taub gegen den Klatsch des Ortes, er hörte nicht das Geraune um das Wesen, das hier tot und stumm in der Erde lag; er wußte nichts von ihr, die ihr Leben beschlossen hatte, ein herrliches und mühsames Leben, das Gott mit Leid und Freud gleichmäßig gesegnet hatte. Er wußte nichts vom Leben dieser Frau, die „der alte Doktor" genannt wurde, er hatte sie einmal flüchtig gesehen, wie verklärt, mit glänzenden Augen; er hatte ihre Stimme gehört, die etwas heiser war, deren Worte irdisch und klar waren. Aber er hatte das Antlitz gesehen, auf dem das Leuchten des Jenseits hing, das unheimliche Gesicht der Kreatur, die schon von der Ewigkeit umstrahlt ist, deren Gesicht den Glanz des Überirdischen trug und deren Augen in Weiten blickten, die so unendlich waren wie die Schöpfung Gottes.
Neben Elisabeth, die ihren Kopf gesenkt hatte, die Augen geschlossen, aus denen die Tränen unaufhörlich strömten, stand Henry Hatje. Sein clownhaftes Gesicht war verbissen und wie verkrampft, er hatte seinen Hut, den völlig durchgeregneten, in der Hand, hatte seinen Arm um Elisabeth gelegt und fühlte das Zittern der Frau neben sich.

Dann waren noch unbekannte Menschen dort, Patienten, Nachbarn und Neugierige, denn der plötzliche Tod des „alten Doktors“ hatte sie gepackt und gezwungen, dem Begräbnis beizuwohnen. Ihre Gesichter waren von den Stürmen des Lebens und des Wetters zernarbt, es waren ausdruckslose, harte Gesichter der Menschen aus dem Lande, das die Tote so geliebt hatte.
Während der Geistliche sprach, kamen immer mehr Leute auf den Friedhof, unbekannte; es waren die, denen Angela einmal etwas gegeben hatte, sie hatten Respekt vor dem „alten Doktor“, und trotz der Zeitläufte, deren Sinn sie nicht begriffen, hatten sie doch das Bedürfnis gefühlt, die letzte Ehre zu erweisen.
Benno Ladenburg stand ganz abseits, ihm schien das Ganze unbegreiflich zu sein, er starrte in den Himmel, dann auf den Sarg, der sich langsam senkte, ihm war das alles unverständlich geworden.
Die Beerdigung war nun zu Ende, der Pastor Oldesloe sah, wie die Menschen langsam, sehr langsam fortgingen. Er blieb stehen, als ob ihn irgend etwas bestimmte dazubleiben.
Nur Elisabeth stand unbeweglich da, der Regen rauschte stärker, man hörte das Rieseln des Wassers in der Stille des Friedhofs.
Dann ging der Pfarrer langsam fort, er blickte sich noch ein paarmal um, als ob er irgend etwas vergessen hätte ...
Der Regen rauschte eine Stunde lang, während Elisabeth unbeweglich dort stand und die Amsel immer inbrünstiger und wehmütiger ihren Gesang ertönen ließ; es war die Grabmusik für die Tote. Das Rauschen der Wassertropfen und der Amselgesang verdichteten sich zu einem leisen Orchesterklang. Es war, als ob Violinen und Harfen ein zum Himmel steigendes Lied anstimmten, leise Hörner wurden hörbar, eine Flötenstimme umrankte das Spiel.
Und dann trat die Sonne aus den Wolken.

Bildnachweis

Karl Jakob Hirsch-Archiv, Universitätsbibliothek München
S. 7, 8, 10, 13

Galerie Joseph Hierling, München
S. 9, 11, 15, 17, 24

Privatbesitz
S. 14